U0344129

国家出版基金项目
NATIONAL PUBLICATION FOUNDATION

有色金属理论与技术前沿丛书

清洁冶金——资源清洁、高效综合利用

翟玉春　申晓毅 ◇ 著

中南大学出版社
www.csupress.com.cn
·长沙·

图书在版编目(CIP)数据

清洁冶金：资源清洁、高效综合利用／翟玉春，申
晓毅著. —长沙：中南大学出版社，2020.12
(有色金属理论与技术前沿丛书)
ISBN 978 - 7 - 5487 - 4043 - 8

Ⅰ. ①清… Ⅱ. ①翟… ②申… Ⅲ. ①有色金属冶金
—无污染工艺 Ⅳ. ①TF8

中国版本图书馆 CIP 数据核字(2020)第 067172 号

清洁冶金——资源清洁、高效综合利用
QINGJIE YEJIN——ZIYUAN QINGJIE、GAOXIAO ZONGHE LIYONG

翟玉春　申晓毅　著

□责任编辑	史海燕	
□封面设计	李芳丽	
□责任印制	唐　曦	
□出版发行	中南大学出版社	
	社址：长沙市麓山南路	邮编：410083
	发行科电话：0731 - 88876770	传真：0731 - 88710482
□印　　装	湖南省众鑫印务有限公司	

□开　　本	710 mm × 1000 mm 1/16	□印张 22.25	□字数 446 千字
□版　　次	2020 年 12 月第 1 版	□印次 2020 年 12 月第 1 次印刷	
□书　　号	ISBN 978 - 7 - 5487 - 4043 - 8		
□定　　价	98.00 元		

内容简介

/

Introduction

    本书对作者团队三十几年来开展的资源清洁、高附加值综合利用的研究进行了系统的归纳和总结，是上述工作的第二部专著。全书共 12 章，汇集了钾长石、镍铜氧硫混合矿、镍锍、氧化锌矿、煤矸石、高铁铝土矿、高硫铝土矿、粉煤灰、高钛渣、石煤、工业烟气中 CO_2、废旧电池的清洁、资源化高附加值综合利用。书中对资源的分布、储量、赋存状态、利用技术的历史和现状做了综述。详细介绍了清洁、资源化高附加值综合利用的工艺流程、各工序的技术条件、化学反应原理、工艺流程图、设备连接图、产品及产品达到的标准及环境保护等。对我国复杂的多金属共生矿和工业废弃物的绿色利用具有指导作用和现实意义，对科学研究和工业生产具有参考和应用价值，适于从事冶金工程和资源与环境及相关专业的教学、科研、工程技术和管理人员参考。

作者简介

About the Author

翟玉春：1946年生，辽宁鞍山人，博士、教授、博士生导师，国家级教学名师奖获得者。第三、第四届国务院学位委员会学科评议组成员，第四、第五、第六、第七、第八届国家博士后管理委员会专家组成员，中国金属学会冶金物理化学委员会副主任，中国有色金属学会冶金物理化学专业委员会副主任，中国物理学会相图委员会委员，国际机械化学学会理事。

主要研究领域：冶金热力学、动力学和电化学，资源清洁、高附加值综合利用，材料制备的物理化学，非平衡态热力学，熔盐电化学，电池材料与技术。

为本科生、研究生讲授冶金物理化学、结构化学、非平衡态热力学、量子化学、材料化学、现代物质结构研究方法、非平衡态冶金热力学、冶金概论、纳米材料与纳米技术、资源绿色化高附加值综合利用等课程。获国家教学成果二等奖3项，辽宁省教学成果一等奖3项、二等奖1项；完成973项目课题3项，国家自然科学基金重点项目1项，国家自然科学基金6项，国家重大专项2项，省部级项目9项，企业横向课题27项；获省科技进步一等奖1项、二等奖1项、三等奖1项，省自然科学三等奖1项；发表论文1000余篇，出版专著5部、教材8部，授权发明专利36项。

申晓毅：1980年生，河北邢台人，博士、副教授、博士生导师，研究方向：资源及二次资源清洁高效利用技术、冶金过程新理论及新技术。完成国家自然科学基金2项、教育部基金2项、横向课题10项；参与重点研发计划1项、省重点基金1项；发表学术论文40余篇，参著专著1部，授权发明专利14项。现任东北大学冶金学院冶金物理化学研究所副所长。

学术委员会
Academic Committee

国家出版基金项目
有色金属理论与技术前沿丛书

主 任

王淀佐　中国科学院院士　中国工程院院士

委 员（按姓氏笔画排序）

于润沧	中国工程院院士	古德生	中国工程院院士
左铁镛	中国工程院院士	刘业翔	中国工程院院士
刘宝琛	中国工程院院士	孙传尧	中国工程院院士
李东英	中国工程院院士	邱定蕃	中国工程院院士
何季麟	中国工程院院士	何继善	中国工程院院士
余永富	中国工程院院士	汪旭光	中国工程院院士
张懿	中国工程院院士	张文海	中国工程院院士
张国成	中国工程院院士	陈景	中国工程院院士
金展鹏	中国科学院院士	周廉	中国工程院院士
周克崧	中国工程院院士	钟掘	中国工程院院士
柴立元	中国工程院院士	黄伯云	中国工程院院士
黄培云	中国工程院院士	屠海令	中国工程院院士
曾苏民	中国工程院院士	戴永年	中国工程院院士

编辑出版委员会

Editorial and Publishing Committee

国家出版基金项目
有色金属理论与技术前沿丛书

总序

当今有色金属已成为决定一个国家经济、科学技术、国防建设等发展的重要物质基础，是提升国家综合实力和保障国家安全的关键性战略资源。作为有色金属生产第一大国，我国在有色金属研究领域，特别是在复杂低品位有色金属资源的开发与利用上取得了长足进展。

我国有色金属工业近30年来发展迅速，产量连年来居世界首位，有色金属科技在国民经济建设和现代化国防建设中发挥着越来越重要的作用。与此同时，有色金属资源短缺与国民经济发展需求之间的矛盾也日益突出，对国外资源的依赖程度逐年增加，严重影响我国国民经济的健康发展。

随着经济的发展，已探明的优质矿产资源接近枯竭，不仅使我国面临有色金属材料总量供应严重短缺的危机，而且因为"难探、难采、难选、难冶"的复杂低品位矿石资源或二次资源逐步成为主体原料后，对传统的地质、采矿、选矿、冶金、材料、加工、环境等科学技术提出了巨大挑战。资源的低质化将会使我国有色金属工业及相关产业面临生存竞争的危机。我国有色金属工业的发展迫切需要适应我国资源特点的新理论、新技术。系统完整、水平领先和相互融合的有色金属科技图书的出版，对于提高我国有色金属工业的自主创新能力，促进高效、低耗、无污染、综合利用有色金属资源的新理论与新技术的应用，确保我国有色金属产业的可持续发展，具有重大的推动作用。

作为国家出版基金资助的国家重大出版项目，"有色金属理论与技术前沿丛书"计划出版100种图书，涵盖材料、冶金、矿业、地学和机电等学科。丛书的作者荟萃了有色金属研究领域的院士、国家重大科研计划项目的首席科学家、长江学者特聘教授、国家杰出青年科学基金获得者、全国优秀博士论文奖获得者、国家重大人才计划入选者、有色金属大型研究院所及骨干企业的顶尖专家。

国家出版基金由国家设立，用于鼓励和支持优秀公益性出版项目，代表我国学术出版的最高水平。"有色金属理论与技术前沿丛书"瞄准有色金属研究发展前沿，把握国内外有色金属学科的最新动态，全面、及时、准确地反映有色金属科学与工程技术方面的新理论、新技术和新应用，发掘与采集极富价值的研究成果，具有很高的学术价值。

中南大学出版社长期倾力服务有色金属的图书出版，在"有色金属理论与技术前沿丛书"的策划与出版过程中做了大量极富成效的工作，大力推动了我国有色金属行业优秀科技著作的出版，对高等院校、研究院所及大中型企业的有色金属学科人才培养具有直接而重大的促进作用。

前言

经过人类几千年，尤其是近二百年的开发利用，地球陆地上的易处理资源已经大为减少，而储量大的复杂天然资源和作为二次资源的工业及生活废弃物都未得到很好的利用。复杂天然资源成分多样、矿物结构复杂、矿相嵌布细；二次资源种类繁多、组成复杂，其难处理程度甚至超过天然矿物。

传统冶金工艺流程对复杂资源的综合利用考虑不够。因而往往产生大量的废渣、废水、废气，造成环境污染。为保证冶金工业可持续发展，满足人们生活、生产的需要，满足国家经济建设、国防建设和社会发展的需要，必须针对复杂资源研发新的工艺流程，发展冶金理论，解决工程和装备问题。

20 世纪 80 年代，我的导师赵天从教授最早提出无污染冶金，为冶金科技人员和冶金工业指明了努力的方向，并率先垂范指导学生开展了无污染冶金的开创性工作。

三十几年来，我带领我的研究生开展资源清洁、高效综合利用研究。先后研究了粉煤灰、煤矸石、红土镍矿、氧化铜矿、氧化锌矿、镍铜氧硫混合矿、赤泥、高铁铝土矿、高硫铝土矿、菱镁矿、长石矿、霞石矿、硼镁铁矿、硼泥、石煤、废旧电池、废旧电路板、废旧液晶显示器、工厂烟气等的开发利用。研究新的工艺流程、相关的冶金理论、配套设备和工程。进行了放大试验或工业试验，有些实现了产业化。发表相关论文 312 篇，授权专利 20 余项。参加这些研究工作的博士研究生 28 人，硕士研究生 32 人。在放大试验、工业试验和产业化过程中得到合作企业领导和员工的大力支持和配合，没有他们的支持和配合，这些工作无法完成。这些成果凝结了众人的聪明才智和辛勤汗水，是大家共同努力的结果。在这里向所有参加过这些工作的人员表示衷心的感谢！

本书对我们课题组三十几年来开展的资源清洁、高附加值综合利用的研究进行了系统的归纳和总结,是上述工作的第二部专著,共分 12 章,由我确定写作内容、写作提纲和目录,由我和我的学生申晓毅博士统筹,参加本书内容研究和撰写的人员还有王佳东博士、辛海霞博士、刘佳囡博士、凌江华博士、刘丽影博士、娄振宁博士、隋丽丽博士、崔富晖博士、邵鸿媚博士。由我和申晓毅、王佳东完成工艺流程图和设备连接图的绘制,由我和申晓毅完成统稿、修改和章节内容补充及编辑并校对定稿。

本书是近年来结构复杂多金属共生矿资源和工业废弃物清洁、高附加值综合利用新技术、新成果的归纳整理,将技术体系予以梳理、总结,将新技术和传统经典技术结合,对我国复杂的多金属共生矿和工业废弃物的绿色利用具有指导和现实意义,对科学研究和工业生产有参考和应用价值。

感谢中南大学出版社的大力支持,感谢史海燕编辑。为完成本书,史海燕编辑倾注了大量的心血和精力。

感谢引文作者们!

感谢东北大学提供的良好工作条件!

感谢所有支持和帮助我完成本书的人!尤其是我的妻子李桂兰女士对我的支持!

翟玉春

2020 年 12 月于沈阳

目录
Contents

第1章 钾长石清洁、高效综合利用 ·· （1）

1.1 概述 ·· （1）

    1.1.1 资源概况 ·· （1）

    1.1.2 钾长石矿的应用技术 ·· （5）

1.2 碳酸钠焙烧法清洁、高效综合利用钾长石矿 ·············· （9）

    1.2.1 原料分析 ·· （9）

    1.2.2 化工原料 ·· （11）

    1.2.3 碳酸钠焙烧法工艺流程 ·· （11）

    1.2.4 工艺介绍 ·· （13）

    1.2.5 碳酸钠焙烧法的主要设备 ·· （14）

    1.2.6 碳酸钠焙烧法工艺的设备连接图 ·············· （15）

1.3 产品 ·· （16）

    1.3.1 超细二氧化硅的表征 ·· （16）

    1.3.2 硅酸钙的表征 ·· （17）

    1.3.3 高纯氢氧化铝的表征 ·· （17）

    1.3.4 氧化铁产品的表征 ·· （18）

    1.3.5 氧化铝产品的表征 ·· （19）

    1.3.6 硫酸钾产品的表征 ·· （20）

    1.3.7 硫酸钠产品的表征 ·· （21）

    1.3.8 硫化钠产品的表征 ·· （22）

1.4 环境保护 ·· （22）

    1.4.1 主要污染源和主要污染物 ·· （22）

　　1.4.2　污染治理措施 ……………………………………… (23)

　1.5　结语 ………………………………………………… (24)

　参考文献 …………………………………………………… (24)

第 2 章　镍铜氧硫混合矿清洁、高效综合利用 ………………… (28)

　2.1　概述 ………………………………………………… (28)

　　2.1.1　资源综述 ………………………………………… (28)

　　2.1.2　世界镍资源分布与特点 ………………………… (29)

　　2.1.3　我国镍资源的分布与特点 ……………………… (30)

　　2.1.4　工艺技术 ………………………………………… (32)

　　2.1.5　硫化镍矿湿法冶金工艺研究进展 ……………… (36)

　　2.1.6　浸出液中组元分离研究进展 …………………… (40)

　2.2　硫酸法清洁、高效综合利用铜镍氧硫混合矿 ………… (45)

　　2.2.1　原料分析 ………………………………………… (45)

　　2.2.2　化工原料 ………………………………………… (46)

　　2.2.3　硫酸法工艺流程 ………………………………… (47)

　　2.2.4　工序介绍 ………………………………………… (47)

　　2.2.5　主要设备 ………………………………………… (51)

　　2.2.6　设备连接图 ……………………………………… (52)

　2.3　硫酸铵法清洁、高效综合利用铜镍氧硫混合矿 ……… (54)

　　2.3.1　原料分析 ………………………………………… (54)

　　2.3.2　化工原料 ………………………………………… (54)

　　2.3.3　硫酸铵法工艺流程 ……………………………… (54)

　　2.3.4　工序介绍 ………………………………………… (56)

　　2.3.5　主要设备 ………………………………………… (59)

　　2.3.6　设备连接图 ……………………………………… (61)

　2.4　产品 ………………………………………………… (62)

　　2.4.1　硫化镍产品 ……………………………………… (62)

　　2.4.2　氢氧化镁产品 …………………………………… (62)

　　2.4.3　氢氧化铁 ………………………………………… (64)

  2.4.4 硅酸钙 ··································· (65)

 2.5 环境保护 ······································ (66)

  2.5.1 主要污染源和主要污染物 ················ (66)

  2.5.2 污染治理措施 ························· (66)

 2.6 结语 ··· (67)

 参考文献 ··· (67)

第3章 镍锍清洁、高效综合利用 ················· (74)

 3.1 概述 ··· (74)

  3.1.1 镍锍简介 ····························· (74)

  3.1.2 低冰镍湿法处理工艺研究进展 ············ (74)

  3.1.3 萃取分离铜 ··························· (76)

 3.2 硫酸铵法清洁、高效综合利用镍锍 ··········· (77)

  3.2.1 原料分析 ····························· (77)

  3.2.2 化工原料 ····························· (77)

  3.2.3 硫酸铵法工艺流程 ····················· (78)

  3.2.4 工序介绍 ····························· (78)

  3.2.5 主要设备 ····························· (83)

  3.2.6 设备连接图 ··························· (85)

 3.3 产品 ··· (86)

 3.4 环境保护 ······································ (86)

  3.4.1 主要污染源和主要污染物 ················ (86)

  3.4.2 污染治理措施 ························· (86)

 3.5 结语 ··· (87)

 参考文献 ··· (87)

第4章 氧化锌矿碱法清洁、高效综合利用 ········· (91)

 4.1 概述 ··· (91)

  4.1.1 资源概况 ····························· (91)

  4.1.2 工业现状 ····························· (94)

　　　4.1.3　工艺技术 ……………………………………………… (95)

　4.2　碱熔融焙烧法工艺流程图及工序介绍 …………………… (107)

　　　4.2.1　原料分析 …………………………………………… (107)

　　　4.2.2　化工原料 …………………………………………… (107)

　　　4.2.3　工艺流程 …………………………………………… (107)

　　　4.2.4　工序介绍 …………………………………………… (108)

　　　4.2.5　主要设备 …………………………………………… (110)

　　　4.2.6　设备连接图 ………………………………………… (112)

　4.3　产品分析 …………………………………………………… (113)

　　　4.3.1　白炭黑 ……………………………………………… (113)

　　　4.3.2　碱式碳酸锌 ………………………………………… (113)

　　　4.3.3　氢氧化锌 …………………………………………… (115)

　　　4.3.4　氧化锌 ……………………………………………… (116)

　　　4.3.5　碳酸钙 ……………………………………………… (116)

　4.4　环境保护 …………………………………………………… (117)

　　　4.4.1　主要污染源和主要污染物 ………………………… (117)

　　　4.4.2　污染治理措施 ……………………………………… (117)

　4.5　结语 ………………………………………………………… (118)

　参考文献 ………………………………………………………… (118)

第5章　煤矸石的清洁、高效综合利用 ………………………… (122)

　5.1　概述 ………………………………………………………… (122)

　　　5.1.1　资源概况 …………………………………………… (122)

　　　5.1.2　煤矸石利用技术 …………………………………… (123)

　5.2　硫酸法绿色化、高附加值综合利用煤矸石 ……………… (130)

　　　5.2.1　原料分析 …………………………………………… (130)

　　　5.2.2　化工原料 …………………………………………… (131)

　　　5.2.3　硫酸法工艺流程 …………………………………… (131)

　　　5.2.4　工序介绍 …………………………………………… (131)

　　　5.2.5　硫酸法的主要设备 ………………………………… (134)

　　　5.2.6　硫酸法工艺设备连接简图 ……………………………………（135）

　5.3　硫酸铵法绿色化、高附加值综合利用煤矸石 …………………………（137）

　　　5.3.1　原料分析 ………………………………………………………（137）

　　　5.3.2　化工原料 ………………………………………………………（137）

　　　5.3.3　硫酸铵法工艺流程 ……………………………………………（137）

　　　5.3.4　工序介绍 ………………………………………………………（137）

　　　5.3.5　硫酸铵法工艺的主要设备 ……………………………………（140）

　　　5.3.6　硫酸铵法工艺设备连接图 ……………………………………（141）

　5.4　产品 ………………………………………………………………………（143）

　　　5.4.1　白炭黑 …………………………………………………………（143）

　　　5.4.2　氢氧化铝和氧化铝 ……………………………………………（144）

　　　5.4.3　碳酸钙 …………………………………………………………（146）

　　　5.4.4　硅酸钙 …………………………………………………………（146）

　　　5.4.5　氧化铁 …………………………………………………………（147）

　5.5　环境保护 …………………………………………………………………（148）

　　　5.5.1　主要污染源和主要污染物 ……………………………………（148）

　　　5.5.2　污染治理措施 …………………………………………………（148）

　5.6　结语 ………………………………………………………………………（149）

　参考文献 ………………………………………………………………………（149）

第6章　高铁铝土矿清洁、高效综合利用 ………………………………………（152）

　6.1　概述 ………………………………………………………………………（152）

　　　6.1.1　资源概况 ………………………………………………………（152）

　　　6.1.2　工艺技术 ………………………………………………………（155）

　6.2　硫酸铵(硫酸氢铵)法清洁、高效综合利用高铁铝土矿 ………………（161）

　　　6.2.1　原料分析 ………………………………………………………（161）

　　　6.2.2　化工原料 ………………………………………………………（162）

　　　6.2.3　硫酸铵(硫酸氢铵)法工艺流程 ………………………………（162）

　　　6.2.4　工序介绍 ………………………………………………………（162）

　　　6.2.5　主要设备 ………………………………………………………（165）

6.2.6 设备连接图 ……………………………………………… (166)

6.3 产品 …………………………………………………………… (168)

　　6.3.1 氧化铝 ………………………………………………… (168)

　　6.3.2 硅酸钙 ………………………………………………… (169)

　　6.3.3 羟基氧化铁 …………………………………………… (170)

6.4 环境保护 ……………………………………………………… (171)

　　6.4.1 主要污染源和主要污染物 …………………………… (171)

　　6.4.2 污染治理措施 ………………………………………… (171)

6.5 结语 …………………………………………………………… (172)

参考文献 …………………………………………………………… (172)

第7章 高硫铝土矿的绿色化、高附加值综合利用 …………… (176)

7.1 概述 …………………………………………………………… (176)

　　7.1.1 资源概况 ……………………………………………… (176)

　　7.1.2 铝土矿的应用技术 …………………………………… (177)

　　7.1.3 高硫铝土矿脱硫研究现状 …………………………… (183)

7.2 硫酸法清洁、高效综合利用高硫铝土矿 …………………… (187)

　　7.2.1 原料分析 ……………………………………………… (187)

　　7.2.2 硫酸法工艺流程 ……………………………………… (188)

　　7.2.3 工艺介绍 ……………………………………………… (188)

　　7.2.4 主要设备 ……………………………………………… (191)

　　7.2.5 设备连接图 …………………………………………… (192)

7.3 硫酸铵法清洁、高效综合利用高硫铝土矿 ………………… (194)

　　7.3.1 原料分析 ……………………………………………… (194)

　　7.3.2 硫酸铵法工艺流程 …………………………………… (194)

　　7.3.3 工艺介绍 ……………………………………………… (194)

　　7.3.4 主要设备 ……………………………………………… (197)

　　7.3.5 设备连接图 …………………………………………… (198)

7.4 产品 …………………………………………………………… (200)

　　7.4.1 氧化铝 ………………………………………………… (200)

　　　　7.4.2　硅酸钙 ………………………………………………… （200）

　　　　7.4.3　氧化铁 ………………………………………………… （201）

　　7.5　环境保护 ………………………………………………………… （202）

　　　　7.5.1　主要污染源和主要污染物 ………………………………… （202）

　　　　7.5.2　污染治理措施 ……………………………………………… （202）

　　7.6　结语 …………………………………………………………… （203）

　　参考文献 …………………………………………………………… （203）

第8章　粉煤灰制备分子筛的高附加值综合利用 ……………………… （207）

　　8.1　概述 …………………………………………………………… （207）

　　　　8.1.1　资源概况 ……………………………………………… （207）

　　　　8.1.2　粉煤灰利用技术 ………………………………………… （208）

　　8.2　粉煤灰制备分子筛的高附加值综合利用 ………………………… （224）

　　　　8.2.1　原料分析 ……………………………………………… （224）

　　　　8.2.2　化工原料 ……………………………………………… （226）

　　　　8.2.3　粉煤灰制备分子筛工艺流程 ……………………………… （227）

　　　　8.2.4　工序介绍 ……………………………………………… （228）

　　　　8.2.5　主要设备 ……………………………………………… （229）

　　　　8.2.6　设备连接图 …………………………………………… （230）

　　8.3　产品 …………………………………………………………… （232）

　　　　8.3.1　分子筛 ………………………………………………… （232）

　　　　8.3.2　氢氧化铁 ……………………………………………… （233）

　　8.4　环境保护 ………………………………………………………… （233）

　　　　8.4.1　主要污染源和主要污染物 ………………………………… （233）

　　　　8.4.2　污染治理措施 ……………………………………………… （234）

　　8.5　结语 …………………………………………………………… （235）

　　参考文献 …………………………………………………………… （235）

第9章　高钛渣的清洁、高效综合利用 ………………………………… （237）

　　9.1　概述 …………………………………………………………… （237）

9.1.1 资源概况 ……………………………………………………… (237)

9.1.2 工艺技术 ……………………………………………………… (240)

9.2 硫酸法清洁、高效综合利用高钛渣 ……………………………… (245)

9.2.1 原料分析 ……………………………………………………… (245)

9.2.2 化工原料 ……………………………………………………… (246)

9.2.3 硫酸法工艺流程 ……………………………………………… (247)

9.2.4 工艺介绍 ……………………………………………………… (247)

9.2.5 主要设备 ……………………………………………………… (251)

9.2.6 设备连接图 …………………………………………………… (252)

9.3 硫酸氢铵清洁、高效综合利用高钛渣 …………………………… (254)

9.3.1 原料分析 ……………………………………………………… (254)

9.3.2 化工原料 ……………………………………………………… (254)

9.3.3 硫酸氢铵法工艺流程 ………………………………………… (254)

9.3.4 工艺介绍 ……………………………………………………… (254)

9.3.5 主要设备 ……………………………………………………… (257)

9.3.6 设备连接图 …………………………………………………… (258)

9.4 产品分析 …………………………………………………………… (260)

9.4.1 二氧化钛 ……………………………………………………… (260)

9.4.2 氧化铝 ………………………………………………………… (260)

9.4.3 硅酸钙 ………………………………………………………… (262)

9.5 环境保护 …………………………………………………………… (263)

9.5.1 主要污染源和主要污染物 …………………………………… (263)

9.5.2 污染治理措施 ………………………………………………… (263)

9.6 结语 ………………………………………………………………… (264)

参考文献 …………………………………………………………………… (264)

第10章 石煤的清洁、高效综合利用 ……………………………………… (268)

10.1 概述 ……………………………………………………………… (268)

10.1.1 资源情况 …………………………………………………… (268)

10.1.2 石煤的应用技术 …………………………………………… (269)

10.2 硫酸酸浸法清洁、高效综合利用石煤 ·············· (270)

　　10.2.1 原料分析 ·································· (270)

　　10.2.2 化工原料 ·································· (270)

　　10.2.3 硫酸酸浸法的工艺流程 ·················· (270)

　　10.2.4 工序介绍 ·································· (272)

　　10.2.5 工艺的主要设备 ························ (273)

　　10.2.6 设备连接图 ······························ (274)

10.3 硫酸焙烧法绿色化、高附加值综合利用石煤 ····· (276)

　　10.3.1 原料分析 ·································· (276)

　　10.3.2 化工原料 ·································· (276)

　　10.3.3 硫酸焙烧法处理石煤的工艺流程 ·········· (276)

　　10.3.4 工序介绍 ·································· (276)

　　10.3.5 硫酸法工艺的主要设备 ·················· (279)

　　10.3.6 硫酸法工艺的设备连接图 ················ (280)

10.4 硫酸铵焙烧法清洁、高效综合利用石煤 ········· (282)

　　10.4.1 原料分析 ·································· (282)

　　10.4.2 化工原料 ·································· (282)

　　10.4.3 硫酸铵焙烧法处理石煤的工艺流程 ········ (282)

　　10.4.4 工序介绍 ·································· (282)

　　10.4.5 硫酸铵法工艺的主要设备 ················ (285)

　　10.4.6 硫酸铵法工艺的设备连接简图 ············ (286)

10.5 结语 ··· (287)

参考文献 ·· (288)

第 11 章 变压吸附捕集工业烟气中二氧化碳 ··········· (289)

11.1 概述 ··· (289)

　　11.1.1 工业二氧化碳排放及应对措施 ············ (289)

　　11.1.2 不同工业部门的二氧化碳捕集工艺 ········ (290)

　　11.1.3 二氧化碳的捕集方法及特点 ·············· (292)

11.2 变压吸附法捕集工业烟气中二氧化碳 ··········· (296)

11.2.1 吸附剂性能 ································· (296)

11.2.2 各操作参数对吸附剂捕捉 CO_2 性能的影响 ············· (298)

11.2.3 结果与讨论 ································ (301)

11.3 利用变压吸附技术从不同工业烟气中捕集 CO_2 ········· (306)

11.3.1 VSA 循环设计和过程模拟 ··············· (306)

11.3.2 结果与讨论 ································ (307)

11.4 结语 ··· (313)

参考文献 ··· (313)

第 12 章 废旧电池的综合利用 ····················· (318)

12.1 概述 ··· (318)

12.1.1 资源概况 ································ (318)

12.1.2 废旧电池利用技术 ······················ (319)

12.2 废旧电池的综合利用 ··························· (322)

12.2.1 原料分析 ································ (322)

12.2.2 化工原料 ································ (323)

12.2.3 废旧电池的综合利用 ···················· (323)

12.2.4 工艺介绍 ································ (326)

12.2.5 主要设备 ································ (328)

12.2.6 设备连接图 ······························ (329)

12.3 产品分析 ····································· (331)

12.4 产品用途 ····································· (331)

12.5 环境保护 ····································· (331)

12.5.1 主要污染源和主要污染物 ················ (331)

12.5.2 污染治理措施 ···························· (332)

12.6 结语 ··· (332)

参考文献 ··· (333)

第 1 章　钾长石清洁、高效综合利用

1.1　概述

1.1.1　资源概况

钾是农作物生长的三大营养元素之一，主要存在于农作物体的营养器官中，尤其是茎秆。它能增进磷肥和氮肥的肥效，促进作物对磷、氮的吸收，还能促进作物的根系发育。因此钾的存在对块根作物、谷物、蔬菜、水果以及油料作物的增产具有显著效果。由于钾能够促进作物的茎秆发育，因而它可使作物茎秆粗壮，增强抗寒冷、抵御虫害的能力和抗倒伏性。它也能使农作物从土壤中吸取养分，并提高养料的合成和光合作用的强度，加快分蘖，提高果实质量。钾盐在工业上的应用也十分广泛，主要用于制造玻璃、肥皂、建筑材料、清洗剂，也应用于电子信息、染色、纺织产业等领域。

钾资源按其可溶性可分为水溶性钾盐矿物和非水溶性含钾铝硅酸盐。水溶性钾盐矿物是指在自然界中由可溶性的含钾盐类矿物堆积形成的，可被利用的矿产资源。它包括含钾水体经过蒸发浓缩、沉积形成的水溶性固体钾盐矿床，如光卤石、钾石盐、含钾卤水等。含钾铝硅酸类岩石是非水溶性的含钾岩石或富钾岩石，如钾长石、明矾石等。表 1 – 1 为自然界中常见的含钾矿物资源。世界上的钾盐主要来源于水溶性钾盐矿床中，可利用的资源主要有钾石盐、硫酸钾、光卤石、液态钾盐及混合钾盐 5 种类型。从经济利用的角度讲，钾石盐最为重要，K_2O 含量最高，其质量分数通常为 15%～20%。其次为液态钾盐，它主要是指晶间卤水和现代盐湖的表层卤水，其 K_2O 质量分数为 2%～3%。

全世界的钾盐储量丰富，但分布极不平衡。其中美国、德国、法国、俄罗斯、加拿大等国家和地区的钾盐不仅储量大，约占世界总储量的 95%，而且品质优。与世界钾盐市场供过于求的状况相比，大多数发展中国家和地区的钾盐匮乏，根本满足不了需求，目前亚洲、拉丁美洲等地使用的钾盐主要依赖进口。我国钾矿贫乏，仅占世界总储量的 0.63%。

表1-1　自然界中常见的含钾矿物

矿物名称	晶体化学式	K_2O 质量分数/%
钾石盐	KCl	63.1
光卤石	$KCl \cdot MgCl_2 \cdot 6H_2O$	17.0
钾盐镁矾	$MgSO_4 \cdot KCl \cdot 6H_2O$	18.9
碳酸芒硝	$KCl \cdot Na_2SO_4 \cdot Na_2CO_3$	3.0
明矾石	$K_2[Al(OH)_2]_6(SO_4)_4$	11.4
杂卤石	$K_2SO_4 \cdot MgSO_4 \cdot 2CaSO_4 \cdot 2H_2O$	15.5
无水钾镁矾	$K_2SO_4 \cdot 2MgSO_4$	22.6
钾镁矾	$K_2SO_4 \cdot MgSO_4 \cdot 4H_2O$	25.5
钾石膏	$K_2SO_4 \cdot CaSO_4 \cdot H_2O$	28.8
镁钾钙矾	$K_2SO_4 \cdot MgSO_4 \cdot 4CaSO_4 \cdot 2H_2O$	10.7
钾芒硝	$(K, Na)_2SO_4$	42.5
软钾镁矾	$K_2SO_4 \cdot MgSO_4 \cdot 6H_2O$	23.3
钾明矾	$K_2SO_4 \cdot Al_2(SO_4)_3 \cdot 24H_2O$	9.9
硝石	KNO_3	46.5
白榴石	$K(AlSiO_2)_6$	21.4
正长石	$K(AlSi_3O_8)$	16.9
微斜长石	$K(AlSi_3O_8)$	16.9
歪长石	$(Na, K)AlSi_3O_8$	2.4~12.0
白云母	$H_2KAl_3(SiO_4)_3$	11.8
黑云母	$(H, K)_2(Mg, Fe)_2Al_2(SiO_4)_3$	6.2~10.1
金云母	$(H, K, Mg, F)_3Mg_3Al(SiO_4)_3$	7.8~10.3
锂云母	$KLi[Al(OH, F)_2]Al(SiO_4)_3$	10.7~12.3
铁锂云母	$H_2K_4Li_4Fe_3Al_3F_8Si_{14}O_{12}$	10.6
矾云母	$H_8K(Mg, Fe)(Al, V)_4(SiO_3)_{12}$	7.6~10.8
海绿石	$KFeSi_2O_6 \cdot nH_2O$	2.3~8.5
矾砷铀矿	$K_2O \cdot 2U_2O_3 \cdot V_2O_5 \cdot 3H_2O$	10.3~11.2
霞石	$K_2Na_6Al_8Si_9O_{34}$	0.8~7.1

随着我国农业生产条件的不断改善，氮、磷肥施用量的日益增加，农作物产量的不断提高，土壤中的钾元素迅速减少，钾肥需求量大幅上升，在我国南方多地尤为明显。据中国农业科学院对我国土地情况的调查，我国土壤的缺钾现象从南方向北方扩展，缺钾面积逐年增加已占总耕地面积的 56%，缺钾已成为制约农作物增产的主要因素。据国家非金属矿产供需形势报告统计，钾盐是我国最为紧缺的 2 种非金属矿产之一。

我国水溶性钾盐资源匮乏，且分布不匀。目前已探明的水溶性钾盐资源总量（折合 K_2O）约为 4.1×10^9 t。95% 以上分布在青海柴达木盆地，其余则分布于四川、山东、云南、甘肃和新疆等地区。近年来，我国在寻找可溶性钾盐矿床方面取得了重大突破，发现新疆罗布泊地区的罗北凹地有一特大型液体钾盐矿床，其控制面积在 1300 km^2 的范围内，KCl 的储量超过 2.5 亿 t。但这依然远满足不了农业和国民经济不断发展的需要。

我国非水溶性钾矿资源较为丰富，且种类繁多，如钾长石、霞石正长岩、富钾页岩、明矾石、伊利石、白榴石、富钾火山岩等。这些钾矿资源几乎遍布全国各地，而且储量巨大，如能在寻找和开发水溶性钾盐资源外，探索新的技术途径，对非水溶性钾矿资源加以有效利用，可在一定程度上弥补国内水溶性钾盐资源的不足。

钾长石属于长石族矿物中碱性长石系列中的一种，是钾、钠、钙和少量钡等碱金属或碱土金属组成的铝硅酸盐矿物，是地壳上分布最广泛的造岩矿物。钾长石的分子式：$K[AlSi_3O_8]$；矿物成分为 K_2O：16.9%，Al_2O_3：18.4%，SiO_2：64.7%；莫氏硬度 6；密度 2.56 g/cm^3；由于矿物中含有如云母、石英等杂质，其熔化温度为 1290 ℃。

钾长石呈四面体的架状结构，根据架状硅酸盐结构的特点可知，在钾长石晶体结构中，硅氧四面体的每个顶角与其相邻的硅氧四面体的顶角相连，硅氧原子比例为 1:2，此种结构呈电中性。如果部分硅氧四面体中的四价硅离子被三价铝离子置换，出现多余的负电荷，为了保持结构呈电中性，阳离子 K^+ 进入结构，分布在结构中大小不同的通道或空隙里。由于钾长石的架状四面体结构，其化学性质极其稳定，常温常压下不与除氢氟酸外的任何酸碱反应。

钾长石主要存在于伟晶岩、花岗闪长岩、花岗岩、正长岩、二长岩等岩石中。自然界中钾长石大多以正长石、透长石、斜长石三种同质多相变体形式存在，均为含钾的硅酸盐矿物。钾长石中常伴有较大含量的钠长石出现。沉积岩中自生的钾长石最为纯净，Na_2O 质量分数不超过 0.3%。

钾长石在地壳中储量大，分布广，是许多含钾硅铝盐岩石的主要成分。我国钾长石资源丰富，约 200 亿 t，主要分布在新疆、四川、甘肃、青海、陕西、山东、山西、黑龙江、辽宁等 23 个省区。钾长石品质优，氧化钾质量分数均在 10% 以上，晶体纯净、粗大，易于开采。目前已有文献报道的钾长石矿源达60个，我国部分钾长石矿床的分布及其类型和主要化学成分见表1-2。如果将此类钾矿资源高效规模化利用，将能解决我国钾肥短缺的现状。

表1-2　我国部分钾长石矿床分布及其特点

矿床产地	矿床类型	主要化学成分/%					
		K_2O	Na_2O	SiO_2	Fe_2O_3	Al_2O_3	MgO
辽宁兴城	伟晶岩	8.24～12.4	2.22～5.01	60～66	0.08～0.82	16～23	
湖南临湘	花岗伟晶岩	12～14	<3.0	64～66	0.1	18～20	
山西闻喜	伟晶岩	11～14	2～2.38	62～65	0.1～0.88	18～20	
山西盂县	伟晶岩	12.0	2.02	70.0			0.16
山西忻县	伟晶岩	12.76	2.39	64.94	0.15	18.7	
甘肃张家川	伟晶岩	10～12.5	1.85～2.04	64.77～67.79	0.17～0.21		
陕西商南	伟晶岩	10.54～12.4	2.49～3.65		0.11～0.18	19.36	
陕西临潼	长石石英矿	11.85	2.41	67.13	0.31	17.53	
四川旺苍	伟晶岩	11.0	3.33	65.6		18.69	
山东新泰	伟晶岩	12.49	3.12		0.27		
辽宁海城	长石石英矿	10.49	2.19	68.31			

(1)钾长石在陶瓷釉料中的应用

钾长石可作为制备陶瓷釉料的主要原料，添加量可达10%～35%，起到绝缘、隔音、过滤腐蚀性液体或气体、降低生产能耗的作用。

(2)钾长石在陶瓷坯体中的应用

它可作为瘠性原料起到改善体系干燥情况，减少收缩变形的作用。它也可作为助溶剂，促进石英和高岭土熔融，使物质互相扩散渗透，进而加速莫来石的形成。它还能提高陶瓷的介电性能、机械强度和减少坯体空隙使其致密。

(3)钾长石在玻璃中的应用

由于钾长石中氧化铝含量高且易熔，故成为玻璃工业生产的原料。它的加入可以降低体系的熔融温度，减少能耗。还可以减少纯碱的用量，提高配料中铝的含量，生成无晶体缺陷的玻璃制品。

(4)钾长石在钾肥中的应用

钾长石可作为提取碳酸钾、硫酸钾及其他含钾化合物的原料，制备复合肥料，用于农业生产。

1.1.2　钾长石矿的应用技术

目前，钾长石的主要处理方法按提钾机理的不同，可分为离子交换法和硅铝氧架破坏法。离子交换法包括高温挥发法，熔盐离子交换法、水热法、高压水化学法等。硅铝氧架破坏法包括高温烧结法、石灰石烧结法、纯碱－石灰石烧结法、石膏－石灰石烧结法、火碱烧结法、低温烧结法、复合酸解法等。

1）离子交换法

钾长石中阳离子 K^+ 充填于较大的环间空隙中起平衡电价的作用，可与半径较小的 Na^+、Ca^{2+} 等发生离子交换反应，而在基本不破坏钾长石原有架状结构的情况下置换出钾并生成钠长石、钙长石等尾渣，称为离子交换法。其交换方程可表示为：

$$KAlSi_3O_8 + M^+ = MAlSi_3O_8 + K^+$$
$$2KAlSi_3O_8 + M^{2+} = MAl_2Si_2O_8 + 2K^+ + 4SiO_2$$

（1）高温挥发法

水泥厂使用富钾岩石做原料，无须改变生产工艺条件，只要在原有设备基础上增加一套回收灰尘的装置，就可回收窑灰钾肥。窑灰钾肥的主要成分是碳酸钾、硫酸钾、氯化钾、铝硅酸钾盐和钙盐等，对其做常规的化工分离纯化处理，即可制得各种钾盐产品。

高温挥发法的主要缺点是：反应温度高达 1350～1450℃，能耗高，采用该法处理钾长石单纯提取钾盐，技术经济关很难通过。依据该方法的原理，在高温处理其他产品时，以钾长石替代部分铝硅质原料，钾会以蒸气形式逸出，经回收加以利用可以提取钾盐。这种不同工艺之间的整合，提高了资源利用率和经济效益，但受两者生产规模的相互牵制。由于钾挥发不完全，会降低产品的性能。

（2）熔盐离子交换法

长石族矿物中的阳离子占据其框架结构中的大孔隙，以相对较弱的键与骨架结构相连，这些阳离子表现出一定的离子交换性能。这种离子的交换性能，即是熔盐离子交换法提钾的理论基础。熔盐离子交换法中，熔盐的选择必须满足：①熔盐资源丰富，且廉价易得；②熔盐的熔点尽量低，熔融状态蒸气压尽可能小；③熔盐的阳离子可通过离子交换置换出钾长石中的 K^+，且越多越好。满足以上要求，且被广泛使用的熔盐有 NaCl、Na_2SO_4 和 $CaCl_2$。

氯化钠与钾长石熔融反应浸出钾是一个可逆反应，表达式如下：

$$NaCl + KAlSi_3O_8 \rightleftharpoons KCl + NaAlSi_3O_8$$

反应过程中固相的钾离子被钠离子代替之后进入溶液。随着反应深入进行，固相中的钾离子浓度逐渐降低，相应的钠离子浓度增加，直到最后形成动态平衡，此时钾的浸出率达到最大。熔融反应是在固液相界面发生的，过程中只有

NaCl 完全融化，浸出率才可达到更高。但若反应温度过高，部分 $KAlSi_3O_8$ 将发生焙烧反应，钾的浸出率降低。NaCl 与 $KAlSi_3O_8$ 质量比为 1:1，适宜的反应温度为 890～950℃。

当助剂 $CaCl_2$ 与 $KAlSi_3O_8$ 反应时，两个钾离子被钙离子替换，钾长石骨架脱去 4 个 SiO_2 以平衡电荷，生成钙斜长石和可溶性钾，整个钾长石的结构并未得到破坏。化学方程式如下：

$$CaCl_2 + 2KAlSi_3O_8 = 2KCl + CaAl_2Si_2O_8 + 4SiO_2$$

以 $CaCl_2$ 为助剂处理钾长石，钾的浸出率可达到 90% 以上，但会反应生成大量没有工业价值的残留废渣－钙斜长石。

用熔盐离子交换法处理钾长石，钾的浸出率受平衡常数控制，反应时间长，能耗大且浸出渣排放量大、利用困难。

(3) 水热法

水热条件下以 $Ca(OH)_2$ 为助剂处理钾长石的方法，可发生如下反应：

$$15Ca(OH)_2 + 2KAlSi_3O_8 = 3CaO \cdot Al_2O_3 + 6(2CaO \cdot SiO_2) + 2KOH + 14H_2O$$

以 $Ca(OH)_2$ 为助剂在水热条件下分解钾长石制得可溶性钾化合物，钾渣可用于制备保温材料、矿物聚合材料等。马鸿文课题组研究了减少助剂 $Ca(OH)_2$，钾长石在水热条件下分解，合成雪硅钙石。雪硅钙石耐火度较高，可作为制备保温材料的原料。此方法的合成物较传统水热法得到的产物附加值高且用途广泛。化学反应方程式为：

$$13Ca(OH)_2 + 4KAlSi_3O_8 + H_2O = Ca_3Al_2(SiO_4)_2(OH)_4 +$$
$$2(Ca_5Si_5AlO_{16.5} \cdot 5H_2O) + 4K_2O$$

水热分解工艺产品附加值高，符合清洁生产的要求。但水热法存在的主要问题是工艺流程复杂，体系中的液固比大，且滤液中的氧化钾的含量较低，后续制备钾产品蒸发所需的能耗高，故其可行性不高。

(4) 高压水化学法

高压水化法俗称水热碱法，是 20 世纪 50 年代后期由苏联学者发明的。此法最初用于处理高硅铝土矿，以期解决采用拜耳法产生赤泥，造成矿物中的氧化铝和化工原料氧化钠浪费的问题。该法提出后世界各国均展开了各种各样的研究。高压水化学法处理钾长石是在高温、高碱浓度的循环母液中，添加一定量的石灰的湿法反应。主要反应如下：

$$2KAlSi_3O_8 + 12Ca(OH)_2 = 2KAlO_2 + 6(2CaO \cdot SiO_2 \cdot 0.5H_2O)$$

用高压水化法处理钾长石，可在较低温度，较短时间，同时提取钾长石中的氧化钾和氧化铝。氧化钾的浸出率可达 80% 以上，可用于制备钾化合物。氧化铝的浸出率为 75% 以上，可用于制备氧化铝或氢氧化铝产品。浸出渣的主要物相为水合硅酸钙（$Ca_2SiO_4 \cdot 0.5H_2O$），可作为制备水泥的原料，整个工艺的资源利用率高。但该方法工艺流程复杂，所需压力高，物料流量大，尾渣排放量占物料总量的 90% 以上。若尾渣只作为产品附加值低的水泥原料，则经济效益低。

该法是一个具有应用前景的方法。因为利用此法（按其原理）几乎可以处理所有高硅原料，而且理论上有价成分不会在过程中损失。近几年来，随着高压管道技术的发展，高压水化学法有望实现工业化。

2）硅（铝）氧架破坏法

离子交换法置换出钾长石中位于环间较大空隙的 K^+，基本没有破坏掉其骨架结构而留下钠长石、钙长石等尾渣。如若在提钾的同时破坏掉钾长石的架状架构，则有可能既达到提钾目的，又能对铝、硅元素加以综合利用，如制造氧化铝，高附加值的无机硅化物等。

（1）高温烧结法

钾长石与石灰石、磷矿石、白云石等原料一起，经"两磨一烧"，可制得含多种营养元素的复合钾肥。随着原料配比不同，可分别制备钙镁磷钾肥、钾钙镁肥、钾钙磷肥、钾钙肥、硅镁钾肥等。该制备技术工艺流程简单，生产设备与水泥工业相同。制得产品营养元素种类多且具有一定的缓释效果，肥料中营养元素利用效率高。但该法反应温度高，能耗高，生产环境极差，而产品的总养分含量低，且长期使用必然破坏土壤的团粒结构，使土壤沙化。因此，在倡导建设资源节约型、环境友好型社会的今天，该方法的发展应受到严格控制。

（2）石灰石烧结法

石灰石烧结法是由苏联学者在 20 世纪 50 年代提出的。用于解决由于铝土矿资源缺乏，而利用霞石正长岩生产氧化铝的问题。此方法同时伴有碳酸钾、碳酸钠和硅酸盐水泥生成。其主要流程为霞石正长岩与石灰石粉混匀后，1300℃ 烧结。反应过程中生成 β - 硅酸二钙和碱金属铝酸盐。烧结后的熟料与氢氧化钠溶液反应，碱金属铝酸盐进入溶液，β - 硅酸二钙则以固体的形式留在渣中。这个工艺实现了铝与硅的分离。溶液通过碳酸化得到氢氧化铝。再通过分离结晶制备碳酸钾和碳酸钠。主要化学反应方程式如下：

$$KAlSi_3O_8 + 6CaCO_3 \Longrightarrow KAlO_2 + Ca_2SiO_4 + 6CO_2$$
$$2KAlO_2 + CO_2 + H_2O \Longrightarrow 2Al(OH)_3 \downarrow + K_2CO_3$$

石灰石烧结法处理钾长石矿已经实现工业化应用，但该方法还存在烧结温度高，石灰石消耗量大，能耗高，污染严重，副产品水泥的经济附加值低等缺点。

（3）纯碱 - 石灰石烧结法

高温下以石灰石和碳酸钠作为分解助剂可使钾长石分解。化学反应方程式为：

$$KAlSi_3O_8 + Na_2CO_3 + 4CaCO_3 \Longrightarrow 2Ca_2SiO_4 + Na_2SiO_3 + KAlO_2 + 5CO_2$$

钾长石中的钾和铝分别转化为可溶性的偏铝酸钾和硅酸钠，经碱液浸出分离得到的残渣可作为生产水泥的原料。在最佳反应温度1280～1330℃时，氧化钾的平均挥发率为22%，但大多挥发的氧化钾可在烟道中冷凝回收。此处理方法能耗高，氧化钾挥发严重，在实际操作中处理困难。

（4）石膏－石灰石烧结法

使用石灰石和石膏作为添加剂，化学反应方程式如下：

$$2KAlSi_3O_8 + 14CaCO_3 + CaSO_4 = K_2SO_4 + 6Ca_2SiO_4 + Ca_3Al_2O_6 + 14CO_2$$

在钾长石：石膏：碳酸钙质量比为1:1:3.4，烧结温度为1050℃，烧结时间为2～3 h的条件下，钾长石的分解率可达92.8%～93.6%。产物经浸出、过滤，得到的滤渣铝酸三钙和β－硅酸二钙可用于生产水泥。滤液则用于制备硫酸钾。

若添加少量矿化剂如硫酸钠、氟化钠等，可降低烧结温度100～200℃。但物料配比过高，将会导致资源消耗量大、能耗高且有大量废弃渣排除，污染环境等问题的出现。若将石灰石－石膏烧结法与高效利用脱硫灰渣或低品位钾磷共生矿结合起来，资源利用率将显著提高，达到工业生产需求。

王光龙等利用硫酸分解磷矿石后留下的石膏废渣，与石灰石、钾长石混合，并在高温条件下烧结制备硫酸钾。邱龙会等利用硫酸分解磷钾共生矿后留下的残渣，添加石灰石、石膏混合焙烧制备硫酸钾。石林等将钾长石与脱硫灰渣混合焙烧，制备钾钙复合肥。

（5）石膏－石灰石烧结法

钾长石与氢氧化钠混合均匀，在500℃焙烧，化学反应方程式如下：

$$2KAlSi_3O_8 + 2NaOH = 2NaAlSiO_4 + 3SiO_2 + K_2SiO_3 + H_2O$$

烧结过程中，氢氧化钠破坏了钾长石的结构，使之转化为霞石结构。钾的浸出率随之上升。在两者质量比为1:1时，钾的浸出率可达到98.06%。火碱烧结法的不足之处在于会产生大量的废渣，与氯化钙作助剂时相似。其主要固相产物霞石可与少量全铁生产硅酸盐玻璃和陶瓷。

（6）低温烧结法

低温烧结法是通过添加助剂，在较低温度下分解钾长石。助剂的选择要满足以下条件：①助剂能破坏钾长石的结构；②选择熔点较低的助剂，使钾长石与液相助剂反应，达到改变反应条件，增加反应接触面积，提高反应率的目的；③选择阴离子电负性大且阳离子半径小于钾离子的助剂。

钾长石可在$(NH_4)_2SO_4$、H_2SO_4、CaF_2存在的情况下在低温下焙烧分解，反应方程式如下：

$$2KAlSi_3O_8 + 13CaF_2 + 14H_2SO_4 = K_2SO_4 +$$
$$13CaSO_4 + 6SiF_4\uparrow + Al_2O_3 + 2HF\uparrow + 13H_2O$$

低温焙烧分解$KAlSi_3O_8$，氟化物和硫酸盐起着重要作用。随着温度升至200℃，CaF_2和H_2SO_4的混合物的作用机理类似于HF对钾长石的分解作用。由

于有 F^- 存在，200℃ 时加入 H_2SO_4 也可以破坏钾长石的框架结构，并使钾离子浸到溶液中。通过这种方法可使钾长石在低温和低能耗的条件下反应分解，但助剂的使用量大且反应过程中会产生大量强腐蚀性和挥发性气体如 HF、SO_3、NH_3，对设备、环境和操作者的健康造成伤害。故低温焙烧法没有实现工业化。

（7）复合酸解法

复合酸解法采用低温、常压分解钾长石，综合利用矿石中的氧化铝、氧化钾、二氧化硅等组分，分别制备具有高附加值的产品。

钾长石 - 氢氟酸 - 硫酸反应体系，在低温、常压下发生的反应如下：

$$2KAlSi_3O_8 + 4H_2SO_4 + 24HF \Longrightarrow Al_2(SO_4)_3 + K_2SO_4 + 6SiF_4 \uparrow + 16H_2O$$

该方法具有产品含钾高、能耗低、工艺流程简单等优点。但是由于氢氟酸具有毒性和强腐蚀性，且反应过程产生有毒的 SiF_4 气体，污染环境，因此该方法对设备要求高，且助剂用量大。

针对以上情况，研究者设计了一种对钾长石 - 氢氟酸 - 硫酸复合酸解法的改进方法，即利用萤石和硫酸替代氢氟酸。该工艺的化学反应如下：

$$KAlSi_3O_8 + CaF_2 + H_2SO_4 \Longrightarrow K_2SO_4 + CaSO_4 + SiF_4 \uparrow + Al_2O_3$$

同样也产生有毒的 SiF_4 气体。

1.2　碳酸钠焙烧法清洁、高效综合利用钾长石矿

1.2.1　原料分析

原料为辽宁某地钾长石矿，矿石经破碎、研磨、筛分后利用。其化学成分结果如表 1 - 3 所示。由表可见，矿石中主要成分为 SiO_2、Al_2O_3、K_2O、Na_2O，其质量分数总和达到 96.44%，成分较复杂。SiO_2 的质量分数达到矿物的 69.45%，若只把钾作为产物加以提取利用，将产生大量的渣，故此钾长石应进行综合利用。

表 1 - 3　钾长石的主要化学组成　　　　　　　　　%

SiO_2	Al_2O_3	K_2O	Na_2O	CaO	Fe_2O_3	MgO
69.45	15.72	7.99	3.28	0.61	0.32	0.18

钾长石的 X 射线分析图谱见图 1 - 1。由图可知，钾长石中的主要物相组成是微斜长石（$KAlSi_3O_8$）、低钠长石（$NaAlSi_3O_8$）和游离的石英形态的 SiO_2，特征衍射峰尖锐，晶型较好。

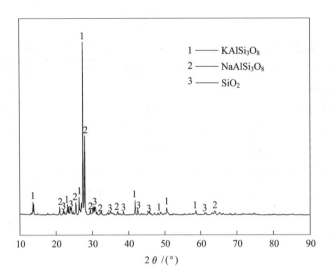

图1-1 钾长石的 XRD 图谱

由图1-2钾长石的 SEM 照片可知,钾长石颗粒呈类球状,分布较为均匀,颗粒致密且较为坚硬。图1-3为对图1-2中颗粒进行硅、铝、钾、钠的面扫描结果。由图1-3可知,矿物中含有大量的硅、铝、钾和少部分的钠,且硅、铝、钾和钠互相嵌布。

图1-2 钾长石的 SEM 照片

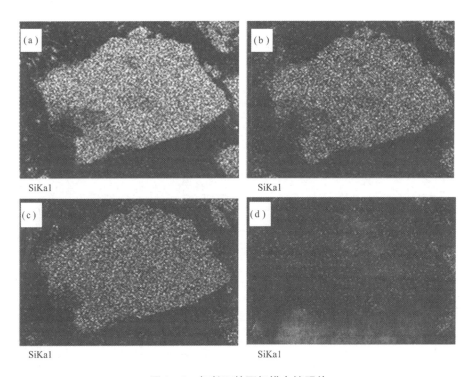

图 1 - 3　钾长石的面扫描电镜照片

1.2.2　化工原料

碳酸钠焙烧法处理钾长石矿使用的化工原料主要有碳酸钠、氢氧化钠、浓硫酸。

①碳酸钠：工业级。

②氢氧化钠：工业级。

③浓硫酸：工业级。

1.2.3　碳酸钠焙烧法工艺流程

根据钾长石的化学组成、物相分析，设计了碳酸钠高温焙烧钾长石的综合利用有价组元的工艺流程，如图 1 - 4 所示。利用碳酸钠和钾长石焙烧反应生成可溶性物质硅酸钠和不溶性物质霞石。焙烧所得熟料经过碱溶、碳分等步骤，提取钾长石中大部分二氧化硅。同时，铝、钾和钠在碱溶渣中富集。通过酸化、水溶、沉铝制备氢氧化铝。通过煅烧可得到产品氧化铝。沉铝后富含硫酸钾和硫酸钠的溶液作为碱溶渣酸化后的循环母液。当浓度接近饱和时，根据硫酸钾和硫酸钠的

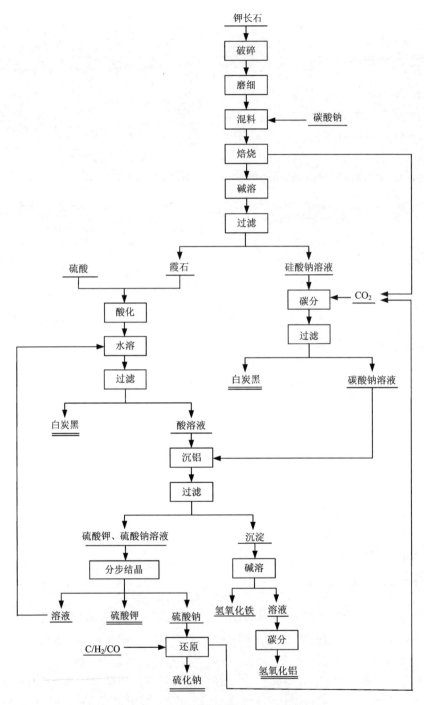

图 1-4 钾长石综合利用工艺流程图

溶解度不同利用分步结晶方法，可以得到硫酸钾和硫酸钠。硫酸钠作为原料，利用还原法制备高纯硫化钠。

1.2.4　工艺介绍

1）焙烧

将钾长石破碎、磨细、筛分至粒度小于 74 μm，与粒度小于 74 μm 的 Na_2CO_3 按 Na_2CO_3 与钾长石摩尔比 1.1∶1 混合均匀（钾长石中完全反应所消耗的 Na_2CO_3 的量计为 1）。混匀物料在 850 ~ 900℃ 焙烧 90 min。钾长石中微斜长石（$KAlSi_3O_8$）、钠长石（$NaAlSi_3O_8$）和 SiO_2 与 Na_2CO_3 反应生成可溶性的 Na_2SiO_3 和不溶的霞石。在焙烧过程中发生的主要反应如下：

$$KAlSi_3O_8 + 2Na_2CO_3 = KAlSiO_4 + 2Na_2SiO_3 + 2CO_2 \uparrow$$
$$NaAlSi_3O_8 + 2Na_2CO_3 = NaAlSiO_4 + 2Na_2SiO_3 + 2CO_2 \uparrow$$
$$SiO_2 + Na_2CO_3 = Na_2SiO_3 + CO_2 \uparrow$$

2）碱溶

将焙烧熟料破碎研磨后用 NaOH 溶液溶出，液固比为 4∶1。搅拌溶出一段时间后，过滤分离得到碱溶渣和 Na_2SiO_3 溶液，K、Na 和 Al 等有价组元在渣中富集。滤渣洗涤烘干备用。

3）碳分

碳分 Na_2SiO_3 溶液，当溶液 pH 为 11 时，过滤除杂。再向溶液通入 CO_2，当溶液 pH 为 9 时，过滤分离，滤渣烘干得到白炭黑。碳分后得到的 Na_2CO_3 溶液用于沉铝。在碳分过程中发生的主要反应如下：

$$Na_2SiO_3 + CO_2 + nH_2O = Na_2CO_3 + SiO_2 \cdot nH_2O \downarrow$$

4）酸化水浸

将洗涤、烘干后的焙烧渣（霞石）与浓硫酸按酸矿摩尔比 1.2∶1 混合均匀。在 90℃ 的条件下控制液固比为 5∶1，搅拌反应 10 min。浸出过程中发生的主要反应如下：

$$2KAlSiO_4 + 4H_2SO_4 = K_2SO_4 + Al_2(SO_4)_3 + 2H_4SiO_4 \downarrow$$
$$2NaAlSiO_4 + 4H_2SO_4 = Na_2SO_4 + Al_2(SO_4)_3 + 2H_4SiO_4 \downarrow$$

过滤得到白炭黑和含 K、Na 和 Al 的酸性溶液。

5）沉铝

将滤液加热，加入 Na_2CO_3 溶液，调节溶液 pH 至 4.8，反应 40 min 后过滤，滤饼为 $Al(OH)_3$。沉铝反应如下：

$$Al_2(SO_4)_3 + 3Na_2CO_3 + 3H_2O = 3Na_2SO_4 + 2Al(OH)_3 \downarrow + 3CO_2 \uparrow$$

6）K_2SO_4 和 Na_2SO_4 分步结晶

含有 K_2SO_4 和 Na_2SO_4 的溶液作为浸出液循环使用，当 K_2SO_4 和 Na_2SO_4 的浓度接近饱和时，根据其溶解度不同分步结晶得到 K_2SO_4 晶体和 Na_2SO_4 晶体。

7)气体还原

可采用 CO 还原 Na_2SO_4 制备高纯 Na_2S,发生的化学反应为:

$$Na_2SO_4 + 4CO = Na_2S + 4CO_2$$

1.2.5　碳酸钠焙烧法的主要设备

碳酸钠焙烧法工艺的主要设备见表 1-4。

表 1-4　碳酸钠焙烧法工艺的主要设备列表

工序名称	设备名称	备注
磨矿	回转干燥窑	
	颚式破碎机	
	粉磨机	
混料	双辊犁刀混料机	耐碱
焙烧	回转焙烧窑	耐碱
	除尘器	
	烟气净化制酸系统	
溶出过滤	溶出搅拌槽	耐碱、加热
	水平带式过滤机	耐碱
沉铁除铝	沉铁搅拌槽	耐酸、加热
	板框过滤机	耐酸、非连续
	除铝搅拌槽	耐酸、加热
	板框过滤机	耐酸、非连续
浸出	浸出槽	耐碱、加热
	稀释槽	耐碱、保温
	平盘过滤机	耐碱、连续
煅烧	干燥器	
	煅烧炉	
结晶	浸出槽	
	稀释槽	
	平盘过滤机	
乳化	生石灰乳化窑	
苛化	苛化槽	耐碱、加热
	平盘过滤机	耐碱、连续
	五效蒸发器	

1.2.6 碳酸钠焙烧法工艺的设备连接图

图 1-5 为碳酸钠焙烧法工艺的设备连接图。

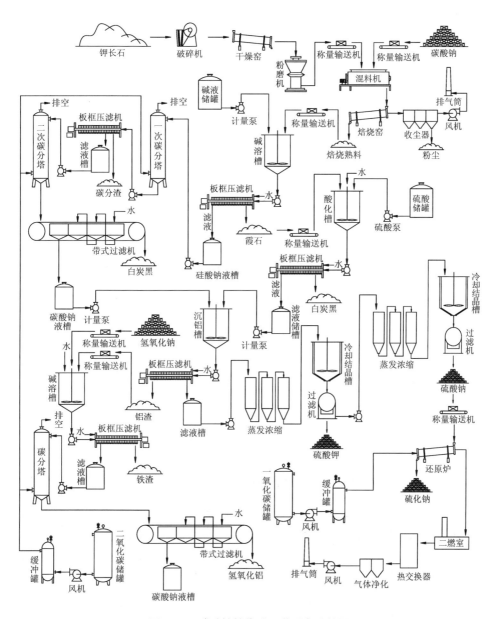

图 1-5 碳酸钠焙烧法工艺设备连接图

1.3 产品

碳酸钠焙烧法处理钾长石矿得到的主要产品有超细二氧化硅、硅酸钙、氧化铝、硫酸钾、硫化钠等。

1.3.1 超细二氧化硅的表征

图 1-6 为超细二氧化硅的 XRD 图谱。由图可知，粉体中没有出现尖锐的晶体衍射峰，不含结晶相，为不含结晶相的无定形非晶体结构。表 1-5 为超细二氧化硅的检测结果和 HG/T 3065—1999 标准。由表可见，采用碳分法制备的超细二氧化硅符合行业的标准。

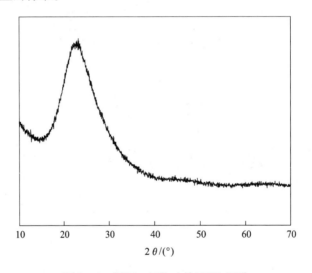

图 1-6 超细二氧化硅的 XRD 图谱

表 1-5 超细二氧化硅的检测结果和 HG/T 3065—1999 标准

项目	标准参数 (HG/T 3065—1999)	检测结果
SiO_2 的质量分数/%	≥90	99.16
pH	5.0~8.0	7.4
水分(附着水)/%	4.0~8.0	6.3
烧失量/%	≤7.0	6.0
DBP 的吸收值/($cm^3 \cdot g^{-1}$)	2.0~3.5	2.9
比表面积/($m^2 \cdot g^{-1}$)	70~200	161

1.3.2　硅酸钙的表征

图 1-7 和图 1-8 分别为硅酸钙的 X 射线衍射图谱和扫描电子显微镜照片。由图 1-7 可知，样品中出现衍射峰与硅酸钙的特征衍射峰相符，表明该样品为目的产物硅酸钙。由图 1-8 可知，得到的硅酸钙颗粒大小较为均匀，疏松多孔。表 1-6 为产品的化学成分分析。由表可见，氧化钙与二氧化硅的摩尔比接近 1:1，故得到的产品为硅酸钙。

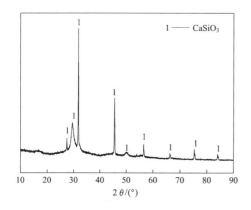

图 1-7　硅酸钙的 XRD 图谱

图 1-8　硅酸钙的 SEM 照片

表 1-6　硅酸钙产品的主要化学成分　　　　　　　　　　　　　　　　%

SiO_2	CaO	Al_2O_3	Na_2O	Fe_2O_3	K_2O
46.58	44.84	0.21	0.32	0.12	0.33

1.3.3　高纯氢氧化铝的表征

按照国家标准 GB/T 4294—2010 的检测方法，将制备的氢氧化铝粉体进行各项指标测试，并与 GB/T 4294—2010 中标定的数据进行比较，结果见表 1-7。由表可见，采用直接沉淀法制备的氢氧化铝粉体符合国家标准 GB/T 4294—2010。

表 1 - 7　氢氧化铝粉体检测结果和国家标准

项目	标准参数（GB/T 4294—2010）	检测结果
Al_2O_3 的质量分数/%	≥52.92	53.66
SiO_2 的质量分数/%	0.02	0.017
Fe_2O_3 的质量分数/%	0.02	0.019
Na_2O 的质量分数/%	0.04	—
烧失量/%	34.5±0.5	34.6
水分（附着水）/%	≤12	11.7

图 1 - 9 和图 1 - 10 分别为氢氧化铝粉体的 X 射线衍射图谱和 SEM 照片。从图 1 - 9 可以看出粉体中没有出现尖锐的晶体衍射峰，说明不含结晶相，为无定形非晶态结构。从 SEM 照片可以看出，直接沉淀法得到的氢氧化铝粒度大约 0.3 μm。颗粒较细且形貌大小较为均匀。但因表面能大，有团聚现象。

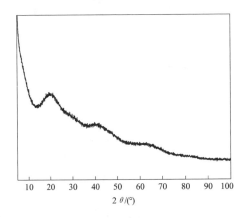

图 1 - 9　氢氧化铝粉体的 XRD 图谱

图 1 - 10　氢氧化铝粉体的 SEM 照片

1.3.4　氧化铁产品的表征

碱溶后得到的滤饼经洗涤、干燥、煅烧得氧化铁产品。对其化学成分、物相结构及微观形貌进行分析，结果如表 1 - 8、图 1 - 11 和图 1 - 12 所示。由表可见，制备的产品的主要成分为氧化铁，其质量分数为 98.98%。图 1 - 11 为氧化铁产品的 X 射线衍射图谱，由图可知，得到的样品为三氧化二铁。图中检测不到其他的杂质峰，表明样品较纯净。由图 1 - 12 可知，得到的氧化铁颗粒呈球状，且大小均匀，由于其表面积大、吸附性较强，故有团聚。

表 1 – 8　氧化铁产品的主要化学组成　　　　　　　　　%

Fe$_2$O$_3$	其他
98.98	1.02

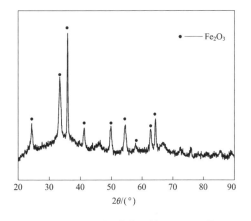

图 1 – 11　氧化铁产品的 XRD 图谱　　图 1 – 12　氧化铁产品的 SEM 照片

1.3.5　氧化铝产品的表征

将得到的氢氧化铝在 1200℃下煅烧 2 h。对得到的样品进行化学成分及物相结构分析，结果如表 1 – 9 和图 1 – 13 所示。由图可知，所得氧化铝产品的衍射峰与标准衍射峰匹配良好。由表 1 – 9 可知，氧化铝产品的质量分数可达 99.12%，制备的氧化铝符合行业 YS/T 274—1998 标准。

表 1 – 9　氧化铝产品的检测结果和 YS/T 274—1998 标准

项目	标准参数（YS/T 274 – 1998）	检测结果
Al$_2$O$_3$ 的质量分数/%	≥98.3	99.21
SiO$_2$ 的质量分数/%	0.06	0.05
Fe$_2$O$_3$ 的质量分数/%	0.04	0.02
Na$_2$O 的质量分数/%	0.65	0.54
TiO$_2$ 的质量分数/%	—	—
CaO 的质量分数/%	—	—
MgO 的质量分数/%	—	—

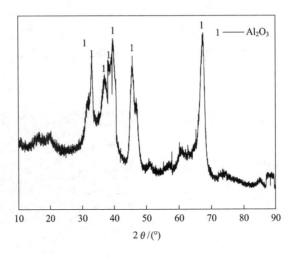

图 1 – 13 氧化铝产品的 XRD 图谱

1.3.6 硫酸钾产品的表征

经分步结晶得到硫酸钾产品。对其化学成分、物相结构及微观形貌进行分析，结果如表 1 – 10、图 1 – 14 及图 1 – 15 所示。由表可见，制备的硫酸钾产品符合国家（GB 20406—2006）标准。图 1 – 14 为硫酸钾产品的 X 射线衍射图谱，由图可知，得到的样品为硫酸钾。图中检测不到其他的杂质峰，表明样品较纯净。图 1 – 15 为硫酸钾产品的扫描电子显微镜照片，由图可知，得到的硫酸钾颗粒大小均匀且呈球状。

表 1 – 10 硫酸钾产品检测结果和国家标准

项目	标准参数（GB 20406—2006）	检测结果
K_2O 的质量分数/%	≥50.0	51.97
Cl^- 的质量分数/%	≤1.5	—
H_2O 的质量分数/%	≤1.5	1.37
游离酸的质量分数/%	≤1.5	1.29

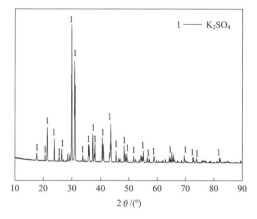

图 1 - 14　硫酸钾产品的 XRD 图谱

图 1 - 15　硫酸钾产品的 SEM 照片

1.3.7　硫酸钠产品的表征

经分步结晶得到硫酸钠产品。对其物相结构及微观形貌进行分析,结果如图 1 - 16 及图 1 - 17 所示。图 1 - 16 为硫酸钠产品的 X 射线衍射图谱,由图可知,得到的样品为硫酸钠。图中检测不到其他的杂质峰,表明样品较纯净。图 1 - 17 为硫酸钠产品的扫描电子显微镜照片,由图可知,得到的硫酸钠颗粒大小均匀且呈球状。

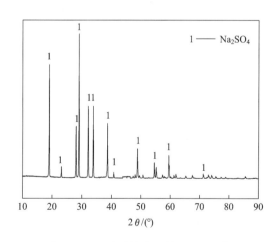

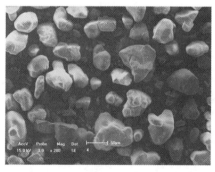

图 1 - 16　硫酸钠产品的 XRD 图谱

图 1 - 17　硫酸钠产品的 SEM 照片

1.3.8 硫化钠产品的表征

对得到的样品进行化学成分、物相结构及形貌分析，结果如表 1 - 11、图 1 - 18 和图 1 - 19 所示。由图可知，所得硫化钠产品的衍射峰与标准衍射峰匹配良好且产品呈不规则形，颗粒表面有覆盖物。硫化钠产品按国家标准（GB/T 10500—2009）检测，结果见表 1 - 11。由表可见，硫化钠为一等品。

表 1 - 11　硫化钠产品检测结果

项目	标准参数（GB/T 10500—2009）	检测结果
Na_2S 的质量分数/%	≥60.0	63.24
Fe 的质量分数/%	≤0.0030	0.0027
水不溶物的质量分数/%	≤0.05	0.43

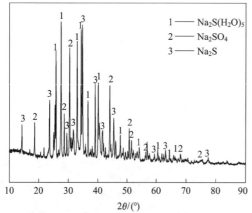

图 1 - 18　硫化钠产品的 XRD 图谱

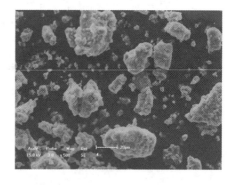

图 1 - 19　硫化钠产品的 SEM 照片

1.4　环境保护

1.4.1　主要污染源和主要污染物

1）烟气粉尘

（1）焙烧窑烟气中的主要污染物是粉尘；

（2）燃气锅炉的主要污染物是粉尘和 CO_2；

（3）钾长石矿储存、破碎、筛分、磨制、皮带输送转接点等产生的物料粉尘；

2）水

（1）生产废水，生产过程水循环使用，无废水排放；

（2）生产排水为软水制备工艺排水，水质未被污染；

3）固体

（1）钾长石中的硅制备石英粉、硅酸钙；

（2）铁制成的羟基氧化铁和氢氧化铁，用于炼铁；

（3）铝得到的氢氧化铝和氧化铝；

（4）钾制备的硫酸钾；

（5）钠制备的硫化钠；

生产过程无废渣排放。

1.4.2　污染治理措施

1）焙烧烟气

焙烧烟气经旋风、重力、布袋除尘，粉尘返还混料。碳酸钠焙烧烟气经吸收塔二级吸收，CO_2 和水的混合物经氢氧化钠吸收塔制备碳酸钠，循环利用。

2）通风除尘

产生粉尘设备均带收尘装置。

扬尘：全厂扬尘点均实行设备密闭罩集气、机械排风、高效布袋除尘器集中除尘，系统除尘效率均在 99.9% 以上。

烟尘：回转窑等烟气除尘系统收集的烟尘全部返回系统再利用。

3）废水治理

需要水源提供新水，生产用水循环，全厂水循环利用率为 90% 以上。

各工序产生的废水采用不同方法处理，以实现全厂废水"零"排放。蒸浓结晶工序冷凝水循环使用和二次利用。

4）废渣治理

整个生产过程中，高铁铝土矿中的主要组分硅、铁、铝、钾、钠均制备成产品，无废渣产生。

5）噪声治理

本工程的噪声主要由机械动力、流体动力产生。工程设计对高噪声设备采取了消声、隔声、基础减振等措施进行处理。

6）绿化

绿化在防治污染、保护和改善环境方面起到特殊的作用，是环境保护的有机组成部分。绿色植物不仅能美化环境，还具有吸附粉尘、净化空气、减弱噪声、改善小气候等作用。因此在工程设计中应充分重视绿化，通过提高绿化系数改善厂区及附近地区的环境条件。设计厂区绿化占地率不小于20%。

1.5 结语

钾长石矿是我国重要的难处理资源，其综合利用研究具有长远意义。本工艺采用火法与湿法相结合，实现了钾长石矿中有价组元钾、铝、钠、硅等都分离提取，并加工成产品，实现了钾、铝、钠、硅的综合利用。物料循环利用，酸耗、碱耗低，无废渣、废气、废液的排放，符合国家发展循环经济的要求，是绿色、高附加值综合利用的工艺流程。

参考文献

[1] 刘佳囡. 钾长石高附加值绿色化综合利用的研究[D]. 沈阳：东北大学，2016.

[2] Liu J N, Shen X Y, Wu Y, et al. Preparation of ultrafine silica from potash feldspar using sodium carbonate roasting technology[J]. International Journal of Minerals, Metallurgy and Materials, 2016, 23(8)：966 – 975.

[3] 刘佳囡，申晓毅，翟玉春. 钾长石焙烧熟料的浸出动力学[J]. 过程工程学报，2015, 15(5)：819 – 823.

[4] 刘佳囡，申晓毅，张俊，等. 钾长石焙烧熟料中二氧化硅的溶出[J]. 东北大学学报(自然科学版)，2016, 37(3)：363 – 367.

[5] Liu J N, Zhai Y C, Wu Y, et al. Kinetics of roasting potash feldspar in the presence of sodium carbonate[J]. Journal of Central South University, 2017, 24(7)：1544 – 1550.

[6] Manning D A C. Mineral sources of potassium for plant nutrition[J]. Sustainable Agriculture, 2011(2)：187 – 203.

[7] 曲均峰，赵福军，傅送保. 非水溶性钾研究现状与应用前景[J]. 现代化工，2010, 30(6)：16 – 19.

[8] Talbot C J, Farhadi R, Aftabi P. Potash in salt extruded at Sar Pohldiapir, Southern Iran[J]. Ore Geology Reviews, 2009, 35(3 – 4)：352 – 366.

[9] Swapan K D, Kausik D. Differences in densification behaviour of K – and Na – feldspar – containing porcelain bodies[J]. Thermochimica Acta, 2003, 406(1 – 2)：199 – 206.

[10] Ciceri D, Manning D A C, Allanore A. Historical and technical developments of potassium resources[J]. Science of the Total Environment, 2015, 502(1)：590 – 601.

[11] 胡波，韩效钊，肖正辉，等. 我国钾长石矿产资源分布、开发利用、问题与对策[J]. 化工矿产地质，2005, 27(1)：25 – 32.

[12] Crundwell F K. The mechanism of dissolution of the feldspars：Part I. Dissolution at conditions far from equilibrium[J]. Hydrometallurgy, 2015(151)：151 – 162.

[13] Crundwell F K. The mechanism of dissolution of the feldspars：Part II dissolution at conditions close to equilibrium[J]. Hydrometallurgy, 2015(151)：163 – 171.

[14] Kamseu E, Bakop T, Djangang C, et al. Porcelain stoneware with pegmatite and nepheline syenite solid solutions：Pore size distribution and descriptive microstructure[J]. Journal of the European Ceramic Society, 2013, 33(13 – 14)：2775 – 2784.

[15] Liu Y J, Peng H Q, Hu M Z. Removing iron by magnetic separation from a potash feldspar ore [J]. Journal of Wuhan University of Technology Materials Science, 2013, 28(2)：362 – 366.

[16] Lavinia D F, Pier P L, Giovanna V. Characterization of alteration bases on Potash – Lime – Silica glass[J]. Corrosion Science, 2014, 80：434 – 441.

[17] Hynek S A, Brown F H, Fernandez D P. A rapid method for hand picking potassium – rich feldspar from silicic tephra[J]. Quaternary Geochronology, 2011, 6(2)：285 – 288.

[18] 王渭清, 潘磊, 李龙涛, 等. 钾长石资源综合利用研究现状及建议[J]. 中国矿业, 2012, 21(10)：53 – 57.

[19] 薛彦辉, 张桂斋, 胡满霞. 钾长石综合开发利用新方法[J]. 非金属矿, 2005, 28(4)：48 – 50.

[20] 王励生, 金作美, 邱龙会. 利用雅安地区钾长石制硫酸钾[J]. 磷肥与复肥, 2000, 15(3)：7 – 10.

[21] 陶红, 马鸿文, 廖立兵. 钾长石制取钾肥的研究进展及前景[J]. 矿产综合利用, 1998(1)：28 – 32.

[22] 刘文秋. 从钾长石中提取钾的研究[J]. 长春师范学院学报, 2007, 26(1)：52 – 55.

[23] Yuan B, Li C, Liang B, et al. Extraction of potassium from K – feldspar via the CaCl₂ calination route[J]. Chinese Journal of Chemical Engineering, 2015, 23(9)：1557 – 1564.

[24] 胡天喜, 于建国. CaCl₂ – NaCl 混合助剂分解钾长石提取钾的实验研究[J]. 过程工程学报, 2010, 10(4)：701 – 705.

[25] 韩效钊, 姚卫棠, 胡波, 等. 离子交换法从钾长石提钾[J]. 应用化学, 2003, 20(4)：373 – 375.

[26] 彭清静, 彭良斌, 邹晓勇, 等. 氯化钙熔浸钾长石提钾过程的研究[J]. 高校化学工程学报, 2003, 17(2)：185 – 189.

[27] 王忠兵, 程常占, 王广志, 等. 钾长石 – NaOH 体系水热法提钾工艺研究[J]. 化工矿物与加工, 2010(5)：6 – 7.

[28] 程辉, 董自斌, 李学字. 低温水相碱溶分解钾长石工艺的优化[J]. 化工矿物与加工, 2011, 40(10)：7 – 8.

[29] Su S Q, Ma H W, Chuan X Y. Hydrothermal decomposition of K – feldspar in KOH – NaOH – H₂O medium[J]. Hydrometallurgy, 2015, 156：47 – 52.

[30] Nie T M, Ma H W, Liu H, et al. Reactive mechanism of potassium feldspar dissolution under hydrothermal condition[J]. Journal of the Chinese Ceramic Society, 2006, 34(7)：846 – 850.

[31] Kausik D, Sukhen D, Swapan K D. Effect of substitution of fly ash for quartz in triaxial kaolin – quartz – feldspar system[J]. Journal of the European Ceramic Society, 2004, 24(10 – 11)：

3169 - 3175.

[32] Ma X, Yang J, Ma H W, et al. Hydrothermal extraction of potassium from potassic quartz syenite and preparation of aluminum hydroxide[J]. International Journal of Mineral Processing, 2016, 147(10): 10 - 17.

[33] 陈定盛, 石林, 汪碧容, 等. 焙烧钾长石制硫酸钾的实验研究[J]. 化肥工业, 2006, 33 (6): 20 - 23.

[34] Jena S K, Dhawan N, Rao D S, et al. Studies on extraction of potassium values from nepheline syenite[J]. International Journal of Mineral Processing, 2014, 133(10): 13 - 22.

[35] Feng W W, Ma H W. Thermodynamic analysis and experiments of thermal decomposition for potassium feldspar at intermediate temperatures[J]. Journal of the Chinese Ceramic Society, 2004, 32(7): 789 - 799.

[36] Gallala W, Gaied M E. Sintering behavior of feldspar and influence of electric charge effects [J]. International Journal of Minerals, Metallurgy and Materials, 2011, 18(2): 132 - 137.

[37] Ezequiel C S, Enrique T M, Cesar D, et al. Effects of grinding of the feldspar in the sintering using a planetary ball mill[J]. Journal of Materials Processing Technology, 2004, 152(3): 284 - 290.

[38] Jena S K, Dhawan N, Rath S S, et al. Investigation of microwave roasting for potash extraction from nepheline syenite[J]. Separation and Purification Technology, 2016, 161(17): 104 - 111.

[39] Shangguan W J, Song J M, Yue H R, et al. An efficient milling - assisted technology for K - feldspar processing, industrial waste treatment and CO_2 mineralization [J]. Chemical Engineering Journal, 2016, 292(15): 255 - 263.

[40] 戚龙水, 马鸿文, 苗世顶. 碳酸钾助熔焙烧分解钾长石热力学实验研究[J]. 中国矿业, 2004, 13(1): 73 - 75.

[41] 苏双青, 马鸿文, 谭丹君. 钾长石热分解反应的热力学分析与实验研究[J]. 矿物岩石地球化学通报, 2007, 26(z1): 205 - 208.

[42] Xu H, Jannie S J D. The effect of alkali metals on the formation of geopolymeric gels from alkali - feldspars[J]. Colloids and Surfaces A: Physicochemical and Engineering Aspects, 2003, 216(1 - 3): 27 - 44.

[43] Zhang Y, Qu C, Wu J Q, et al. Synthesis of leucite from potash feldspar[J]. Journal of Wuhan University of Technology Materials Science, 2008, 23(4): 452 - 455.

[44] 耿曼, 陈定盛, 石林. 钾长石 - $CaSO_4$ - $CaCO_3$ 体系的热分解生产复合肥[J]. 化肥工业, 2010, 37(2): 29 - 32.

[45] 汪碧容, 石林. 钾长石 - 硫酸钙 - 碳酸钙体系的热分解过程分析[J]. 化工矿物与加工, 2011, 40(3): 12 - 15.

[46] 陈定盛, 石林. 钾长石 - 硫酸钙 - 碳酸钙体系的热分解过程动力学研究[J]. 化肥工业, 2009, 36(2): 27 - 30.

[47] 黄珂, 王光龙. 钾长石低温提钾工艺的机理探讨[J]. 化学工程, 2012, 40(5): 57 - 60.

[48] 孟小伟, 王光龙. 钾长石湿法提钾工艺研究[J]. 无机盐工业, 2011, 43(3): 34 - 35.

[49] 郑代颖，夏举佩. 磷石膏和钾长石制硫酸钾的试验研究[J]. 硫磷设计与粉体工程，2012（5）：1 - 7.

[50] 古映莹，苏莎，莫红兵，等. 钾长石活化焙烧 - 酸浸新工艺的研究[J]. 矿产综合利用，2012（1）：36 - 39.

[51] 孟小伟，王光龙. 钾长石提钾工艺研究[J]. 化工矿物与加工，2010，39（12）：22 - 24.

[52] 薛燕辉，周广柱，张桂. 钾长石 - 萤石 - 硫酸体系中分解钾长石的探讨[J]. 化学与生物工程，2004（2）：25 - 27.

[53] 郭德月，韩效钊，王忠兵，等. 钾长石 - 磷矿 - 盐酸反应体系实验研究[J]. 磷肥与复肥，2009，24（6）：14 - 16.

[54] 韩效钊，胡波，肖正辉，等. 钾长石与磷矿共酸浸提钾过程实验研究[J]. 化工矿物与加工，2005，34（9）：1 - 3.

[55] 黄理承，韩效钊，陆亚玲，等. 硫酸分解钾长石的探讨[J]. 安徽化工，2011，37（1）：37 - 39.

[56] 兰方青，旷戈. 钾长石 - 萤石 - 硫酸 - 氟硅酸体系提钾工艺研究[J]. 化工生产与技术，2011，18（1）：19 - 21.

第2章 镍铜氧硫混合矿
清洁、高效综合利用

2.1 概述

2.1.1 资源综述

镍因其优良的金属性能，军用、民用广泛，如不锈钢（58%），镍基合金（14%），铸造和合金钢（9%），电镀（9%）和可充电电池（5%）。自然界中，镍的赋存形式主要有两种：硫化型镍矿与氧化型镍矿。常见镍的赋存矿相与其自然状态下的形貌分别如表2-1与图2-1所示。

表2-1 常见含镍矿物及其矿物分子式

矿物名称	矿物分子式	含镍量/%
镍黄铁矿（pentlandite）	$(Fe, Ni)_9S_8$	$22 \sim 42$
紫硫镍（铁）矿（violarite）	FeS，Ni_2S_3 或 $(Fe, Ni)_3S_4$	38.9
针镍矿（millerite）	NiS	64.7
辉（铁）镍矿（polydymite）	Ni_3S_4 或 $(Ni, Fe)_3S_4$	57.9
方硫镍矿（vaesite）	NiS_2	47.8
红砷镍矿（niccolite）	$NiAs$	43.9
砷镍矿（maucherite）	Ni_3As_2	54.0
辉砷镍矿（gersdorffite）	$NiAsS$	35.4
暗镍蛇纹石（genthite）	$(Ni, Mg)O \cdot SiO_2 \cdot nH_2O$	含 NiO $2 \sim 47$
镍绿泥石（nimite）	$(Ni, Mg)_2Si_2O_5(OH)_4$	含 NiO $20 \sim 40.2$
绿高岭石（nontronite）	$Na_{0.3}(Fe^{3+})_2(Si, Al)_4O_{10}(OH)_2 \cdot nH_2O$	含 NiO $1.1 \sim 1.8$
绿镍矿（bunsenite）	NiO	含 NiO 78.6
镍磁铁矿（trevorite）	$NiFe_2O_6$ 或 $(Fe, Ni)_3O_4$	含 NiO 31.9

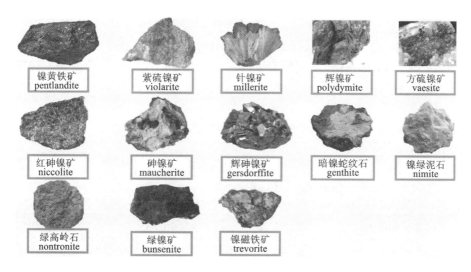

图 2 - 1　常见镍矿物在自然界中的形貌

2.1.2　世界镍资源分布与特点

世界范围内，镍资源比较丰富，但分布不均匀，地壳中含量较少，地核中含镍最高，为天然的镍铁合金。美国地质调查局于 2016 年发布的数据显示，全球探明镍基础储量约为 7800 万 t，资源总量为 14800 万 t，其中，红土镍矿与硫化镍矿分别占基础储量的 60% 和 40%。

红土镍矿主要分布在赤道附近的古巴、新喀里多尼亚、印度尼西亚、菲律宾、越南等国。大型的矿带有：南太平洋新喀里多尼亚（New Caledonia）镍矿区、印度尼西亚的摩鹿加（Moluccas）和苏拉威西（Sulawesi）地区镍矿带、菲律宾巴拉望（Palawan）地区镍矿带、澳大利亚的昆士兰（Queensland）地区镍矿带、巴西米纳斯吉拉斯（Minas Gerais）和戈亚斯（Goias）地区镍矿带、古巴的奥连特（Oriente）地区镍矿带、多米尼加的班南（Banan）地区镍矿带、希腊的拉耶马（Larymma）地区镍矿带以及俄罗斯和阿尔巴尼亚等国的一些镍矿带。硫化型镍矿主要源自典型的火山活动或地壳中岩浆的热液反应，常伴生铜、钴、金、银及铂族金属。硫化型镍矿主要分布在加拿大、俄罗斯、澳大利亚、中国和南非等国。主要的矿带有：中国甘肃省金川镍矿带、吉林省磐石镍矿带、加拿大安大略省萨德伯里（Sudbury）镍矿带、加拿大曼尼托巴省林莱克的汤普森（Lynn Lake - Thompson）镍矿带、苏联科拉（Kojia）半岛镍矿带、俄罗斯西伯利亚诺里尔斯克（HophHjibck）镍矿带、澳大利亚坎巴尔达（Kambalda）镍矿带、博茨瓦纳塞莱比 - 皮奎（Selebi Phikwe）镍矿带、芬兰科塔拉蒂（Kotalahti）镍矿带。

2016 年资料显示,镍按储量大小顺序排列为澳大利亚、巴西、俄罗斯、新喀里多尼亚、古巴、菲律宾、南非、加拿大、中国等。2016 年全球共产出镍矿 225 万 t,产量为较大的几个国家有菲律宾、俄罗斯、加拿大、新喀里多尼亚、澳大利亚等国。与 2015 年相比,产量略有下降,但变化不大。表 2 - 2 为 2015—2016 年各国镍的储量及产量。

表 2 - 2 2015—2016 年全球镍的储量及各国产量

国家	镍矿产量/10⁴ t		储量/10⁴ t
	2015 年	2016 年	
美国	2.72	2.50	16.00
澳大利亚	22.20	20.60	1900.00
巴西	16.00	14.20	1000.00
加拿大	23.50	25.50	290.00
中国	9.29	9.00	250.00
哥伦比亚	4.04	3.68	110.00
古巴	5.64	5.60	550.00
危地马拉	5.24	5.86	180.00
印度尼西亚	13.00	16.85	450.00
马达加斯加岛	4.55	4.80	160.00
新喀里多尼亚	18.60	20.50	670.00
菲律宾	55.40	50.00	480.00
俄罗斯	26.90	25.60	760.00
南非	5.67	5.00	370.00
其他国家	15.70	15.00	650.00
总量	228.45	224.69	7836

2.1.3 我国镍资源的分布与特点

我国镍资源储量丰富,居全球镍矿资源储量第 9 位。2016 年数据显示,镍储量为 250 万 t,储量基础为 760 万 t。我国镍矿产区有 100 余处,遍布全国 18 个省、自治区,我国资源分布集中,主要分布在西北、西南和东北,保有储量分别占我国总储量的 77%、12%、5%。其中,硫化型镍矿约占总储量的 87%,氧化型镍矿储量较少，且品位较低，与国外大储量高品位氧化镍矿相比，开发利用难度较大。甘肃金川为我国最大的镍矿，为世界第二大镍矿。我国主要镍矿区储量及平均品位如表 2-3 所示。

表 2-3　我国镍储量及分布

矿山	镍储量/10^4 t	平均品位/%
甘肃金川	548.60	1.06
新疆喀拉通克	60.00	3.20
云南元江	52.60	0.80
山西煎茶岭	28.30	0.55
吉林磐石	24.00	1.30
云南金平	5.30	1.17
四川胜利沟	4.93	0.53
四川会理	2.75	1.11
青海化隆	1.54	3.99
其他	72.80	—

金川镍资源现状与特点如下。

金川超大型岩浆 Cu-Ni-PGE 矿床形成于中元古代早期北祁连大裂谷拉张初期穹状隆起阶段，为大型超镁铁岩型，岩浆深部熔离复式贯入型矿床。金川镍矿位于我国西北甘肃省金昌市，祁连山北麓。矿床于 1958 年被发现，分布在长 6.5 km、宽 500 m 范围内的龙首山下。已探明储量为 5.64 亿 t，其中镍储量为 550 万 t，铜储量为 343 万 t，且矿石中伴生有钴、金、银、铂族金属等 17 种元素，其中可综合回收利用的有色金属达 14 种之多。金川镍储量占全国储量的 64%，铂族金属储量占全国储量的 80% 左右。

原生硫化铜镍矿工业开采边界品位为 0.2%~0.3%，最低工业品位为 0.3%~0.5%；氧化镍矿边界品位为 0.7%，最低工业品位为 1%。按矿石中镍含量分级，硫化镍矿中 Ni 质量分数大于 3% 的为特富矿石，Ni 质量分数为 1%~3% 的为富矿石，Ni 质量分数在 0.3% 与 1% 之间的称为贫矿石。特富矿石可直接入炉冶炼，其他须经选矿富集方可入炉冶炼。

金川集团股份有限公司(金川公司)有Ⅰ、Ⅱ、Ⅲ、Ⅳ四个矿区，其中Ⅱ矿区为富矿区，镍资源平均品位为 2.01%，其他三个矿区均为贫矿区，镍、铜品位均低于 1%。金川各矿区储量及品位如表 2-4 所示。目前，Ⅰ、Ⅲ矿区生产能力为

350 万 t/a；Ⅱ矿区分两个矿区开采，生产能力分别为 430 万 t/a 与 130 万 t/a。Ⅳ矿区目前处于勘探阶段。

表 2-4　金川各矿区储量及品位

矿区	储量/10^9t	贫矿占比/%	富矿镍品位/%	富矿铜品位/%	贫矿镍品位/%	贫矿铜品位/%
Ⅰ	1.239	55.73	—	—	0.5～0.77	<0.5
Ⅱ	3.39	23.30	2.01	1.45	0.59	0.32
Ⅲ	0.335	74.01			0.66	0.44
Ⅳ	0.676	96.03	—	—	0.46	0.24

由于镍为亲铁性元素，在矿石中镍、铁常存在晶格取代现象，因此，贫矿中镍除赋存在硫化物矿相中外，也可赋存在磁黄铁矿、硅酸盐晶格中。表 2-5 为金川各矿区主要含镍矿物及脉石种类。

表 2-5　金川各矿区所含矿物及脉石种类

矿区	主要矿物	脉石
Ⅰ	紫硫镍铁矿、方黄铜矿、磁黄铁矿（主要）；镍黄铁矿、方黄铜矿、墨铜矿、白铁矿（少量）	蛇纹石、碳酸盐类矿物、橄榄石、绿泥石、透辉石、滑石、透闪石等
Ⅱ	镍黄铁矿为主，蚀变金属硫化物为紫硫镍铁矿、黄铁矿	橄榄石、辉石，蚀变脉石矿物为蛇纹石、绿泥石、透闪石
Ⅲ	氧化矿石、混合矿石和原生矿石	—

2.1.4　工艺技术

1）镍火法冶炼

（1）选矿

铜镍硫化矿中有价金属组元质量分数变化大，且较低，其中镍质量分数大于 7% 的可直接入炉冶炼，质量分数小于 3% 的，直接入炉冶炼能耗大，有价金属组元回收率低，成本较高。经选矿去除矿石中脉石等杂质相，富集得到精矿方可入炉冶炼。世界各主要冶炼厂铜镍硫化矿精矿化学成分见表 2-6。

选别低品位铜镍硫化矿，最主要的方法为浮选。浮选过程中，由于 MgO 脉石矿物（如蛇纹石、滑石等）伴随主体硫化矿以连生体方式进入精矿；浮选过程中泥化细粒脉石易遮蔽有价矿物颗粒、易黏附于泡沫表面或与主要矿物以疏水絮团夹带等机械夹杂方式进入精矿；蛇纹石具有一定的天然可浮性，不易润湿；成矿过程中，有价金属离子的扩散、浸染使得 MgO 脉石含有少量有价金属组元；磨矿、浮选过程中，MgO 脉石矿物因被有价组元污染而具有一定的可浮性。另外，MgO 是高熔点物质，如果精矿中 MgO 含量过高，在后续冶炼过程中，会造成炉渣相黏度过大，炉膛结瘤、渣相分离困难，这会降低冶炼回收率，导致冶炼过程难以顺利进行。

表 2 - 6　世界各主要冶炼厂硫化矿精矿化学成分表　　　　　　　%

工厂	Ni	Cu	Co	Fe	S	MgO	SiO_2	CaO	方法
吉林镍公司	6.53	0.46	0.2	22.18	15.98	1.02	26.43	3.16	电炉
金川公司	6.09	3.02	0.17	35.36	25.43	8.29	10.29	1.76	电炉
金川公司	7.5	3.80	0.19	39.57	27.2	6.10	8.13	1.09	闪速炉
舍利特高尔登矿业公司（加）	10	2	0.5	38	31				湿法
汤普森镍厂（加）	7.5	0.25	—	41	28	2	12		电炉
铜崖冶炼厂（加）	6.0			42	28				闪速炉
哈贾伐尔塔冶炼厂（芬）	6.0	0.5	0.24	38	26	7	15		闪速炉
卡尔古利镍冶炼厂（澳）	10.57	0.93	0.19	37.05	29.58	5.53	10.13		闪速炉
柳琴斯克冶炼厂（俄）	7.63	3.57	0.34	47.86	33.02	0.44	2.04		闪速炉
皮克威志冶炼厂（博茨瓦纳）	2.9	3.4	0.2	46	30	1	8		闪速炉

（2）造锍

锍是镍、铜、钴火法冶炼过程中制得的有价组元金属硫化物和铁的硫化物的共熔体。造锍过程一般包括三个阶段：①尚未与氧充分接触时，高价硫化物发生分解；②硫化物的氧化；③造渣反应。

①电炉熔炼。

电炉熔炼是指在 1300℃以上的高温和氧化气体作用下，物料中的有价组元镍、铜、钴、铁的化合物及脉石等经一系列化学反应、熔化和溶解后形成金属硫化物熔体（镍锍）与氧化物熔体（炉渣）两个互不混溶的液相，利用两者密度的差异进行分离。电炉熔炼的优点有：熔池温度易调节，并能获得较高的温度，可处理含难溶物较多的原料，炉渣易于过热，有利于四氧化三铁的还原，渣内有价金属较少；炉气量较小，含尘量低；对物料适用范围大；炉气热利用率低等。但也存在电能消耗大、对炉料含水量要求严格、脱硫率低等缺点，最重要的是烟气含

SO_2 浓度达不到制酸要求，使环境污染治理费用高，故逐渐被闪速熔炼和熔池熔炼所取代。

②闪速熔炼

闪速熔炼是将深度脱水(含水 <0.3%)的粉状硫化镍精矿，在加料喷嘴中与富氧空气混合后，高速(60~70 m/s)从反应塔顶部喷入高温(1450~1550℃)反应塔内，此时精矿颗粒被气体包围，处于悬浮状态，在 2~3 s 内基本完成了硫化物的分解、氧化和熔化过程。随后，硫化物和氧化物的混合溶体落入反应塔底部的沉淀池中，继续完成造锍与造渣反应，熔锍与熔渣在沉淀池进行沉降分离，熔渣流入贫化炉经还原贫化处理后弃去，熔锍送至转炉吹炼富集成高镍锍。熔炼产出的 SO_2 烟气经余热锅炉、电收尘后送制酸系统。

闪速熔炼分奥托昆普闪速熔炼和英柯纯氧闪速熔炼两种形式。闪速熔炼是火法炼镍的熔炼新技术，克服了传统熔炼方法未能充分利用粉状精矿的巨大表面积和矿物燃料的缺点，大大减少了能源消耗，提高了硫的利用率，改善了环境。

早期，我国硫化镍矿冶炼曾采用鼓风炉、电炉熔炼等流程，1992 年起金川公司采用闪速熔炼技术。

(3)镍锍的吹炼

火法炼镍流程中电炉、闪速炉等冶金设备产出的低镍锍，由于成分不能满足精炼工序的处理要求，必须对其进行吹炼处理，这一过程大都在卧式转炉中进行。

低镍锍吹炼的任务是向转炉内低镍锍熔体中鼓入空气和加入适量的石英熔剂，将低镍锍中的铁和其他杂质氧化后与石英造渣，部分硫和一些挥发性杂质氧化后随烟气排出，从而得到有价金属组元(Ni、Cu、Co 等)含量较高的高镍锍和有价金属组元含量较低的转炉渣，它们由于密度差异而自然分层，密度小的转炉渣浮于上层被排出，高镍锍中的 Ni、Cu 等大部分仍以金属硫化物状态存在，少部分以合金形式存在，低镍锍中的贵金属和部分 Co 也进入高镍锍中。

(4)高镍锍磨浮分离铜镍

硫化镍矿中常伴有金属铜，各产地由于成矿条件不同，含量差异较大。绝大多数硫化镍矿中的铜镍比为 1:(0.3~0.8)，因此硫化镍矿的冶金都存在铜、镍分离问题。世界上硫化镍矿中镍铜分离基本上都是以高镍锍为对象。磨浮是 20 世纪 40 年代发展起来的一种高镍锍铜镍分离工艺。由于其成本低、效率高，迄今为止已成为最重要的高镍锍镍铜分离方法。其理论依据为，高镍锍从转炉倒出缓冷过程中，Cu_2S、$\beta - Ni_3S_2$、合金相析出温度不同，其中 $\beta - Ni_3S_2$ 相中铜的溶解能力很小，Cu_2S 晶粒粗大容易解离、易采用普通方法选出，合金相单体容易解离、具有延展性和强磁性，磁选就可回收。图 2-2 为常见的硫化镍矿火法冶炼流程。表 2-7 为世界各大镍业公司冶炼方法。

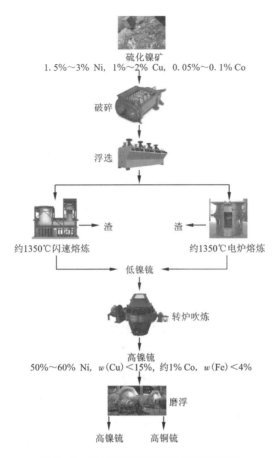

图 2-2　常见的硫化镍矿火法冶炼流程

表 2-7　世界各大镍业公司冶炼方法(精矿-低冰镍)

技术	国家	企业名称
闪速熔炼	加拿大	Copper Cliff
	巴西	Fortaleza
	芬兰	Harjavalta
	俄罗斯	Norilsk Nadezda
	中国	Jinchuan
	澳大利亚	Kalgoorlie
	博茨瓦纳	BCL

续表 2 - 7

技术	国家	企业名称
电炉熔炼	加拿大	Falconbridge
		Thompson
	美国	Stillwater
	俄罗斯	Norilsk Ni Plant
		Pechenganickel
	南非	Anglo Platinum Smelters
		Impala
		Lonmin
		Northam
	津巴布韦	Zimplats

2.1.5 硫化镍矿湿法冶金工艺研究进展

目前品位较高，易于选矿富集、碱性脉石含量较低的硫化镍矿，多采用火法冶炼。品位较低、碱性脉石含量较低的硫化镍矿，由于选矿过程中有价组元难以富集、且后续熔炼过程中高碱性脉石导致炉渣黏度升高，使得冶炼过程难以连续作业；另外，熔炼得到的低冰镍中间产物镍品位较低，不适宜后续转炉吹炼得到高冰镍。因此，针对硫化镍矿（尤其是低品位硫化镍矿）的湿法冶金，国内外很多学者开展了大量研究工作，主要包括常压氧化酸浸工艺、氧压酸浸工艺、氯化浸出、生物浸出等。本节主要介绍常见的 4 种方法。

1）常压氧化酸浸工艺

早在 20 世纪 70 年代，Ernest Peters 研究了常压酸浸过程中硫化物矿物各种金属元素在氧气酸浸过程中的迁移过程及 $E - pH$ 图。小林宙等研究表明，金属硫化物混合物在常压硫酸选择性浸出过程中会在金属硫化物表面形成硫单质，进而阻碍反应的进一步进行。赵姝等采用 25% 硫酸选择性常压浸出低品位铜镍硫化矿中的铁和镁，矿物中有价金属组元镍、铜的品位分别从 0.22% 、0.15% 提高到 2.97% 、2.58% 。杨汝栋等利用 $HNO_3 - H_2SO_4$ 溶液常压条件下浸出镍铜硫化矿尾矿，镍、铜和钴浸出率可达 91.5% 、85.0% 和 54.6% ，千克级别放大实验中镍、铜和钴浸出率可达 81.7% 、75.7% 和 52.4% 。品位较低的硫化镍矿中碱性脉石含量较高，且部分镍以硅酸盐形式存在，常压酸浸过程中，酸耗较高，有价金属组元回收率较低，且氧化酸浸过程会产生 H_2S、SO_2 等有毒气体。

李希明等将芬兰某地镍铜硫化矿精矿用 0.2 mol/L 硫酸、0.4 mol/L Fe^{3+} 在 80℃浸出 120 min，浸出过程中的通入流量为 0.15 NL/min 的氧气，镍、铜、钴和铁的浸出率分别约为 70%、95%、50% 和 60%，精矿中硫元素转化成单质硫的转化率约为 65%。R. Bredenhann 等用酸性(pH = 1)介质下的硝酸钠溶液(45 g/L)浸出硫化镍精矿中的镍，在 90℃浸出 20 h，镍浸出率约为 50%，同等条件下浸出效果优于硫酸铁(10% 左右)。K. Gibas 等利用添加硫酸铁的常压氧浸体系处理波兰某地镍铜硫化矿精矿，在初始硫酸浓度为 50 g/L、液固比为 8:1、Fe^{3+} 浓度为 30 g/L、氧气流量为 90 L/h、浸出温度为 90℃的条件下浸出 8 h，镍、钴浸出率分别约为 45% 和 65%，Fe^{3+} 浓度对镍、钴的浸出影响最大。镍铜硫化矿精矿常压氧化酸浸过程，镍的浸出率较低，一方面是镍铜硫化矿中镍赋存方式复杂，氧化酸性体系不足以破坏镍矿相的结构，另一方面是生成的硫单质会在矿石表面形成一层膜，阻碍固相和液相的交换。利用 Fe^{3+} 浸出，会增加浸出液中铁离子的含量，增加后续过程中金属离子分离的除铁成本。

2）氧压酸浸工艺

徐建林等在氧气压力为 1.2 MPa、初始硫酸量为 5 mL(100 g 矿物中)、液固比为 4:1、浸出时间为 5 h 的条件下处理低品位硫化镍矿，镍平均浸出率可达 93.35%。Li Yunjiao 等在浸出温度为 250℃、硫酸添加量为 20% 的条件下，利用高压氧化酸浸技术可将硫化镍矿渣中 99% 以上的镍、铜、钴浸出，而铁的浸出率小于 2.2%。邓志敢等采用高压氧浸技术从硫化型黑色页岩中浸出镍、钼，在浸出温度为 150℃、氧气压力为 0.4~0.5 MPa、浸出时间为 3~4 h 的条件下，镍的浸出率大于 97%。氧压酸浸工艺可有效浸出硫化型镍矿中的有价组元，但对设备要求较高，运行成本高。

王海北等采用加压酸浸工艺浸出金川镍精矿中的有价组元，氧分压为 300 kPa、液固比为 6:1、浸出温度为 160℃、浸出时间为 2 h 时，镍、铜和钴的浸出率分别达到 99.75%、96.42% 和 99.86%。北京矿冶研究总院与金川公司合作完成的上述新工艺工业试验研究中，镍、钴、铜的浸出率分别可达 99%、98%、95%，浸出液含镍大于 110 g/L，含铁小于 0.5 g/L。赵慧玲采用低酸高温氧压浸出工艺处理由红土镍矿常压酸浸、硫化钠沉镍产出的硫化镍精矿，在起始酸度为 50 g/L、氧分压为 0.9~1.0 MPa、温度为 130~150℃、时间为 6 h、液固比为 5:1 的条件下，镍浸出率可达 95%。朱军等采用氧压酸浸工艺处理陕西某地硫化镍精矿，当氧分压为 1.6 MPa，木质素磺酸钠加入量为矿量的 3% 左右，在浸出温度 150℃、液固比 2:1、硫酸浓度为 100 g/L、浸出时间为 8 h 的条件下，镍浸出率平均达到 96.32%，钴的浸出率约为 40%。木质素磺酸钠和氧分压对镍浸出率的提高至关重要，其中添加木质素磺酸钠可使浸出过程中生成并附着在矿物颗粒表面的硫单质分散。黄昆等采用加压酸浸工艺处理金宝山浮选得到的硫化镍精矿，浸出温度为 200℃，硫酸浓度为 50 g/L，镍、铜、钴几乎全部被浸出。B. D. Pandey 等利用两段硫酸氧压浸出技术处理印度某地的硫化镍铜精矿，一段浸出在较高温度(145℃)、较低压力(2170 kPa)下浸出 300 min，镍、铜和钴的浸出率分别为 69.4%、70.5% 和 93.9%；另一段在较低温度(100℃)、较高压力(4335 kPa)下浸出 180 min，镍、铜和钴的浸出率分别为 89.5%、68.0% 和 56.7%，且压力对镍的浸出影响最大，温度与压力均对铜浸出影响较大。

3）氯化浸出

T. K. Mukherjee 等利用 $MCl_x - O_2$ 体系处理印度某地硫化镍铜矿精矿，矿浆浓度为 25%，所用氯化物 $CuCl_2$、NaCl 和 HCl 分别为 1 mol/L、4 mol/L 和 1 mol/L，在浸出温度为 110℃、浸出时间为 7 h、氧气分压为 0.38 MPa 的条件下，镍、铜和铁的浸出率分别为 96.8%、99.7% 和 5.1%，氯化铜浓度对镍、铜浸出率影响最大。Z. Y. Lu 等利用 $NaCl - H_2SO_4 - O_2$ 体系处理澳大利亚某地的镍黄铁矿精矿，氧分压为 1×10^5 Pa，溶液 pH < 0.8，NaCl 浓度为 1 mol/L，浸出温度为 85℃，浸出时间为 10 h，镍的浸出率可达 96%；NaCl 的添加可以促使多孔的硫单质生成，这使得液相与产物层之间的交换有足够通道。V. I. Lakshmanan 等利用混合氯化物 $MgCl_2 - HCl$ 体系处理硫化镍铜矿精矿，HCl 浓度为 4.5 g/L，$MgCl_2$ 浓度为 2.4 mol/L，矿浆浓度为 10%，氧气流量为 2 L/min，氧化还原电位为 567.4 mV，浸出温度为 90~95℃，浸出时间为 6 h，镍、铜、钴和铁的浸出率分别为 97.94%、94.20%、95.93% 和 92.32%；$MgCl_2$ 的加入可提高浸出液中 H^+ 的活性，降低酸耗。方兆珩采用 $NaCl - O_2$ 体系处理镍钴铜硫化精矿，铜离子浓度在 30 g/L 以上、85℃条件下纯氧浸出 6 h 后，镍、钴浸出率超过 95%。氯化钠溶液中氧气或空气浸出镍铜钴硫化矿的反应由扩散与化学反应混合控制，铜离子浓度、氧分压和温度是浸出速率的关键因素。

4）生物浸出

公元前 2 世纪，我国就有利用微生物浸铜的记载。生物冶金是指利用某些微生物与空气、水等从矿物或其他物料中浸取有价金属的过程。按其生长温度范围可分为三个类型，即中温菌、中等嗜热菌和极端嗜高温菌，常见的有氧化亚铁硫杆菌(*Thiobacillus ferrooxidans*)、氧化铁铁杆菌(*Ferrobacillus Ferrooxidans*)、氧化硫硫杆菌(*Thiobacillus thiooxidans*)等。Yang Congren 等利用生物浸出技术处理了新疆某地低品位铜镍硫化矿。在实验室规模下预酸浸 18 d 后生物浸出 50 d。镍、铜、钴的浸出率分别为 94%、70%、62%，但在注浸条件下预酸浸 19 d、生物浸出 120 d 后的镍、铜、钴的回收率分别为 46%、13%、39%。Zheng Zhilong 等采用生物浸出技术处理低品位铜镍硫化矿，浸出 100 d 后，镍、铜和铁的浸出率分别为 89.5%、67.5% 和 57.4%。Chen Bowei 等利用生物浸出技术处理老挝某地的低品位镍铜钴硫矿，预酸浸 6 d 后再以 45℃浸出 35 d，镍、铜和钴的浸出率分别为

83.40%、70.34%和82.13%。陈家武等采用生物浸出技术处理贵州某地镍钼硫化矿，在65℃、pH=2、通气量为1.0 L/min的条件下注浸20 d，镍、钼的浸出率分别为75.59%、54.33%。杨晓娟等采用先在低温段生物氧化Fe^{2+}，后升高温度用Fe^{3+}氧化浸出技术处理金川低品位镍黄铁矿，经过5 d浸出，镍的浸出率可达83.8%。柯家骏等对金川含镍磁黄铁矿进行生物浸出，经过16 d预酸浸、10 d生物浸出，镍、铜和钴的浸出率分别为88%、45%和78%。虽然生物浸出具有清洁、低成本等优点，但也存在处理周期过长、难以处理碱性（高镁型）、碳酸盐类矿物等问题。

赵月峰等利用极度嗜热菌处理金川公司硫化镍铜矿精矿，初始pH为1.6，浸出温度为68℃，接种量为10%，矿浆浓度为5%，浸出时间为4.5 d，镍、铜浸出率分别为99.78%、86.30%，酵母及硫酸铁的添加可强化镍、铜的浸出。P. R. Norrisl利用嗜热菌处理硫化镍铜精矿，在77℃、pH为1.4的条件下浸出244 d，镍浸出率>99%，铜浸出率为98%。Mariekie Gericke等采用中度、极度嗜热菌两段处理西班牙某地硫化镍铜精矿，两段镍、铜浸出率分别为62%、33%和99%、93%，浸出时间均为3 d。Cui Xinglan等采用巨大芽孢杆菌（*Bacillus megaterium* QM B1551）在35℃下中性介质浸出5 d后，镍、铜和钴的浸出率分别为44.7%、3.6%和38.2%，后续用4 mol/L硫酸在90℃下浸出，镍、铜和钴的综合回收率分别为76.3%、39.8%和60.7%。镍铜硫化矿精矿的生物浸出无论在研究上还是在工业实践中仍处于起步阶段，还需大量长期而细致的工作。

　　5）其他方法

薛娟琴等利用微波辅助氧化技术处理硫化镍铜矿精矿，在浸出温度为70℃、$Na_2S_2O_8$浓度为0.8 mol/L、液固比为30:1、$AgNO_3$浓度为0.0010 mol/L、微波加热功率为220W、浸出时间为2 h的条件下镍浸出率为82.95%。另外，少量Ag^{2+}的添加可显著促进镍的浸出。V. A. Imideev等采用NaCl焙烧－水浸－酸浸工艺处理硫化镍铜精矿，焙烧温度为400℃，液固比为5:1，NaCl添加量为200%（相对于精矿质量）；先用60℃水浸1.5 h，后用240 g/L的硫酸浸出1.5 h，镍、铜和钴的综合浸出率分别为95%、99%和96%。Yu Dawei等采用氧化焙烧－流化床硫酸化焙烧－水浸处理硫化镍铜矿精矿，氧化焙烧的目的在于将精矿中的铁转化为氧化物。结果表明，精矿中铁的氧化反应在流化床中很短，一般不超过10 min，氧化焙烧过程中的镍、铜、钴被氧化的量很少；氧化焙烧产物用硫酸钠及SO_2进行硫酸化焙烧，其中混合气体中含SO_2 5%（其余95%为空气）；在焙烧温度为700℃、Na_2SO_4添加量为10%、焙烧时间为150 min的条件下，镍、铜、钴和铁的浸出率分别为79%、91%、95%和4%。徐聪等采用NH_4Cl低温焙烧－水浸技术处理金川硫化镍铜精矿，在焙烧温度为250℃、NH_4Cl添加量为80%、焙烧时间为150 min的条件下，镍、铜和钴的浸出率分别为95%、98%和88%。焙烧活化

－浸出工艺的目的在于使得矿物中较难浸出的矿相转化为易浸出的相,具有有价组元回收率高、设备要求低等特点,研究价值较高。

2.1.6 浸出液中组元分离研究进展

硫化铜镍矿(含精矿)浸出液中主要含 Ni^{2+}、Cu^{2+}、Fe^{2+}、Fe^{3+}、Co^{2+}、Mg^{2+} 等离子,常见的离子分离方法包括化学沉淀法、电化学分离法、萃取分离法、离子交换法等。

1)化学沉淀法

化学沉淀法是根据不同金属离子的氢氧化物、硫化物、碳酸盐、磷酸盐、氟化物等在水中的溶度积差异进行分离,包括氢氧化物沉淀、硫化物沉淀、碳酸盐沉淀、氟化物沉淀等方法。针对含有 Ni^{2+}、Cu^{2+}、Fe^{2+}、Fe^{3+}、Co^{2+}、Mg^{2+} 等离子的浸出液,可采用沉淀法处理的有:铁、铜与镍,钴分离,铜、镍分离等。几种金属离子的开始沉淀与沉淀完全的 pH 如表 2-8 所示。几种金属化合物的溶度积 K_{sp} 如表 2-9 所示。

表 2-8　几种金属离子在水中的起始与终了 pH

M^{n+}		Fe^{2+}	Fe^{3+}	Ni^{2+}	Cu^{2+}	Mg^{2+}	Co^{2+}
平衡 pH	$[M^{n+}]=1$ mol/L	6.35	1.53	7.1	4.37	8.37	5.1
	$[M^{n+}]=10^{-6}$ mol/L	9.35	3.53	10.1	7.37	11.37	8.1

表 2-9　几种金属化合物在水中的 K_{sp}

化合物	CuS	Cu_2S	FeS	NiS	$CuCO_3$	$MgCO_3$	$FeCO_3$	$CoCO_3$	$NiCO_3$
K_{sp}	8.9×10^{-36}	2×10^{-47}	4.9×10^{-18}	2.8×10^{-21}	2×10^{-10}	2.6×10^{-5}	2.11×10^{-11}	1×10^{-12}	1.35×10^{-7}

(1)除铁

在湿法冶金的工艺中,除铁是首要且至关重要的一个环节。常见的除铁方法有:黄钾(钠、铵等)铁矾法、针铁矿法、赤铁矿法、氧化中和除铁法。

①黄钾铁矾法。

黄铁矾类化合物在现代锌工业的浸出技术中占据重要地位。20 世纪 70 年代,澳大利亚电锌公司经过多年实验探究和发展,推出了黄钾铁矾法。与此同时,挪威诺尔斯克锌公司和西班牙的亚斯士里安锌公司也分别开发了这种方法。黄铁矾法具有沉淀速率快、渣比较稳定、除铁效果好等优势。该法在世界锌冶炼中得到推广应用,并延伸到锰、铜、镍等湿法冶金领域中。

②针铁矿法。

针铁矿是含水氧化铁的主要矿物之一，一般称为 α 型 - 水合氧化铁，其组成为：$\alpha - Fe_2O_3 \cdot H_2O$ 或 $\alpha - FeOOH$。针铁矿法除铁的原理是使溶液中的 Fe^{3+} 与水生成针铁矿沉淀，反应式为：

$$Fe^{3+} + 2H_2O \Longrightarrow FeOOH\downarrow + 3H^+$$

在温度不高于140℃且酸度不高的条件下，Fe^{3+} 会水解为针铁矿而不是胶状氢氧化铁。当溶液中酸度较高、同时 Fe^{3+} 浓度较大时，水解产物绝大部分是过滤性能较差的胶状氢氧化铁。

③赤铁矿法。

赤铁矿法除铁主要应用于锌热酸浸出液中，其原理是使硫酸锌水溶液中的铁形成赤铁矿（Fe_2O_3）沉淀而除去。高温高压是铁水解成赤铁矿的必要条件，除铁率大于90%。赤铁矿渣易洗涤和过滤，含铁量高（58%～60%），含锌量低（0.5%～1.0%）。

④氧化中和除铁法。

氧化中和法除铁的基本原理是：

$$Fe^{2+} - e^- \Longrightarrow Fe^{3+}$$
$$Fe^{3+} + 3H_2O \Longrightarrow Fe(OH)_3 + 3H^+$$

即先把 Fe^{2+} 氧化为 Fe^{3+}，后利用 Fe^{3+} 水解形成沉淀。在 Fe^{3+} 水解过程中，溶液的酸度会逐渐增加，从而使得溶液中 Fe^{3+} 的溶解度增大，不利于水解反应的顺利进行。因而为了促进 Fe^{3+} 完全水解，必须添加碱性物质中和多余的酸，降低溶液中的铁含量，同时不影响溶液中其余元素的含量。除铁的中和剂主要包括碳酸钠、碳酸钙、石灰、碳酸锰、氨水和氢氧化钠等。

（2）铜与镍、钴分离

①置换法。

在标准状态下，金属离子的氧化性和还原性的强弱，可以通过直接比较电极电势的大小决定。电极电势越小，还原性越好。任何金属离子都能被比其标准电极电势更小的金属从溶液中置换出来，因此，电极电势比铜负的金属能从溶液中置换出铜，即

$$2Me + nCu^{2+} \Longrightarrow nCu + 2Me^{n+}$$

经查金属的标准电极电势表可知，Co^{2+} 的标准电极电势为 -0.277 V，Ni^{2+} 为 -0.205 V，Cu^{2+} 为 +0.34 V。Co^{2+}、Ni^{2+} 的电极电势都比铜要小，所以可以利用镍粉、钴粉进行置换。

②硫化物沉淀法。

金属的硫化物一般都难溶于水，所以可以利用生成难溶的硫化物将铜与镍、钴分离。根据不同金属硫化物溶解度的差异，将铜从溶液中分离出来，可加入硫

化钠、"NSH"试剂、硫和二氧化硫、硫代硫酸镍、镍精矿 + 阳极泥、"NAS"试剂、活性硫粉、硫代硫酸钠等试剂来沉淀铜。

2）其他沉淀分离方法

间接沉淀法是根据金属离子沉淀在水溶液中溶度积的不同，实现金属离子分离的一种方法。吉鸿安、詹慧芳等人的研究成果展示了金川公司与新疆阜康镍业利用黑镍除钴，钴去除率超过 90%。Li Xuewei 等利用镍、铜在溶液中形成碳酸盐的 pH 不同向溶液中添加碳酸钙以达到镍、铜分离的目的，实验结果表明，镍、铜分离度超过 99%。

（1）萃取分离法

萃取分离是利用组元在溶剂中溶解度的差异来实现分离的。

①萃取分离铁。

近年来，溶剂萃取法因耗能少、分离效果好、污染少等优点用于从溶液中除铁。用于萃取铁的萃取剂有酸性磷酸酯类、胺类、羟酸类、中性萃取剂及混合萃取剂等。

a. 酸性磷酸酯类。

酸性磷酸酯类对许多金属离子具有优良的萃取性能和分离效果。也是萃取除铁的常用试剂，具有代表性的有 P204、P507、Cyanex272 和 P538 等。缺点是载铁的有机相反萃困难。以 P507 为例，作为一种弱酸，P507 分子中具有活泼氢，既能作阳离子交换剂，又能形成氢键从而溶剂化，可作为配位体与许多金属形成配合物。因此其对金属离子的萃取实质上是阳离子交换过程。P507 能溶解在煤油中，皂化后的有机相与含金属离子的水溶液接触，发生离子交换，也即 P507 萃取金属离子的机理。

b. 胺类。

胺类萃取剂分为伯胺、仲胺、叔胺和季胺四类，其中季胺是离子缔合体，碱性最强。伯胺、仲胺、叔胺三类中伯胺的溶剂化萃取剂最强，在许多萃取体系中表现出优良的萃取能力和对多种金属的选择性。萃取铁的能力依次为：伯胺 > 仲胺 > 叔胺。

c. 羟酸类萃取剂。

羟酸类萃取剂在冶金分离过程中应用较早，其酸性较弱。羟酸类萃取剂化学稳定性好、价格低廉、选择性高。在萃取铁时需要严格控制 pH，但其有机相反萃很差，难以工业应用。

d. 中性萃取剂。

中性萃取剂包括以磷氧键结合的中性磷类，碳氧键为活性集团的醚类、酯类、酮类、醛类，硫氧键结合的亚砜类萃取剂。中性萃取剂，特别是中性磷类萃取剂，是氯化体系萃取铁的有效试剂。

e. 混合萃取剂。

混合萃取剂是为了解决以上萃取剂反萃困难而提出的混合溶剂体系。如于淑秋等采用 N1923 – 仲辛醇混合体系在硫酸盐溶液中分离锌和铁,铁的萃取率大于 99%。

②萃取分离铜。

萃取分离铜所使用的萃取剂包括肟类、二酮类、三元胺类、醇类和酯类及其复配物。溶液体系不同,所适用的萃取剂也有所不同。

a. 酮肟类。

酮肟类萃取剂是目前应用最广泛的商用萃取剂,如 LIX63、LIX64、LIX65N、SME529、LIX84、LIX84I 等。其优点为:物理性能、化学性能稳定;易分相;夹带损失低;易反萃。缺点也较为明显:萃取能力较醛肟类低;饱和容量低;萃取速度慢等。该类铜萃取剂的研究较多,如 P. G. Christie 等采用 LIX63 从氯离子体系溶液中萃取铜,B. Sengupta 等利用 LIX84I 从氨性体系中萃取铜,Z. Lazarova 等研究了 LIX84I、LIX65N 从硝酸盐体系中萃取铜。

b. 醛肟类。

醛肟类萃取剂包括 LIX860、LIX860N、P50 等,具有传质速度快、萃取能力大的优点;但缺点亦很明显,如反萃困难、化学稳定性较酮肟类差,通常须结合改性剂使用。这方面的研究有,J. Simpson 等利用 LIX860 从含 Cu^{2+}、Fe^{3+} 的酸性体系中萃取铜,C. Araneda 等利用 LIX860 N – IC 从酸性体系中萃取铜,M. Yamada 等利用 P50 从油 – 水界面中萃取铜。

c. 混合萃取剂。

由于单一萃取剂存在某些不可避免的缺陷,人们常采用两种或两种以上的萃取剂混合使用。这类萃取剂兼具酮肟类的萃取性能与醛肟类的反萃性能,即协同萃取作用,包含有 LIX64N(LIX65N + LIX63)、LIX864(LIX64N + LIX860)、LIX973(LIX84 + LIX860)、LIX984(LIX860 + LIX84)、LIX984N(LIX860N + LIX84)等。这类研究较多,如 B. D. Pandey 等利用 LIX64N 从氨性体系中萃取铜。H. Eccles 等从氯离子体系和硫酸盐体系中萃取铜,李立清等利用 LIX984 从含有 Ni^{2+}、Cu^{2+} 的溶液中萃取铜、镍。Xiao Biquan 等从含有 Cu^{2+}、Co^{2+} 的硫酸盐体系中萃取铜。

d. 其他萃取剂。

除上述常用的萃取剂外,还有 8 – 羟基喹啉及其衍生物类(如 LIX26、LIX34 等)及 β – 二酮类(如 LIX54、XI51 等)。前者因其反萃性能差,成本高等因素,至今未能得到大规模开发和应用。后者性能优异,尤其适合在氨性体系中萃取铜、镍等金属,具有萃取性能优异、负载容量大、黏度小、不萃氨等优点。国产比较出色的铜萃取剂有北京矿冶研究总院开发的 BK992 与 LK – C2,目前已具备工业化生产规模。

③镍、钴协同萃取。

适合铜萃取的大多数螯合萃取剂均可用于镍的萃取，镍、铜离子通常会共萃取进入有机相，由于镍、铜在反萃热力学和动力学上有较大差异，通过控制反萃过程可实现镍、铜分离。另外，湿法冶炼中，含镍的浸出液中常伴有钴的存在，而镍、钴的物理、化学性质非常相似，萃取分离困难，故多年来，国内外开发了大量萃取剂来实现镍、钴分离。目前，广泛应用于钴、镍分离的萃取剂有磷酸类萃取剂、胺类萃取剂和螯合萃取剂等。但是，仅采用单一萃取剂难以实现复杂浸出液中镍、钴与其他金属离子的分离，而协同萃取可以有效提高萃取剂的可选性、萃取性及金属离子的萃取率。所以，很多研究者对此进行了大量研究。常见的镍、钴协同萃取有：

a. 螯合萃取剂 – 有机酸体系。

螯合萃取剂与有机酸混合有机相对镍和钴有很强的协同效应，常见的 LIX63 + P204、LIX63 + P507 等体系显著提高了镍和钴的分离系数，另外，Cyanex272 + LIX63、P204 + LIX860 等体系也对镍和钴协同萃取明显。磺酸萃取剂 – 羟肟体系中的 Fe^{3+} 会优先与萃取剂形成稳定配合物，反萃困难，但是这类体系，如 DNNSA + LIX63 可改变铁与镍的萃取顺序，从而优先分离出镍。羧酸萃取剂 – 羟肟体系可对镍、钴产生正协同作用，比较常见的有 Versatic10 + LIX63 体系，它可有效分离镍、钴。

b. 有机磷酸 – 有机磷酸萃取体系。

目前，用于萃取镍、钴的有机磷酸类萃取剂主要有 P204、P507、Cyanex272 和 Cyanex301 等。P507 + P204 可使镍、钴协萃 pH 范围变宽，且可处理高镍、低钴溶液。（Cyanex272 + Cyanex302）+ P204 体系可降低 P204 的摩尔分数，以有效提高镍钴分离系数。P204 + Cynex471X 体系可处理酸性体系（低 pH）溶液，协萃过程可实现镍、钴的高效分离。

（2）膜分离法

膜分离法最早应用于气体分离，后来应用于净化水质，近年来，被用于分离金属离子，如 J. S. Gill 等利用腔内两侧膜分离 Fe^{3+}、Cu^{2+}、Ni^{2+}（浓度均为 1 g/L），一侧为负载 Alamine 336 的聚四氟乙烯膜，另一侧为负载 LIX84 的聚四氟乙烯膜，实现了 Fe^{3+}、Cu^{2+}、Ni^{2+} 的分离。W. Kaminski 等制备出了一种壳聚糖膜，并利用该膜在加压状态下分离 Ni^{2+}、Cu^{2+}、Zn^{2+}、Co^{2+} 和 Cd^{2+}，最佳条件下，金属离子分离非常彻底。M. V. Dinu 等利用厚度为 800 μm 的壳聚糖 – 斜发沸石膜分离 Cu^{2+}、Ni^{2+} 和 Co^{2+}，该膜对 Cu^{2+} 的分离能力高于其余两种离子。目前的研究结果表明，膜分离法适于含低浓度金属离子的溶液，对含高浓度金属离子的溶液，其分离效果较差。

随着中国制造业的高速发展，对有色金属镍的需求也日益旺盛。我国镍资源自给率不高，且呈每年下降趋势。国内镍供需矛盾的突出，不仅制约了制造业的持续发展，对国防安全也存在潜在的重大威胁。

由于硫化镍矿资源的不断减少，高品位矿日趋枯竭，如何经济开发利用低品位硫化镍矿日益迫切，也符合资源节约型的社会发展趋势。

金川铜镍矿床是世界第三大镍、铜硫化物岩浆矿床，含有 5 亿吨硫化物矿石（镍品位 1.1%，铜品位 0.7%），是中国镍、铜、钴、铂族元素等金属矿产资源的重要矿产地。经半个世纪的开采，高品位的硫化镍铜矿已近枯竭，近三分之二的含高碱性脉石型低品位硫化镍铜矿成为重点开采对象。在选矿过程中，高碱性脉石进入精矿，导致精矿品位降低、MgO 含量升高。在后续火法冶炼过程中，会造成炉渣黏度过大，炉膛结瘤、渣相分离困难，降低冶炼回收率，导致冶炼过程难以顺利进行，冶炼所得的低冰镍品位也较低。将低冰镍转炉吹炼生产高冰镍时，高冰镍品位较低，无法满足后续生产的需要。

本书针对金川公司在火法冶炼中存在的问题，以降低生产成本、提高矿产资源综合利用率、减小环境污染为目标，开展了从低品位镍铜氧硫混合矿、高精矿中提取有价金属组元的新工艺与新理论研究，开发了如下工艺。

2.2　硫酸法清洁、高效综合利用铜镍氧硫混合矿

2.2.1　原料分析

铜镍氧硫混合矿的表征见图 2-3。由图可以看出：镍铜氧硫混合矿中的镍主要以镍黄铁矿（$Fe_9Ni_9S_{16}$）、镍绿泥石[$(Ni, Mg, Al)_6(Si, Al)_4O_{10}(OH)_8$]存在；铜主要以黄铜矿（$CuFeS_2$）存在，脉石相主要有滑石[$Mg_3Si_4O_{10}(OH)_2$]，利蛇纹石[$Mg_3Si_2O_5(OH)_4$]，矿物中还有一定含量的磁铁矿（$Fe_3O_4$）。矿粉颗粒分布大小不均，表面较为粗糙。

铜镍氧硫混合矿成分如表 2-10 所示。

表 2-10　铜镍氧硫混合矿成分分析　　　　　　　　%

Ni	S	Cu	Al_2O_3	MgO	Fe	SiO_2	CaO	其他
4.63	21.5	2.75	0.9	10.13	32.23	14.00	1.22	12.64

由表 2-10 可知，铜镍氧硫混合矿中镍、铜质量分数分别为 4.67%、2.75%，铁、氧化镁质量分数分别为 32.23%、10.13%，硫质量分数为 21.5%，为高铁高镁型镍铜硫化矿，镍、铜质量分数较高，极具开采价值。

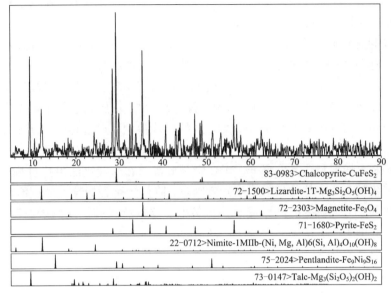

（a）

（b）

图 2 – 3　铜镍氧硫混合矿的 XRD 图谱（a）和 SEM 图（b）

2.2.2　化工原料

硫酸法处理镍铜氧硫混合矿的化工原料主要有浓硫酸、双氧水、氢氧化钠、LIX984 萃取剂、硫化钠。

①浓硫酸：工业级。

②双氧水：工业级。

③氢氧化钠：工业级。

④LIX984 萃取剂：工业级。

⑤硫化钠：工业级。

2.2.3　硫酸法工艺流程

将磨细的镍铜氧硫混合矿与硫酸混合，待固化后焙烧。一段焙烧过程中，镍、铜、镁和铁转化为可溶性盐，二氧化硅不与硫酸反应。二段焙烧过程中，可溶性铁盐分解转化为不溶于水的氧化铁，其他可溶性盐不分解。焙烧烟气经硫酸吸收后制硫酸，返回混料，循环使用。焙烧熟料加水溶出后，氧化铁和二氧化硅不溶于水，过滤与溶于水的盐分离，滤渣作为炼铁原料。滤液加氨调节 pH，净化滤液中残余少量的铁，过滤后滤渣为氢氧化铁，用于制备氧化铁炼铁材料。铝转化为氢氧化铝，用于制备氧化铝。滤液用 LIX984 萃取剂萃取铜，有机相经硫酸反萃后电积，得到金属铜。向溶液中加入硫化钠，镍成为硫化镍沉淀，用于炼镍。向溶液中加氨，镁成为氢氧化镁沉淀，过滤得到氢氧化镁产品，剩下的硫酸铵溶液蒸发结晶得到硫酸铵产品。具体工艺流程如图 2-4 所示。

2.2.4　工序介绍

1）干燥磨细

矿山产出的镍铜氧硫混合矿原矿为块状，含水较多，须干燥使物料含水量小于 5%。将干燥后的矿石破碎、磨细至粒度小于 80 μm。

2）混料

将镍铜氧硫混合镍矿与浓硫酸混合均匀，固化后使用。镍铜氧硫混合矿与硫酸的比例为：镍铜氧硫混合矿中的铁、镍、镁、铜按与硫酸完全反应所消耗的硫酸物质的量计为 1，硫酸过量 10%～20%。

3）焙烧

一段焙烧：将混好的物料在 250～300℃焙烧 2 h。二段焙烧：将一段焙烧产物在 600～650℃焙烧 3 h。焙烧产生的三氧化硫和水用硫酸吸收，吸收后得到的硫酸返回混料工序循环使用。尾气经碱吸收塔吸收后排放，排放的尾气达到国家环保标准。发生的主要化学反应有：

$$Fe_3O_4 + 4H_2SO_4 = Fe_2(SO_4)_3 + FeSO_4 \cdot H_2O + 3H_2O(g)$$

$$4FeSO_4 \cdot H_2O + 2H_2SO_4 + O_2(g) = 2Fe_2(SO_4)_3 + 6H_2O(g)$$

$$Fe_9Ni_9S_{16} + 4H_2SO_4 + 32O_2(g) + 14H_2O = 9FeSO_4 \cdot H_2O + 9NiSO_4 \cdot H_2O + 2SO_2(g)$$

$$Fe_9Ni_9S_{16} + 36H_2SO_4 = 9FeSO_4 \cdot H_2O + 9NiSO_4 \cdot H_2O + 16S + 18SO_2(g) + 18H_2O(g)$$

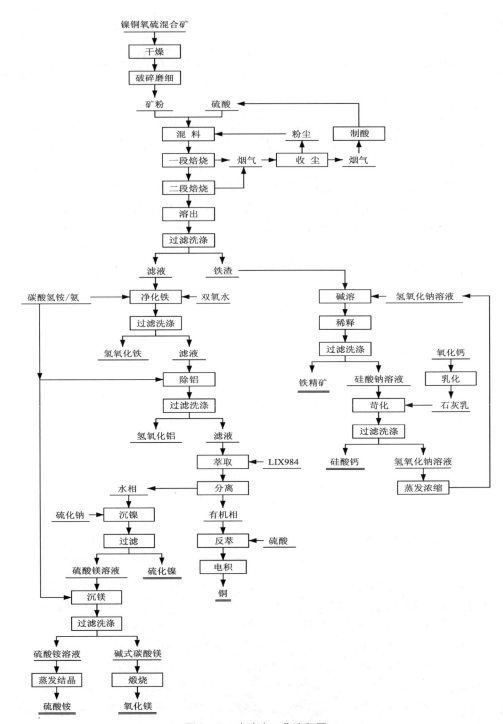

图 2-4 硫酸法工艺流程图

$$2CuFeS_2 + 13/2O_2 + 5H_2SO_4 \!=\!\!=\!\! 2CuSO_4 \cdot H_2O + Fe_2(SO_4)_3 + 3H_2O(g) + 4SO_2(g)$$

$$CuFeS_2 + 4H_2SO_4 \!=\!\!=\!\! CuSO_4 + FeSO_4 \cdot H_2O + 2S + 2SO_2(g) + 3H_2O(g)$$

$$NiO + H_2SO_4 \!=\!\!=\!\! NiSO_4 + H_2O(g)$$

$$CuO + H_2SO_4 \!=\!\!=\!\! CuSO_4 + H_2O(g)$$

$$(Ni, Mg, Al)_6(Si, Al)_4O_{10}(OH)_8 + 27H_2SO_4 \!=\!\!=\!\! 6NiSO_4 \cdot H_2O + 6MgSO_4 \cdot H_2O + 5Al_2(SO_4)_3 + 4SiO_2 + 7H_2O(g)$$

$$Mg_3Si_2O_5(OH)_4 + 3H_2SO_4 \!=\!\!=\!\! 3MgSO_4 \cdot H_2O + 2SiO_2 + 2H_2O(g)$$

$$MgSO_4 \cdot H_2O + H_2SO_4 \!=\!\!=\!\! Mg(HSO_4)_2 + H_2O(g)$$

$$2FeS_2 + 6.5O_2 + H_2SO_4 \!=\!\!=\!\! Fe_2(SO_4)_3 + H_2O(g) + 2SO_2(g)$$

$$FeS_2 + 2H_2SO_4 \!=\!\!=\!\! FeSO_4 \cdot H_2O + 2S + SO_2(g) + H_2O(g)$$

$$12FeSO_4 \cdot H_2O + 3O_2(g) \!=\!\!=\!\! 4Fe_2(SO_4)_3 + 12H_2O(g) + 2Fe_2O_3$$

$$Mg(HSO_4)_2 \!=\!\!=\!\! MgSO_4 + SO_3(g) + H_2O(g)$$

$$MgSO_4 \cdot H_2O \!=\!\!=\!\! MgSO_4 + H_2O(g)$$

$$CuSO_4 \cdot H_2O \!=\!\!=\!\! CuSO_4 + H_2O(g)$$

$$NiSO_4 \cdot H_2O \!=\!\!=\!\! NiSO_4 + H_2O(g)$$

$$H_2SO_4 \!=\!\!=\!\! SO_3(g) + H_2O(g)$$

焙烧尾气冷凝吸收过程发生的反应为：

$$H_2O + SO_3 \!=\!\!=\!\! H_2SO_4$$

排放的尾气达到国家环保标准。

4）溶出

焙烧熟料，趁热加水溶出，溶出液固比为 4∶1，溶出温度为 60～80℃，溶出时间为 1 h。铝、铜、镍和镁的可溶性硫酸盐进入溶液，二氧化硅与氧化铁不溶于水。

5）过滤

将熟料溶出后的浆液过滤，得到滤渣和溶出液。滤渣主要为氧化铁和二氧化硅，二氧化硅碱溶后苛化制备硅酸钙。

6）沉铁铝

保持溶液温度在 40℃以下，向溶出液中加入双氧水将二价铁离子氧化成三价铁离子。保持溶液温度在 40℃以下，向滤液中加入氨，调控溶液的 pH 大于 3，使铁生成羟基氧化铁沉淀，过滤后羟基氧化铁作为炼铁原料。

向滤液中加氨，调节 pH 至 5.1，溶液中的铝生成氢氧化铝沉淀，过滤得到滤液和滤渣，滤渣为氢氧化铝，用于制备氧化铝。发生的主要化学反应为：

$$2Fe^{2+} + H_2O_2 + 2H^+ \!=\!\!=\!\! 2Fe^{3+} + 2H_2O$$

$$Fe_2(SO_4)_3 + 6NH_3 \cdot H_2O \!=\!\!=\!\! 2FeOOH\downarrow + 3(NH_4)_2SO_4 + 2H_2O$$

$$Al^{3+} + 3H_2O \!=\!\!=\!\! Al(OH)_3\downarrow + 3H^+$$

7）萃铜

采用 X984 萃取除铁后滤液中的铜，萃后液送沉镍，萃取液用硫酸反萃得到硫酸铜，电积制备金属铜。发生的主要化学反应为：

$$Cu^{2+} + 2e^- === Cu$$

8）沉镍

向沉铜后的溶液中加入硫化钠，温度保持在 60～90℃，生成硫化镍沉淀，过滤后得到硫化镍产品。发生的主要化学反应为：

$$NiSO_4 + Na_2S === NiS\downarrow + Na_2SO_4$$

9）沉镁

沉镍后的硫酸镁溶液采用两种方法沉镁。

①向沉镍后的硫酸镁溶液中加氨，在 40～60℃搅拌，反应。调节溶液 pH 至 11，生成氢氧化镁沉淀。过滤，滤渣干燥为氢氧化镁产品。发生的主要化学反应为：

$$MgSO_4 + 2NH_3 + 2H_2O === Mg(OH)_2\downarrow + (NH_4)_2SO_4$$

②向沉镍后的硫酸镁溶液中加入碳酸氢铵，在 60～80℃反应，生成碱式碳酸镁沉淀。过滤分离，滤渣经洗涤、干燥为碱式碳酸镁产品。滤液经蒸发结晶得到硫酸铵晶体，用作化肥。

沉镁过程发生的主要化学反应为：

$$MgSO_4 + 2NH_4HCO_3 === Mg(HCO_3)_2 + (NH_4)_2SO_4$$
$$5Mg(HCO_3)_2 === 4MgCO_3 \cdot Mg(OH)_2 \cdot 4H_2O\downarrow + 6CO_2\uparrow$$
$$2NH_3HCO_3 + H_2SO_4 === (NH_4)_2SO_4 + H_2O + CO_2\uparrow$$

10）煅烧

将氢氧化镁和碱式碳酸镁煅烧制备氧化镁，发生的主要化学反应为：

$$4MgCO_3 \cdot Mg(OH)_2 \cdot 4H_2O === 5MgO + 4CO_2\uparrow + 5H_2O\uparrow$$
$$Mg(OH)_2 === MgO + H_2O\uparrow$$

11）碱浸

将硅渣加入氢氧化钠溶液中，在常压下搅拌并升温，温度达到 120℃反应剧烈，浆料温度自行升到 130℃。反应强度减弱后向溶液中加入热水进行稀释，稀释后的浆液温度为 80℃，搅拌后进行固液分离。滤渣为石英粉，滤液为硅酸钠溶液。发生的主要化学反应为：

$$SiO_2 + 2NaOH === Na_2SiO_3 + H_2O$$

12）石灰乳化

将石灰和水按液固比 7:1 进行混合乳化，得到石灰乳。发生的主要化学反应为：

$$CaO + H_2O === Ca(OH)_2$$

13) 苛化

将硅酸钠溶液和石灰乳混合，控制温度在 90℃ 以上，反应时间为 2 h。固液分离得到硅酸钙和氢氧化钠溶液。氢氧化钠溶液蒸发浓缩后送碱浸工序。发生的主要化学反应为：

$$Na_2SiO_3 + Ca(OH)_2 =\!=\!= CaSiO_3\downarrow + 2NaOH$$

2.2.5　主要设备

硫酸法工艺的主要设备见表 2-11。

表 2-11　硫酸法工艺主要设备

工序名称	设备名称	备注
磨矿工序	回转干燥窑	干法
	煤气发生炉	干法
	颚式破碎机	干法
	粉磨机	干法
混料工序	犁刀双辊混料机	
焙烧工序	回转焙烧窑	
	除尘器	
	冷凝制酸系统	
溶出工序	溶出槽	耐酸、连续
	带式过滤机	连续
除杂工序	除铁槽	耐酸、加热
	高位槽	
	板框过滤机	非连续
	除铝槽	耐酸
	高位槽	
	板框过滤机	非连续
萃铜工序	萃取槽	耐蚀
	萃取液高位槽	
	反萃槽	耐蚀
	硫酸高位槽	连续

续表 2 – 11

工序名称	设备名称	备注
电积	高位槽	
	电积槽	
沉镍工序	高位槽	耐蚀
	沉镍槽	
	板框过滤机	非连续
沉镁工序	沉镁槽	耐碱、加热
	氨高位槽	加液
	供氨系统	
	计量给料机	加固
	平盘过滤机	连续
镁煅烧工序	干燥器	
	煅烧炉	
	除尘器	
储液区	酸式储液槽	
	碱式储液槽	
蒸发结晶工序	三效蒸发器	
	五效循环蒸发器	
	冷凝水塔	
碱浸工序	碱浸出槽	耐碱、加热
	稀释槽	耐碱、加热
	平盘过滤机	连续
氧化钙乳化工序	生石灰乳化机	
苛化工序	硅酸钠苛化槽	耐碱、加热
	平盘过滤机	连续

2.2.6 设备连接图

硫酸法工艺的设备连接图如图 2 – 5 所示。

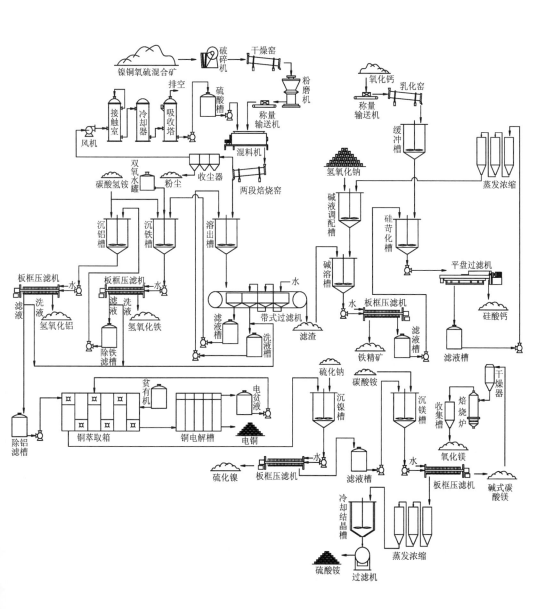

图 2-5　硫酸法工艺设备连接图

2.3 硫酸铵法清洁、高效综合利用铜镍氧硫混合矿

2.3.1 原料分析

同 2.2.1。

2.3.2 化工原料

硫酸铵法使用的化工原料有硫酸铵、双氧水、硫化钠、浓硫酸、活性氧化钙、X984 萃取剂、氢氧化钠、硫酸钠等。

①硫酸铵：工业级。

②双氧水：工业级，27.5%。

③硫化钠：工业级。

④浓硫酸：工业级。

⑤X984：工业级。

⑥氢氧化钠：工业级。

⑦活性氧化钙：工业级。

⑧硫酸钠：工业级。

2.3.3 硫酸铵法工艺流程

将镍铜氧硫矿精矿粉磨细后与硫酸铵、硫酸钠混合焙烧。两段焙烧后，矿物中的镍、铜、镁、钴、铝等与硫酸铵反应生成可溶性硫酸盐，加水溶出后，进入溶液，矿物中的铁在两段焙烧后转化为氧化铁，不进入溶液；矿物中的二氧化硅不与硫酸铵反应，也不溶于水。焙烧烟气除尘后得到固体硫酸铵，返回混料，循环利用，过量的氨回收用于沉镁。过滤后，氧化铁、二氧化硅与镍、铜、镁、钴和铝分离。向溶液中加双氧水，将二价铁离子氧化成三价铁离子，加氨调 pH，溶液中少量的三价铁离子生成氢氧化铁沉淀除去。再次加氨调节 pH，铝生成氢氧化铝沉淀除去。采用 LIX984 萃取铜，用硫酸反萃，得到硫酸铜溶液，电积得到金属铜。向萃铜后的溶液中加入黑镍，溶液中的钴生成氢氧化钴（三价）除去。向除钴后的溶液中加入硫化钠，镍沉淀为硫化镍，用于提炼镍。向溶液中加氨，溶液中的镁生成氢氧化镁沉淀。剩下的溶液蒸发结晶分离出硫酸铵与硫酸钠后返回混料工序，循环利用。氧化铁渣和硅渣碱浸后得到铁精矿与硅酸钠溶液，用石灰乳苛化硅酸钠溶液制备硅酸钙产品和氢氧化钠溶液。氢氧化钠溶液蒸浓后返回碱浸，循环利用。具体工艺流程如图 2 - 6 所示。

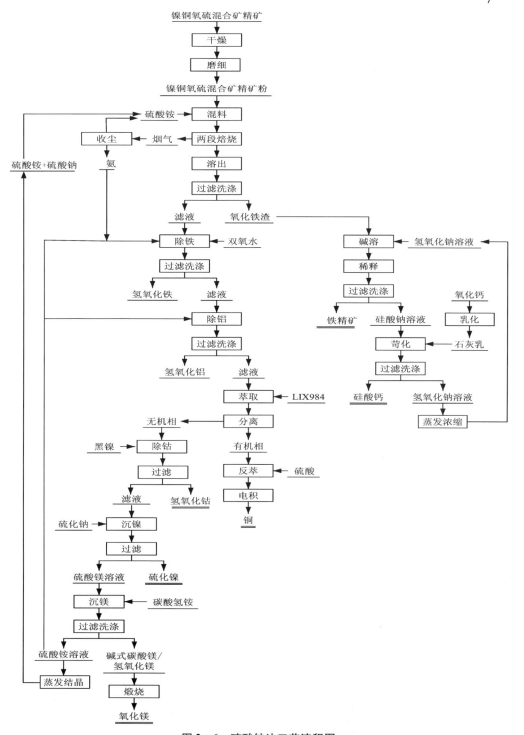

图 2-6　硫酸铵法工艺流程图

2.3.4 工序介绍

1) 干燥磨细

矿山产出的镍铜氧硫混合矿原矿为块状，含水较多，干燥使物料含水量小于 5%。将干燥后的矿石破碎、磨细至粒度小于 80 μm。

2) 混料

将镍铜氧硫混合镍矿与硫酸铵混合均匀，固化后使用。镍铜氧硫混合矿与硫酸铵的比例为：镍铜氧硫混合矿中的铁、镍、镁按与硫酸铵完全反应所消耗的硫酸铵物质的量计为 1，硫酸铵过量 10%～20%，并配入硫酸铵量 10% 的硫酸钠。

3) 焙烧

将混好的物料先在 450～550℃ 中焙烧 2 h，再于 650～660℃ 下焙烧 2 h(硫酸铜晶体分解温度 650℃，在焙烧中保持 680℃ 以上则大量分解)。焙烧产生的 SO_3、NH_3 和 H_2O 经降温冷却得到硫酸铵固体，过量的氨回收用于除杂、沉镁，硫酸铵返回焙烧工序，循环利用。排放的尾气达到国家环保标准。发生的主要化学反应有：

$$(NH_4)_2SO_4 \xrightarrow{207\sim274℃} NH_4HSO_4 + NH_3(g)$$

$$NH_4HSO_4 \xrightarrow{274\sim374℃} NH_3(g) + SO_3(g) + H_2O(g)$$

$$Na_2SO_4 + SO_3(g) \longrightarrow Na_2S_2O_7$$

$$4CuFeS_2 + 8(NH_4)_2SO_4 + 17O_2(g) \longrightarrow 4(NH_4)_2Cu(SO_4)_2 + 4NH_4Fe(SO_4)_2 + 4NH_3(g) + 2H_2O(g)$$

$$2CuFeS_2 + 21NH_4HSO_4 \longrightarrow 2(NH_4)_2Cu(SO_4)_2 + 2NH_4Fe(SO_4)_2 + 15NH_3(g) + 17SO_2(g) + 18H_2O(g)$$

$$4CuFeS_2 + 6Na_2S_2O_7 + 15O_2(g) \longrightarrow 4CuSO_4 + 4Na_3Fe(SO_4)_3 + 4SO_2(g)$$

$$4(Fe,Ni)_9S_8 + 112(NH_4)_2SO_4 + 93O_2(g) \longrightarrow 36(NH_4)_2Ni(SO_4)_2 + 36NH_4Fe(SO_4)_2 + 58NH_3(g) + 116H_2O(g)$$

$$2(Fe,Ni)_9S_8 + 149NH_4HSO_4 \longrightarrow 18(NH_4)_2Ni(SO_4)_2 + 18NH_4Fe(SO_4)_2 + 95NH_3(g) + 122H_2O(g) + 93SO_2(g)$$

$$2(Fe,Ni)_9S_8 + 27Na_2S_2O_7 + 95SO_3(g) \longrightarrow 18NiSO_4 + 18Na_3Fe(SO_4)_3 + 93SO_2(g)$$

$$2SO_2(g) + O_2(g) \longrightarrow 2SO_3(g)$$

$$(NH_4)_2Cu(SO_4)_2 \xrightarrow{220\sim405℃} CuSO_4 + 2NH_3(g) + SO_3(g) + H_2O(g)$$

$$(NH_4)_2Ni(SO_4)_2 \xrightarrow{278\sim460℃} NiSO_4 + 2NH_3(g) + SO_3(g) + H_2O(g)$$

$$2NH_4Fe(SO_4)_2 \xrightarrow{440\sim521℃} Fe_2(SO_4)_3 + 2NH_3(g) + SO_3(g) + H_2O(g)$$

$$Mg_3Si_2O_5(OH)_4 + 6(NH_4)_2SO_4 \longrightarrow 3(NH_4)_2Mg(SO_4)_2 + 2SiO_2 + 5H_2O(g) + 6NH_3(g)$$

$$Mg_3Si_2O_5(OH)_4 + 6NH_4HSO_4 \longrightarrow 3(NH_4)_2Mg(SO_4)_2 + 5H_2O(g) + 2SiO_2$$

$$Mg_3Si_2O_5(OH)_4 + 3Na_2S_2O_7 \longrightarrow 3MgSO_4 + 3Na_2SO_4 + 2SiO_2 + 2H_2O(g)$$

$$2FeS_2 + (NH_4)_2SO_4 + O_2(g) \longrightarrow NH_4Fe(SO_4)_2 + SO_2(g)$$

$$4FeS_2 + 6Na_2S_2O_7 + 11O_2(g) \longrightarrow 4Na_3Fe(SO_4)_3 + 8SO_2(g)$$

$$MgFe_2O_4 + 4Na_2S_2O_7 \longrightarrow NaMgFe(SO_4)_3 + Na_3Fe(SO_4)_3 + 2Na_2SO_4$$

$$Fe_2(SO_4)_3 + 3Na_2SO_4 \longrightarrow 2Na_3Fe(SO_4)_3$$

$$2Mg_3Si_4O_{10}(OH)_2 + 6Na_2S_2O_7 + 3Fe_2(SO_4) \longrightarrow 6NaMgFe(SO_4)_3 + 3Na_2SO_4 + 8SiO_2 + 2H_2O(g)$$

$$Na_3Fe(SO_4)_3 \xrightarrow{500℃\sim650℃} Fe_2O_3 + Na_2SO_4 + SO_3(g)$$

焙烧尾气冷凝吸收过程发生的反应为:

$$2NH_3 + H_2O + SO_3 =\!=\!= (NH_4)_2SO_4$$

4) 溶出

焙烧熟料趁热加水溶出,溶出液固比为 4:1,溶出温度 60~80℃,溶出时间 1 h。铝、铜、镍和镁的可溶性硫酸盐进入溶液,二氧化硅与氧化铁不溶于水。

5) 过滤

将熟料溶出后的浆液过滤,得到滤渣和溶出液。硅渣主要为氧化铁和二氧化硅,二氧化硅碱溶后苛化制备硅酸钙。

6) 沉铁铝

保持溶液温度在 40℃ 以下,向溶出液中加入双氧水将二价铁离子氧化成三价铁离子。保持溶液温度在 40℃ 以下,向滤液中加入氨,调控溶液的 pH 大于 3,使铁生成羟基氧化铁沉淀,过滤后羟基氧化铁为炼铁原料。

向滤液中加氨调节 pH 至 5.1,溶液中的铝生成氢氧化铝沉淀,过滤得到滤液和滤渣,滤渣为氢氧化铝,用于制备氧化铝。发生的主要化学反应为:

$$2Fe^{2+} + H_2O_2 + 2H^+ =\!=\!= 2Fe^{3+} + 2H_2O$$

$$Fe_2(SO_4)_3 + 6NH_3 \cdot H_2O =\!=\!= 2FeOOH \downarrow + 3(NH_4)_2SO_4 + 2H_2O$$

$$Al^{3+} + 3H_2O =\!=\!= Al(OH)_3 \downarrow + 3H^+$$

7) 萃铜

采用 X984 萃取除铁后滤液中的铜,萃后液送沉镍,萃取液用硫酸反萃得到硫酸铜,电积制备金属铜。发生的主要化学反应为:

$$Cu^{2+} + 2e^- =\!=\!= Cu$$

8) 除钴

控制萃铜后的溶液温度为 60~80℃,加入黑镍(NiOOH)使溶液中钴形成氢氧化钴沉淀(CoOOH),过滤得到滤液和滤渣,滤渣为氢氧化钴,用于制备钴盐。

发生的主要化学反应为:

$$NiOOH + Co^{2+} =\!=\!= CoOOH \downarrow + Ni^{2+}$$

9）沉镍

向萃沉铜后的溶液中加入硫化钠，温度保持在 60～90℃，生成硫化镍沉淀，过滤后得到硫化镍产品。发生的主要化学反应为：

$$NiSO_4 + Na_2S = NiS\downarrow + Na_2SO_4$$

10）沉镁

沉镍后的硫酸镁溶液采用两种方法沉镁。

①向沉镍后的硫酸镁溶液中加氨，在 40～60℃搅拌，反应。调节溶液 pH 至 11，生成氢氧化镁沉淀。过滤，滤渣干燥为氢氧化镁产品。发生的主要化学反应为：

$$MgSO_4 + 2NH_3 + 2H_2O = Mg(OH)_2\downarrow + (NH_4)_2SO_4$$

②向沉镍后的硫酸镁溶液中加入碳酸氢铵，在 60～80℃反应，生成碱式碳酸镁沉淀。过滤分离，滤渣经洗涤、干燥为碱式碳酸镁产品。滤液经蒸发结晶得到硫酸铵晶体，可做化肥。

沉镁过程发生的主要化学反应为：

$$MgSO_4 + 2NH_4HCO_3 = Mg(HCO_3)_2 + (NH_4)_2SO_4$$

$$5Mg(HCO_3)_2 = 4MgCO_3 \cdot Mg(OH)_2 \cdot 4H_2O\downarrow + 6CO_2\uparrow$$

$$2NH_3HCO_3 + H_2SO_4 = (NH_4)_2SO_4 + H_2O + CO_2\uparrow$$

11）煅烧

将氢氧化镁和碱式碳酸镁煅烧制备氧化镁，发生的主要化学反应为：

$$4MgCO_3 \cdot Mg(OH)_2 \cdot 4H_2O = 5MgO + 4CO_2\uparrow + 5H_2O\uparrow$$

$$Mg(OH)_2 = MgO + H_2O\uparrow$$

12）碱浸

将硅渣加入氢氧化钠溶液中，在常压下搅拌并升温，温度达到 120℃反应剧烈，浆料温度自行升到 130℃。反应强度减弱后向溶液中加入热水进行稀释，稀释后的浆液温度为 80℃，搅拌后进行固液分离。滤渣为石英粉，滤液为硅酸钠溶液。发生的主要化学反应为：

$$SiO_2 + 2NaOH = Na_2SiO_3 + H_2O$$

13）石灰乳化

将石灰和水按液固比 7:1 进行混合乳化，得到石灰乳。发生的主要化学反应为：

$$CaO + H_2O = Ca(OH)_2$$

14）苛化

将硅酸钠溶液和石灰乳混合，控制温度 90℃ 以上，反应时间 2 h。固液分离得到硅酸钙和氢氧化钠溶液。氢氧化钠溶液蒸发浓缩后送碱浸工序。发生的主要化学反应为：

$$Na_2SiO_3 + Ca(OH)_2 \xrightarrow{\quad\quad} CaSiO_3\downarrow + 2NaOH$$

2.3.5　主要设备

硫酸铵法工艺的主要设备见表 2 – 12。

表 2 – 12　硫酸铵法工艺主要设备

工序名称	设备名称	备注
磨矿工序	回转干燥窑	干法
	煤气发生炉	干法
	颚式破碎机	干法
	粉磨机	干法
混料工序	犁刀双辊混料机	
焙烧工序	回转焙烧窑	
	除尘器	
	烟气净化回收系统	
溶出工序	溶出槽	耐酸、连续
	带式过滤机	连续
除杂工序	除铁槽	耐酸、加热
	高位槽	
	板框过滤机	非连续
	除铝槽	耐酸
	高位槽	
	板框过滤机	非连续
萃铜工序	萃取槽	耐蚀
	萃取液高位槽	
	反萃槽	耐蚀
	硫酸高位槽	连续

续表 2-12

工序名称	设备名称	备注
电积	高位槽	
	电积槽	
沉钴工序	高位槽	耐蚀
	沉钴槽	
	板框过滤机	非连续
沉镍工序	高位槽	耐蚀
	沉镍槽	
	板框过滤机	非连续
沉镁工序	沉镁槽	耐碱、加热
	氨高位槽	加液
	供氨系统	
	计量给料机	加固
	平盘过滤机	连续
镁煅烧工序	干燥器	
	煅烧炉	
	除尘器	
储液区	酸式储液槽	
	碱式储液槽	
蒸发结晶工序	三效蒸发器	
	五效循环蒸发器	
	冷凝水塔	
碱浸工序	碱浸出槽	耐碱、加热
	稀释槽	耐碱、加热
	平盘过滤机	连续
氧化钙乳化工序	生石灰乳化机	
苛化工序	硅酸钠苛化槽	耐碱、加热
	平盘过滤机	连续

2.3.6　设备连接图

硫酸铵法工艺的设备连接图如图 2-7 所示。

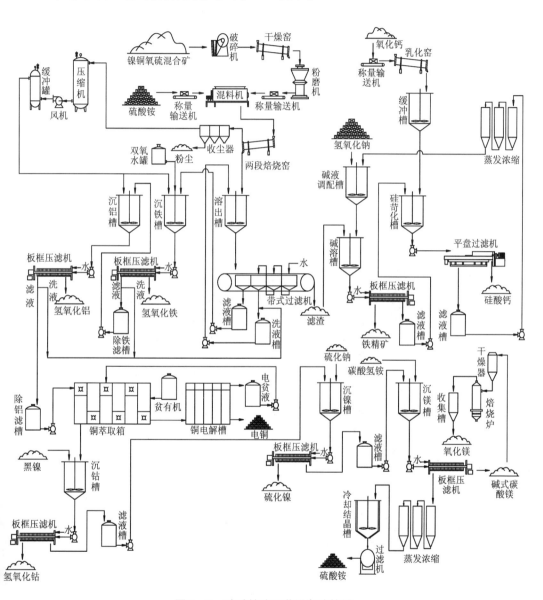

图 2-7　硫酸铵法工艺设备连接图

2.4 产品

用硫酸法和硫酸铵法处理镍铜氧硫混合矿得到的主要产品有硫化镍、氢氧化镁、碱式碳酸镁、氢氧化铁、氢氧化铝、铁精矿、硅酸钙及结晶硫酸铵、石英粉等。

2.4.1 硫化镍产品

表 2 - 13 为硫化镍产品的成分分析结果，图 2 - 8 为硫化镍产品的 SEM 图片。

表 2 - 13　硫化镍产品成分　　　　　　　　　　　　　　　%

Ni	MgO	Fe	Al_2O_3
20 ~ 28	1.00 ~ 1.31	3.30 ~ 8.94	1.25 ~ 3.16

图 2 - 8　硫化镍产品的 SEM 图片

硫化钠沉镍后得到产品镍品位为 20% ~ 28%，可制备硫酸镍和炼金属镍。

2.4.2 氢氧化镁产品

图 2 - 9 为氢氧化镁产品的 XRD 图谱和 SEM 照片，其化学组成见表 2 - 14，与表 2 - 15 国家化工行业标准 HG/T 3607—2007 进行对比，可知产品符合 II 类一

等品标准的指标。氢氧化镁不燃烧，质轻而松，可作耐高温、绝热的防火保温材料。氧化镁用途广泛，主要应用于化工、环保、农业等领域。

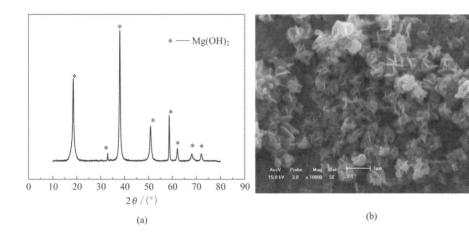

(a)　　　　　　　　　　(b)

图 2-9　氢氧化镁的 XRD 图谱(a)和 SEM 照片(b)

表 2-14　氢氧化镁的化学组成

项目	指标
氢氧化镁[Mg(OH)₂]质量分数/%	96.5
氧化钙(CaO)质量分数/%	0.01
盐酸不溶物质量分数/%	0.1
水分质量分数/%	1.2
氯化物(以 Cl 计)质量分数/%	0.1
铁(Fe)质量分数/%	0.02
筛余物质量分数(75μm 试验筛)/%	0.02
激光粒度(D50)/μm	—
灼烧失量/%	—
白度	95

表 2-15 工业氢氧化镁的化工行业标准 HG/T 3607—2007

项目	I 类	II 类		III 类	
		一等品	合格品	一等品	合格品
氢氧化镁[Mg(OH)$_2$]质量分数, ≥/%	97.5	94.0	93.0	93.0	92.0
氧化钙(CaO)质量分数, ≤/%	0.1	0.05	0.1	0.5	1.0
盐酸不溶物质量分数, ≤/%	0.1	0.2	0.5	2.0	2.5
水分质量分数, ≤/%	0.5	2.0	2.5	2.0	2.5
氯化物(以 Cl 计)质量分数, ≤/%	0.1	0.4	0.5	0.4	0.5
铁(Fe)质量分数, ≤/%	0.005	0.02	0.05	0.2	0.3
筛余物质量分数(75 μm 试验筛), ≤/%	—	0.02	0.05	0.5	1.0
激光粒度(D50)/μm	0.5~1.5	—	—	—	—
灼烧失量, ≥/%	30.0	—	—	—	—
白度, ≥/%	95	—	—	—	—

2.4.3 氢氧化铁

图 2-10 为氢氧化铁产品的 XRD 图谱和 SEM 照片。表 2-16 为其成分分析结果。氢氧化铁可以用来炼铁，也可深加工成高附加值的铁红产品。

表 2-16 氢氧化铁产品的分析(100℃干燥后)   %

Fe$_2$O$_3$	Al$_2$O$_3$	SiO$_2$	其他
87.94	0.08	0.40	11.58

(a)　　　　　　　　　　　　　　　　(b)

图 2 - 10　氢氧化铁产品的 XRD 图谱(a)和 SEM 照片(b)

2.4.4　硅酸钙

硅酸钙粉体的 SEM 照片见图 2 - 11，表 2 - 17 为其成分分析结果。硅酸钙主要用作建筑材料、保温材料、耐火材料、涂料的体质颜料及载体。

图 2 - 11　硅酸钙粉体 SEM 照片

表 2 - 17　硅酸钙的成分　　　　　　　　　　　　　　　　%

SiO_2	CaO	Fe_2O_3	Al_2O_3	Na_2O
45.19	42.14	0.27	0.32	0.12

2.5 环境保护

2.5.1 主要污染源和主要污染物

1）烟气

①硫酸铵焙烧烟气中的主要污染物是粉尘、SO_3、NH_3。硫酸焙烧烟气中的主要污染物是粉尘和 SO_3。

②燃气锅炉，主要污染物是粉尘和 CO_2。

③氧硫混合镍矿储存、破碎、磨细、筛分、输送等产生的粉尘。

2）水

①生产过程中的水实现循环使用，无废水排放。

②生产排水为软水制备工艺排水，水质未被污染。

3）固体

①镍铜氧硫混合矿、精矿中的硅制成的白炭黑、硅酸钙、硅微粉。

②镍铜氧硫混合矿、精矿、低冰镍中的镍制成的硫化镍产品。

③镍铜氧硫混合矿、精矿、低冰镍中的铜制成的金属铜产品。

④精矿、低冰镍中的钴制成的金属钴产品。

⑤镍铜氧硫混合矿、精矿、低冰镍中的铁制成的氧化铁产品。

⑥镍铜氧硫混合矿、精矿中的铝制成的氧化铝产品。

⑦镍铜氧硫混合矿、精矿中的镁制成的碱式碳酸镁或氢氧化镁产品。

⑧硫酸钠铵溶液蒸浓结晶得到的硫酸铵产品。

生产过程无废渣排放。

2.5.2 污染治理措施

1）焙烧烟气

焙烧烟气经旋风、重力、布袋除尘，粉尘返回混料。硫酸焙烧烟气经过吸收塔二级吸收，SO_3 和水的混合物经酸吸收塔制备硫酸。硫酸铵焙烧产生的 NH_3、SO_3 经冷却得到硫酸铵固体，过量 NH_3 回收用于沉镁。尾气经吸收塔净化后排放，满足《工业炉窑大气污染物排放标准》（GB 9078—1996）的要求。

2）通风除尘

产生粉尘设备均带收尘装置。

扬尘：全厂扬尘点均实行设备密闭罩集气、机械排风、高效布袋除尘器集中除尘，系统除尘效率均在99.9%以上。

烟尘：窑炉等烟气除尘系统收集的烟尘全部返回系统再利用。

3）废水治理

需要水源提供新水，生产用水循环，全厂水循环利用率为 90% 以上。

各工序产生的废水采用不同方法处理，以实现全厂废水"零"排放。蒸浓结晶工序冷凝水循环使用和二次利用。

4）废渣治理

整个生产过程中，镍铜氧硫混合矿、精矿中的主要组分硅、镁、铁、铝、镍和铜均制备成产品，无废渣产生；低冰镍中的镍、铜、铁和钴均制备成产品，无废渣产生。

5）噪声治理

本工程的噪声主要由机械动力、流体动力产生。工程设计对高噪声设备采取了消声、隔声、基础减振等措施进行处理。

6）绿化

绿化在防治污染、保护和改善环境方面起到特殊的作用，是环境保护的有机组成部分。绿色植物不仅能美化环境，还具有吸附粉尘、净化空气、减弱噪声、改善小气候等作用。因此本工程设计中对绿化予以了充分重视，通过提高绿化系数改善厂区及附近地区的环境条件，设计厂区绿化占地率不小于 20%。

2.6　结语

镍铜氧硫混合矿是我国重要的难处理复杂资源，作为我国重要资源储备，其综合利用研究具有长远意义。本工艺火法与湿法相结合，实现了镍铜氧硫混合矿中有价组元镍、镁、铜、铁、硅等都分离提取，加工成产品。化工原料硫酸、硫酸铵和氢氧化钠循环利用或制成产品，过程中无废气、废水、废渣的排放，实现了全流程的绿色化，符合发展循环经济、建设资源节约型和环境友好型社会的要求；为低品位镍铜氧硫混合矿资源的开发和综合利用提供了有价值的工艺路线，并为其他低品位、难处理矿物资源的综合利用提供了新的开发思路和途径。

参考文献

[1] 崔富晖. 镍铜氧硫混合矿、精矿和低冰镍中有价金属提取与分离的工艺及理论研究[D]. 沈阳：东北大学，2018.

[2] Cui F H, Mu W N, Wang S, et al. Controllable phase transformation in extracting valuable metals from chinese low – grade nickel sulphide ore[J]. JOM – US, 2017, 69(10)：1925 – 1931.

[3] Cui F H, Mu W N, Wang S, et al. Synchronous extractions of nickel, copper, and cobalt by selective chlorinating roasting and water leaching to low – grade nickel – copper matte[J].

Separation and Purification Technology, 2018, 195: 149 – 162.

[4] Cui F H, Mu W N, Wang S, et al. A sustainable and selective roasting and water – leaching process to simultaneously extract valuable metals from low – grade Ni – Cu matte[J]. JOM – US, 2018: 1 – 8.

[5] Cui F H, Mu W N, Wang S, et al. Sodium sulfate activation mechanism on co – sulfating roasting to nickel – copper sulfide concentrate in metal extractions, microtopography and kinetics [J]. Minerals Engineering, 2018, 123: 104 – 116.

[6] 崔富晖, 牟文宁, 顾兴利, 等. 铜镍氧硫混合矿焙烧 – 浸出过程铜、镍、铁的转化[J]. 中国有色金属学报, 2017, 27(7): 1471 – 1478.

[7] Mu W N, Cui F H, Huang Z P, et al. Synchronous extraction of nickel and copper from a mixed oxide – sulfide nickel ore in a low – temperature roasting system [J]. Journal of Cleaner Production, 2017, 177: 371 – 377.

[8] Mu W N, Lu X Y, Cui F H, et al. Transformation and leaching kinetics of silicon from low – grade nickel laterite ore by pre – roasting and alkaline leaching process[J]. Transactions of Nonferrous Metals Society of China, 2018, 28(1): 169 – 176.

[9] Naldrett A. Requirements for forming giant Ni—Cu sulfide deposits[J]. Giant Ore Deposits: Characteristics, Genesis, and Exploration. Centre for Ore Deposit Research Special Publication, 2002, 4: 195 – 204.

[10] Hoatson D M, Jaireth S, Jaques A L. Nickel sulfide deposits in Australia: Characteristics, resources, and potential[J]. Ore Geology Reviews, 2006, 29(3): 177 – 241.

[11] Mudd G M, Jowitt S M. A detailed assessment of global nickel resource trends and endowments [J]. Economic Geology, 2014, 109(7): 1813 – 1841.

[12] Wells M A, Ramanaidou E R, Verrall M, et al. Mineralogy and crystal chemistry of "garnierites" in the Goro lateritic nickel deposit, New Caledonia[J]. European Journal of Mineralogy, 2009, 21(2): 467 – 483.

[13] Mudd G M. Global trends and environmental issues in nickel mining: Sulfides versus laterites [J]. Ore Geology Reviews, 2010, 38(1): 9 – 26.

[14] Nakajima K, Nansai K, Matsubae K, et al. Global land – use change hidden behind nickel consumption[J]. Science of the Total Environment, 2017, 586: 730 – 737.

[15] Nakajima K, Daigo I, Nansai K, et al. Global distribution of material consumption: Nickel, copper, and iron[J]. Resources, Conservation and Recycling, 2017.

[16] 刘明宝, 段理祎, 高莹, 等. 我国镍矿资源现状及利用技术研究[J]. 中国矿业, 2011, 20 (11): 98 – 102.

[17] 彭亮, 李俊, 袁浩涛, 等. 我国镍资源现状及可持续发展[J]. 矿业工程, 2004, 2(6): 1 – 2.

[18] 周京英, 孙延绵. 中国铜镍资源储量 – 品位分布特征的研究[J]. 地质与勘探, 2005, 41 (6): 49 – 51.

[19] 高辉, 曹殿华, 李瑞萍, 等. 金川铜镍矿床成矿模式, 控矿因素分析与找矿[J]. 地质与

勘探，2009(3)：218 – 228.

[20] 杨志强，王永前，高谦，等. 金川镍钴铂族金属资源开发与可持续发展研究[J]. 中国矿山工程，2016(5)：1 – 6, 52.

[21] Edwards C, Kipkie W, Agar G. The effect of slime coatings of the serpentine minerals, chrysotile and lizardite, on pentlandite flotation[J]. International Journal of Mineral Processing, 1980, 7(1)：33 – 42.

[22] 唐敏，张文彬. 低品位铜镍硫化矿浮选中蛇纹石的行为研究[J]. 昆明理工大学学报，2001, 26(3)：74 – 74.

[23] 王虹，邓海波. 蛇纹石对硫化铜镍矿浮选过程影响及其分离研究进展[J]. 有色矿冶，2008, 24(4)：19 – 23.

[24] 王兢，张覃，李长根. Cu(Ⅱ)和 Ni(Ⅱ)在石英、蛇纹石和绿泥石浮选中的活化作用[J]. 国外金属矿选矿，2006, 43(10)：16 – 20.

[25] Kobayashi H, Shoji H, Asano S, et al. Selective nickel leaching from nickel and cobalt mixed sulfide using sulfuric acid[J]. Journal of the Japan Institute of Metals, 2017, 81(6)：320 – 326.

[26] Zhao S, Pan J Z. Leaching and the residue flotation of a low – grade Ni – Cu – PGM sulfide ore[C]. Advanced Materials Research, 2013：95 – 99.

[27] Xie Y, Xu Y, Yan L, et al. Recovery of nickel, copper and cobalt from low – grade Ni – Cu sulfide tailings[J]. Hydrometallurgy, 2005, 80(1)：54 – 58.

[28] 徐建林，史光大，钟庆文，等. 低品位硫化镍矿选矿中矿加压浸出试验研究[J]. 矿冶，2009, 18(1)：40 – 43.

[29] Li Y, Papangelakis V G, Perederiy I. High pressure oxidative acid leaching of nickel smelter slag: Characterization of feed and residue[J]. Hydrometallurgy, 2009, 97(3)：185 – 193.

[30] Yang C, Qin W, Lai S, et al. Bioleaching of a low grade nickel-copper-cobalt sulfide ore[J]. Hydrometallurgy, 2011, 106(1)：32 – 37.

[31] Zhihong Z, Krylova L, Ryabtsev D. Intensification of sulfide copper – nickel ore heap leaching with bioreagent – oxidant participation[J]. Metallurgist, 2016, 60(7 – 8)：745 – 749.

[32] Chen B W, Cai L L, Wu B, et al. Investigation of bioleaching of a low grade nickel – cobalt – copper sulfide ore with high magnesium as olivine and serpentine from Lao[C]. Advanced Materials Research, 2013：396 – 400.

[33] 陈家武，高从锴，张启修，等. 硫化叶菌对镍钼硫化矿的浸出作用[J]. 过程工程学报，2009, 9(2)：257 – 263.

[34] Yang X, Zhang X, Fan Y, et al. The leaching of pentlandite by Acidithiobacillus ferrooxidans with a biological-chemical process[J]. Biochemical Engineering Journal, 2008, 42(2)：166 – 171.

[35] Ke J, Li H. Bacterial leaching of nickel – bearing pyrrhotite[J]. Hydrometallurgy, 2006, 82(3)：172 – 175.

[36] Zhen S, Yan Z, Zhang Y, et al. Column bioleaching of a low grade nickel – bearing sulfide ore containing high magnesium as olivine, chlorite and antigorite[J]. Hydrometallurgy, 2009, 96

(4): 337 - 341.

[37] Li S, Zhong H, Hu Y, et al. Bioleaching of a low – grade nickel-copper sulfide by mixture of four thermophiles[J]. Bioresource Technology, 2014, 153: 300 - 306.

[38] Cameron R A, Lastra R, Mortazavi S, et al. Bioleaching of a low – grade ultramafic nickel sulphide ore in stirred – tank reactors at elevated pH[J]. Hydrometallurgy, 2009, 97(3): 213 - 220.

[39] Wakeman K, Auvinen H, Johnson D B. Microbiological and geochemical dynamics in simulated-heap leaching of a polymetallic sulfide ore[J]. Biotechnology and Bioengineering, 2008, 101(4): 739 - 750.

[40] Norris P R, Brown C F, Caldwell P E. Ore column leaching with thermophiles: II polymetallic sulfide ore[J]. Hydrometallurgy, 2012, 127: 70 - 76.

[41] Nguyen V K, Tran T, Han H J, et al. Possibility of bacterial leaching of antimony, chromium, copper, manganese, nickel, and zinc from contaminated sediment[J]. Journal of Geochemical Exploration, 2015, 156: 153 - 161.

[42] Cao Y – j, Gui X – h, Yu X – x, et al. Process mineralogy of copper – nickel sulphide flotation by a cyclonic – static micro – bubble flotation column[J]. Mining Science and Technology (China), 2009, 19(6): 784 - 787.

[43] Kirjavainen V, Heiskanen K. Some factors that affect beneficiation of sulphide nickel-copper ores[J]. Minerals Engineering, 2007, 20(7): 629 - 633.

[44] Fornasiero D, Ralston J. Cu(Ⅱ) and Ni(Ⅱ) activation in the flotation of quartz, lizardite and chlorite[J]. International Journal of Mineral Processing, 2005, 76(1 – 2): 75 - 81.

[45] Merve Genc A, Kilickaplan I, Laskowski J. Effect of pulp rheology on flotation of nickel sulphide ore with fibrous gangue particles[J]. Canadian Metallurgical Quarterly, 2012, 51(4): 368 - 375.

[46] Bulatovic S M. Handbook of flotation reagents: Chemistry, theory and practice: volume 1 flotation of sulfide ores[M]. Elsevier, 2007.

[47] Zhang Y, Wang Y – h, Tang Y – h, et al. Experimental study on the flotation of a low – grade copper – nickel sulfide ore[J]. Mining and Metallurgical Engineering, 2009, 3: 13.

[48] 廖乾, 冯其明, 欧乐明, 等. 金川低品位镍矿石工艺矿物学特性研究[J]. 矿物岩石, 2011, 31(1): 5 - 10.

[49] 许永伟, 张锦瑞, 王金庆, 等. 新疆某低品位难选铜镍矿石选矿试验[J]. 金属矿山, 2017 (2): 55 - 59.

[50] 张斌, 费腾. 辽宁某低品位含铜镍矿石浮选试验[J]. 现代矿业, 2017, 33(4): 124 - 126.

[51] Bredenhann R, Van Vuuren C. The leaching behaviour of a nickel concentrate in an oxidative sulphuric acid solution[J]. Minerals Engineering, 1999, 12(6): 687 - 692.

[52] 张邦胜, 蒋开喜, 王海北. 镍钼矿加压酸浸新工艺研究[J]. 有色金属(冶炼部分), 2012 (11): 10 - 12.

[53] 赵惠玲. 硫化镍精矿低酸高温氧压浸出研究[J]. 有色金属冶炼部分, 2013(1): 11 - 13.

[54] 朱军, 白苗苗, 李凡, 等. 硫化镍矿氧压浸出试验研究[J]. 矿冶工程, 2016, 36(2): 71-74.

[55] Huang K, Chen J, Chen Y-R, et al. Enrichment of platinum group metals (PGMs) by two-stage selective pressure leaching cementation from low-grade Pt-Pd sulfide concentrates[J]. Metallurgical and Materials Transactions B, 2006, 37(5): 697-701.

[56] Lakshmanan V, Sridhar R, Chen J, et al. A mixed-chloride atmospheric leaching process for the recovery of base metals from sulphide materials[J]. Transactions of the Indian Institute of Metals, 2017, 70(2): 463-470.

[57] 赵月峰, 方兆珩. 极度嗜热菌 Acidianus brierleyi 浸出镍铜硫化矿精矿[J]. 过程工程学报, 2003, 3(2): 161-164.

[58] Norris P R. Selection of thermophiles for base metal sulfide concentrate leaching, Part II: Nickel-copper and nickel concentrates[J]. Minerals Engineering, 2017, 106: 13-17.

[59] Gericke M, Govender Y. Bioleaching strategies for the treatment of nickel-copper sulphide concentrates[J]. Minerals Engineering, 2011, 24(11): 1106-1112.

[60] Cui X, Wang X, Li Y, et al. Bioleaching of a complex Co-Ni-Cu sulfide flotation concentrate by bacillus megaterium QM B1551 at neutral pH[J]. Geomicrobiology Journal, 2016, 33(8): 734-741.

[61] Juanqin X, Xi L, Yewei D, et al. Ultrasonic-assisted oxidation leaching of nickel sulfide concentrate[J]. Chinese Journal of Chemical Engineering, 2010, 18(6): 948-953.

[62] Imideev V, Aleksandrov P, Medvedev A, et al. Nickel sulfide concentrate processing using low-temperature roasting with sodium chloride[J]. Metallurgist, 2014, 58(5-6): 353-359.

[63] Yu D, Utigard T A, Barati M. Fluidized bed selective oxidation-sulfation roasting of nickel sulfide concentrate: Part I. Oxidation roasting[J]. Metallurgical and Materials Transactions B, 2014, 45(2): 653-661.

[64] Yu D, Utigard T A, Barati M. Fluidized bed selective oxidation-sulfation roasting of nickel sulfide concentrate: Part II. Sulfation roasting[J]. Metallurgical and Materials Transactions B, 2014, 45(2): 662-674.

[65] Xu C, Cheng H W, Li G S, et al. Extraction of metals from complex sulfide nickel concentrates by low-temperature chlorination roasting and water leaching[J]. International Journal of Minerals, Metallurgy and Materials, 2017, 24(4): 377-385.

[66] Fan C L, Li B C, Yan F, et al. Kinetics of acid-oxygen leaching of low-sulfur Ni-Cu matte at atmospheric pressure[J]. Transactions of Nonferrous Metals Society of China, 2010, 20(6): 1166-1170.

[67] Schalkwyk R V, Eksteen J, Petersen J, et al. An experimental evaluation of the leaching kinetics of PGM-containing Ni—Cu—Fe—S Peirce Smith converter matte, under atmospheric leach conditions[J]. Minerals Engineering, 2011, 24(6): 524-534.

[68] Schalkwyk R V, Eksteen J, Akdogan G. Leaching of Ni—Cu—Fe—S converter matte at varying iron endpoints, mineralogical changes and behaviour of Ir, Rh and Ru[J]. Hydrometallurgy,

2013, 136: 36 - 45.

[69] Chen G - j, Gao J - m, Zhang M, et al. Efficient and selective recovery of Ni, Cu, and Co from low - nickel matte via a hydrometallurgical process[J]. International Journal of Minerals, Metallurgy, and Materials, 2017, 24(3): 249 - 256.

[70] 尹飞, 王振文, 王成彦, 等. 低冰镍加压酸浸工艺研究[J]. 矿冶, 2009, 18(4): 35 - 37.

[71] 沈明伟, 冀成庆, 朱昌洛, 等. 低冰镍氧压水浸试验研究[J]. 云南冶金, 2012, 41(3): 32 - 34.

[72] Karimov K, Kritskii A, Elfimova L, et al. High - temperature sulfuric acid converter matte pressure leaching[J]. Metallurgist, 2015, 59(7 - 8): 723 - 726.

[73] Dorfling C, Akdogan G, Bradshaw S, et al. Determination of the relative leaching kinetics of Cu, Rh, Ru and Ir during the sulphuric acid pressure leaching of leach residue derived from Ni—Cu converter matte enriched in platinum group metals[J]. Minerals Engineering, 2011, 24 (6): 583 - 589.

[74] Park K - H, Mohapatra D, Reddy B R, et al. A study on the oxidative ammonia/ammonium sulphate leaching of a complex (Cu - Ni - Co - Fe) matte[J]. Hydrometallurgy, 2007, 86(3): 164 - 171.

[75] Park K H, Mohapatra D, Reddy B R. A study on the acidified ferric chloride leaching of a complex (Cu - Ni - Co - Fe) matte[J]. Separation and Purification Technology, 2006, 51(3): 332 - 337.

[76] Kshumaneva E, Kasikov A, Kuznetsov V Y, et al. Leaching of copper - nickel matte in the Cu (II)—Cl—HCl—Cl$_2$ system at controlled redox potential of solution[J]. Russian Journal of Applied Chemistry, 2015, 88(5): 724 - 732.

[77] Wang S - f, Fang Z. Mechanism of influence of chloride ions on electrogenerative leaching of sulfide minerals[J]. Journal of Central South University of Technology, 2006, 13(4): 379 - 382.

[78] Kobayashi H, Shoji H, Asano S, et al. Chlorine leaching mechanism of nickel sulfide[J]. Journal of the Japan Institute of Metals, 2016, 80(11): 713 - 718.

[79] Loan M, Newman O M G, Cooper R M G, et al. Defining the Paragoethite process for iron removal in zinc hydrometallurgy[J]. Hydrometallurgy, 2006, 81(2): 104 - 129.

[80] Arima H, Aichi T, Kudo Y, et al. Recent improvement in the hematite precipitation process at the Akita Zinc Company [C]. Iron Control Technologies, Canadian Institute of Mining, Metallurgy and Petroleum, Montreal, Canada, 2006: 123 - 134.

[81] 吉鸿安. 镍物料的黑镍除钴研究[J]. 甘肃冶金, 2008, 30(2): 15 - 17.

[82] Li X, Lei Z, Qu J, et al. Separation of copper from nickel in sulfate solutions by mechanochemical activation with CaCO$_3$ [J]. Separation and Purification Technology, 2017, 172: 107 - 112.

[83] Sengupta B, Bhakhar M S, Sengupta R. Extraction of copper from ammoniacal solutions into emulsion liquid membranes using LIX 84[J]. Hydrometallurgy, 2007, 89(3): 311 - 318.

[84] Lazarova Z, Lazarova M. Solvent extraction of copper from nitrate media with chelating LIX

reagents: Comparative equilibrium study[J]. Solvent Extraction and Ion Exchange, 2005, 23 (5): 695 – 711.

[85] Araneda C, Basualto C, Sapag J, et al. Uptake of copper (II) ions from acidic aqueous solutions using a continuous column packed with microcapsules containing a β – hydroxyoximic compound[J]. Chemical Engineering Research and Design, 2011, 89(12): 2761 – 2769.

[86] Balesini A, Zakeri A, Razavizadeh H, et al. Nickel solvent extraction from cold purification filter cakes of Angouran mine concentrate using LIX984N[J]. International Journal of Minerals, Metallurgy, and Materials, 2013, 20(11): 1029 – 1034.

[87] Li L Q, Zhong H. Separation and recovery of copper(II), nickel (II) from simulated plating wastewater by solvent extraction using LIX984[C]. Advanced Materials Research, 2012: 252 – 259.

[88] Gameiro M L F, Ismael M R C, Reis M T A, et al. Recovery of copper from ammoniacal medium using liquid membranes with LIX 54 [J]. Separation and Purification Technology, 2008, 63(2): 287 – 296.

[89] Tanaka M, Huang Y, Yahagi T, et al. Solvent extraction recovery of nickel from spent electroless nickel plating baths by a mixer – settler extractor[J]. Separation and Purification Technology, 2008, 62(1): 97 – 102.

[90] Barnard K, Turner N. Hydroxyoxime stability and unusual cobalt loading behaviour in the LIX 63-Versatic 10-tributyl phosphate synergistic system under synthetic laterite conditions [J]. Hydrometallurgy, 2011, 109(1): 29 – 36.

[91] Nusen S, Chairuangsri T, Zhu Z, et al. Recovery of indium and gallium from synthetic leach solution of zinc refinery residues using synergistic solvent extraction with LIX 63 and Versatic 10 acid[J]. Hydrometallurgy, 2016, 160: 137 – 146.

[92] Cao L, Dong W, Jiang L, et al. Polymerization of 1, 3 – butadiene with $VO(P_2O_4)_2$ and VO $(P507)_2$ activated by alkylaluminum[J]. Polymer, 2007, 48(9): 2475 – 2480.

[93] Darvishi D, Haghshenas D, Alamdari E K, et al. Synergistic effect of Cyanex 272 and Cyanex 302 on separation of cobalt and nickel by D_2EHPA[J]. Hydrometallurgy, 2005, 77(3): 227 – 238.

[94] Reddy B R, Rao S V, Park K H. Solvent extraction separation and recovery of cobalt and nickel from sulphate medium using mixtures of TOPS 99 and TIBPS extractants [J]. Minerals Engineering, 2009, 22(5): 500 – 505.

[95] Reddy B R, Rao S V, Priya D N. Selective separation and recovery of divalent Cd and Ni from sulphate solutions with mixtures of TOPS 99 and Cyanex 471 X[J]. Separation and Purification Technology, 2008, 59(2): 214 – 220.

第3章 镍锍清洁、高效综合利用

3.1 概述

3.1.1 镍锍简介

镍锍是硅镁镍矿外加硫化剂的方法进行硫化熔炼得到的半成品。造锍熔炼一般在鼓风炉中进行，也可以用电炉、回转式转炉。镍锍的成分可以通过还原剂（焦粉）和硫化剂（石膏）的加入量加以调整。得到的低镍锍（通常含 Ni、Co 20%～30%）再送到转炉中吹炼成高镍锍。

生产高镍锍的工厂主要有印度尼西亚的苏拉威西梭罗阿科冶炼厂。高镍锍产品一般含镍 79%，含硫 19.5%，全流程镍回收率 70%～85%。其最大特点是处理工艺简单，流程短。缺点是钴也进入镍铁合金或镍锍中，失去了钴应有的价值。

3.1.2 低冰镍湿法处理工艺研究进展

低冰镍是镍冶炼过程的中间产物，是由硫化镍精矿或红土镍矿经熔炼得到的初步富集产物。目前，低冰镍处理工艺仍以火法为主，由转炉吹炼工艺生产高冰镍。高冰镍可采用经磨浮、硫化镍熔铸、硫化镍可溶阳极隔膜电解、阳极液三段净化的可溶阳极电解精炼流程，也可采用细磨二段硫酸选择性浸出（一段常压、一段加压）、黑镍除钴、镍电积的加压浸出流程。传统火法工艺流程长，工艺复杂，能耗高，且在吹炼过程中，有超过 70%的钴被氧化进入转炉渣中，不利于钴金属的回收利用。另外，由于所用硫化镍铜矿品位较低，所选精矿品位也较低，熔炼得到的低冰镍中的镍含量较低，从而影响后续处理工艺。故冶金工作者开始探索湿法直接处理低冰镍。常见的有常压浸出、加压浸出和氯化浸出三种。

1）常压浸出

范川林等采用常压氧气酸浸金川低硫冰镍，在浸出温度为 70～85℃，氧分压为 100 kPa，硫酸浓度为 0.7 mol/L，通气量为 2.0 L/min 的条件下浸出 180 min，镍浸出率超过 70%。K. R. F Van Schalkwyk 等采用常压条件下氧化、非氧化两种方式处理冰镍，结果表明：氧化性浸出可取得较好的浸出效果，镍、铜浸出率分别为 60%、20%以上，铁含量较高的冰镍，镍浸出率低于铁含量较低的冰镍，镍的浸出速率由镍在冰镍中的矿相结构决定；非氧化性条件下，镍、铜浸出率均低于氧化性条件下的浸出率。Chen Guangju 等采用(NH_4)$_2S_2O_8$ – $NH_3 \cdot H_2O$ 体系处理金川公司低冰镍，结果表明，在(NH_4)$_2S_2O_8$ 浓度为 2.5 mol/L、$NH_3 \cdot H_2O$ 浓度为 5 mol/L、浸出温度为 40℃ 的条件下浸出 4 h，镍、铜和钴的浸出率分别为 81.07%、93.81% 和 71.74%，若采用预酸浸溶解镍铁合金，镍、铜和钴的综合浸出率可分别达 98.03%、99.13% 和 85.60%。

2）加压浸出

尹飞等采用加压酸浸工艺处理低冰镍，在液固比为 4∶1、温度为 200℃、酸度为 5 g/L、氧分压为 0.5 MPa、浸出时间为 2 h 的条件下，镍、铜和铁的浸出率分别为 91.56%、99.08% 和 62.83%，浸出渣可采用氯化浸出或氰化浸出，回收金、银等贵金属。沈明伟等采用氧压水浸处理低冰镍，结果表明，水浸温度为 175℃，氧分压为 1.6 MPa，转速为 600 r/min，浸出时间为 2.5 h 时，镍、铜和钴的浸出率分别超过 98%、99% 和 99%，铁浸出率小于 16%。K. A. Karimov 等采用氧压酸浸处理冰镍，在浸出温度为 140℃、氧压为 0.4 MPa、硫酸浓度为 15 g/L、浸出时间为 3 h 条件下，镍、铜和钴浸出率分别为 99%、98% 和 99%；在浸出温度为 140～144℃、氧压为 0.4～0.7 MPa 条件下，可以有效除去浸出液中的铁。C. Dorfling 等采用氧压酸浸技术处理冰镍，结果表明，氧压较浸出温度对铜的浸出率影响更明显，且氧压足够高时，起始酸浓度对铜的浸出有影响，铁离子在低酸度下对铜浸出的影响较酸浓度更明显。J. A. M. Rademan 等采用氧压酸浸技术处理低冰镍，结果表明，在浸出温度为 140℃、氧压为 550 kPa 的条件下，冰镍中镍的转化为 $Ni_3S_2 \longrightarrow Ni_7S_6 \longrightarrow NiS \longrightarrow Ni_3S_4$，铜的转化为 $Cu_2S \longrightarrow Cu_{31}S_{16} \longrightarrow Cu_{1.8}S \longrightarrow CuS$；镍铁合金提供了可提高镍浸出率的多孔结构，氧压较高时，H_2S 气体的产生量减少，Ni_3S_2 相的存在是镍、铜选择性浸出的关键。K. H. Park 等采用加压氨浸处理冰镍，结果表明，当 $NH_3 \cdot H_2O$ 浓度为 2 mol/L，(NH_4)$_2SO_4$ 浓度为 2 mol/L，氧压为 1.47 MPa，浸出温度为 500℃，浸出时间为 1 h 时，镍、铜和钴的浸出率分别为 93.8%、85.3% 和 76.5%。

3）氯化浸出

K. H. Park 等采用 $FeCl_3$ – HCl 体系处理低冰镍，结果表明，当 $FeCl_3$ 浓度为 1.5 mol/L，HCl 浓度为 0.3 mol/L，浸出温度为 90℃，浸出时间为 7 h 时，镍、铜和钴的浸出率分别为 93.2%、99.5% 和 85.2%。E. S. Kshumaneva 等采用 Cu^{2+} – Cl^- – HCl – Cl_2 体系处理冰镍，当氧化还原电位为 380～400 mV 时，镍黄铁矿和斑铜矿溶解；氧化还原电位为 400～420 mV 时，黄铜矿全部溶解；当氧化还原电位大于 450 mV 时，冰镍中所有组元均被溶解；当 Cl^- 浓度为 6 mol/L(HCl 浓度为 0.5 mol/L)，浸出温度大于 80℃，Cu^{2+} 浓度小于 0.1 mol/L 时，冰镍全部溶解。王少芬等研究了氯化浸出冰镍的机理，氯离子直接影响着硫化型矿物的浸出，金属组元浸出率随氯离子浓度的增加而增加。但是，当氯离子浓度达到某一值时，电化学浸出对金属组元的浸出影响很小。小林宙等研究了在氯化浸出过程冰镍与金属硫化物的区别，相同条件下，金属硫化物中镍的浸出率较冰镍中镍的浸出率低60%，两者浸出速率不同。这由其反应的活化能决定，氯化浸出冰镍为化学反应控制，氯化浸出金属硫化物为扩散控制。

3.1.3 萃取分离铜

萃取分离铜所使用的萃取剂包括肟类、二酮类、三元胺类、醇类和酯类及其复配物。根据溶液体系的不同，所适用的萃取剂也有所不同。

1）酮肟类

酮肟类萃取剂是目前应用最广泛的商用萃取剂，如 LIX63、LIX64、LIX65N、SME529、LIX84、LIX84I 等。其优点为：物理性能、化学性能稳定；易分相；夹带损失低；易反萃。缺点也较为明显：萃取能力较醛肟类低；饱和容量低；萃取速度慢；等等。该类铜萃取剂的研究较多，如 P. G. Christie 等采用 LIX63 从氯离子体系溶液中萃取铜，B. Sengupta 等利用 LIX84I 从氨性体系中萃取铜，Z. Lazarova 等研究了 LIX84I、LIX65N 从硝酸盐体系中萃取铜。

2）醛肟类

醛肟类萃取剂包括 LIX860、LIX860N、P50 等，具有传质速度快、萃取能力高的优点，但缺点亦很明显，如反萃困难、化学稳定性较酮肟类差，通常需结合改性剂使用。这方面的研究有，J. Simpson 等利用 LIX860 从含 Cu^{2+}、Fe^{3+} 的酸性体系中萃取铜，C. Araneda 等利用 LIX860 N - IC 从酸性体系中萃取铜，M. Yamada 等利用 P50 从油 - 水界面中萃取铜。

3）混合萃取剂

由于单一萃取剂存在某些不可避免的缺陷，故常混合使用两种或两种以上的萃取剂。这类萃取剂兼具酮肟类的萃取性能与醛肟类的反萃性能，即协同萃取作用，包含有 LIX64N（LIX65N + LIX63）、LIX864（LIX64N + LIX860）、LIX973（LIX84 + LIX860）、LIX984（LIX860 + LIX84）、LIX984N（LIX860N + LIX84）等。这类研究较多，如 B. D. Pandey 等利用 LIX64N 从氨性体系中萃取铜。H. Eccles 等从氯离子体系和硫酸盐体系中萃取铜，李立清等利用 LIX984 从含有 Ni^{2+}、Cu^{2+} 的溶液中萃取铜、镍。B. Xiao 等从含有 Cu^{2+}、Co^{2+} 的硫酸盐体系中萃取铜。

4）其他萃取剂

除上述常用的萃取剂外，还有 8 - 羟基喹啉及其衍生物类（如 LIX26、LIX34 等）及 β - 二酮类（如 LIX54、XI51 等）。前者因其反萃性能差，成本高等因素，至今未能得到大规模开发和应用。后者性能优异，尤其适合在氨性体系中萃取铜、镍等金属，具有萃取性能优异、负载容量大、黏度小、不萃氨等优点。国产比较出色的铜萃取剂有北京矿冶研究总院开发的 BK992 与 LK – C2，目前已具备工业化规模。

3.2　硫酸铵法清洁、高效综合利用镍锍

3.2.1　原料分析

表 3 – 1 为镍锍的成分分析结果，图 3 – 1 为镍锍的 XRD 图谱和 SEM 照片。

表 3 – 1　镍锍的主要成分　　　　　　　　　　　　　　　　%

O	S	Fe	Ni	Cu	Co	Si	Mg
31.4	23.9	20.3	14.3	9.7	0.3	0.1	0.04

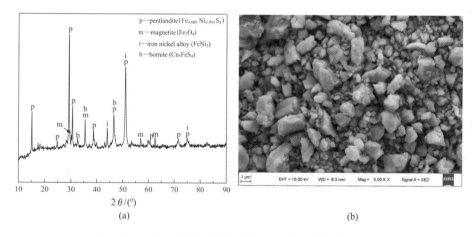

图 3 – 1　镍锍的 XRD 图(a)和 SEM 照片(b)

3.2.2　化工原料

硫酸铵法处理镍锍所用的化工原料主要有浓硫酸、硫酸铵、氢氧化钠、碳酸氢铵、碳酸钙等。

①浓硫酸(工业级)。

②硫酸铵(工业级)。

③碳酸氢铵(工业级)。

④氢氧化钠(工业级)。

⑤碳酸钙(工业级)。

3.2.3 硫酸铵法工艺流程

将磨细的镍锍与硫酸铵、硫酸钠混合焙烧,镍锍中的镍、铜、钴、铁与硫酸反应生成可溶性的硫酸盐,二氧化硅不参加反应。焙烧烟气经除尘后硫酸吸收制取硫酸铵,返回混料。二段焙烧过程中,可溶性铁盐分解转化为不溶于水的氧化铁,其他可溶性盐不分解。焙烧熟料加水溶出后过滤,二氧化硅与硫酸盐分离,得到硅渣和滤液。滤液主要含硫酸镍、硫酸铜、硫酸钴、硫酸铁。向滤液中加碳酸氢铵调节溶液的 pH 使铁沉淀,过滤后滤渣为氢氧化铁,用于制备氧化铁炼铁材料。滤液用 LIX984 萃取剂萃取铜,有机相经硫酸反萃后电积,得到金属铜。向溶液中加入硫化钠,镍成为硫化镍沉淀,用于炼镍。向溶液中加氨,镁成为氢氧化镁沉淀,过滤得到氢氧化镁产品,剩下的硫酸钠溶液蒸发结晶得到硫酸钠制备硫化钠产品。其工艺流程图见图 3-2。

3.2.4 工序介绍

1)干燥磨细

闪速熔炼得到的低冰镍为块状,破碎后,干燥使物料含水量小于 5%。将干燥后的精矿粉磨细至粒度小于 80 μm。

2)混料

将镍铜的低冰镍与硫酸铵混合均匀。低冰镍与硫酸铵的比例为:低冰镍中的铁、镍、镁同按与硫酸铵完全反应所消耗的硫酸铵物质的量计为 1,硫酸过量 20%~30%,并配入硫酸铵量 10% 的硫酸钠。

3)焙烧

将混好的物料在 450~550℃ 中焙烧 3 h,再于 650~680℃ 下焙烧 2 h。焙烧产生的 SO_3、NH_3 和 H_2O 降温冷却得到硫酸铵固体,过量的氨回收用于除杂、沉镁,硫酸铵返回焙烧工序,循环利用。排放的尾气达到国家环保标准。发生的主要化学反应有:

$$(NH_4)_2SO_4 \xrightarrow{207\sim274℃} NH_4HSO_4 + NH_3(g)$$

$$NH_4HSO_4 \xrightarrow{274\sim374℃} NH_3(g) + SO_3(g) + H_2O(g)$$

$$Na_2SO_4 + SO_3(g) \longrightarrow Na_2S_2O_7$$

$$4CuFeS_2 + 8(NH_4)_2SO_4 + 17O_2(g) \longrightarrow 4(NH_4)_2Cu(SO_4)_2 + 4NH_4Fe(SO_4)_2 + 4NH_3(g) + 2H_2O(g)$$

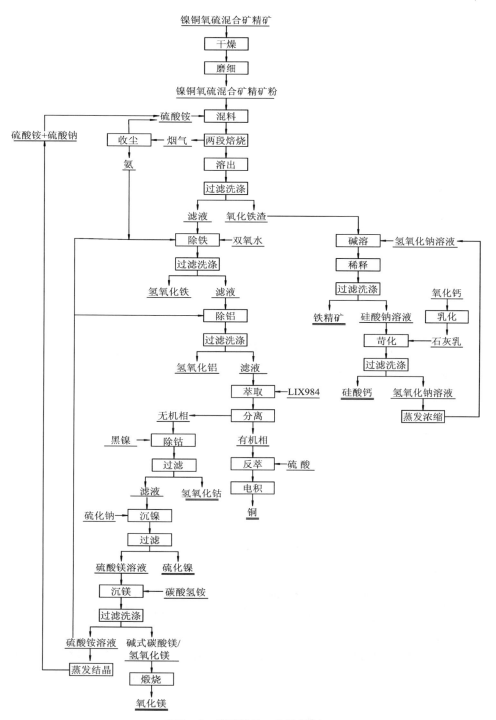

图 3-2　硫酸铵法工艺流程图

$$2CuFeS_2 + 21NH_4HSO_4 \longrightarrow 2(NH_4)_2Cu(SO_4)_2 +$$
$$2NH_4Fe(SO_4)_2 + 15NH_3(g) + 17SO_2(g) + 18H_2O(g)$$

$$4CuFeS_2 + 6Na_2S_2O_7 + 15O_2(g) \longrightarrow 4CuSO_4 + 4Na_3Fe(SO_4)_3 + 4SO_2(g)$$

$$4(Fe,Ni)_9S_8 + 112(NH_4)_2SO_4 + 93O_2(g) \longrightarrow 36(NH_4)_2Ni(SO_4)_2 +$$
$$36NH_4Fe(SO_4)_2 + 58NH_3(g) + 116H_2O(g)$$

$$2(Fe,Ni)_9S_8 + 149NH_4HSO_4 \longrightarrow 18(NH_4)_2Ni(SO_4)_2 +$$
$$18NH_4Fe(SO_4)_2 + 95NH_3(g) + 122H_2O(g) + 93SO_2(g)$$

$$2(Fe,Ni)_9S_8 + 27Na_2S_2O_7 + 95SO_3(g) \longrightarrow 18NiSO_4 + 18Na_3Fe(SO_4)_3 + 93SO_2(g)$$

$$2SO_2(g) + O_2(g) \longrightarrow 2SO_3(g)$$

$$(NH_4)_2Cu(SO_4)_2 \xrightarrow{220\sim405℃} CuSO_4 + 2NH_3(g) + SO_3(g) + H_2O(g)$$

$$(NH_4)_2Ni(SO_4)_2 \xrightarrow{278\sim460℃} NiSO_4 + 2NH_3(g) + SO_3(g) + H_2O(g)$$

$$2NH_4Fe(SO_4)_2 \xrightarrow{440\sim521℃} Fe_2(SO_4)_3 + 2NH_3(g) + SO_3(g) + H_2O(g)$$

$$Mg_3Si_2O_5(OH)_4 + 6(NH_4)_2SO_4 \longrightarrow 3(NH_4)_2Mg(SO_4)_2 + 2SiO_2 + 5H_2O(g) + 6NH_3(g)$$

$$Mg_3Si_2O_5(OH)_4 + 6NH_4HSO_4 \longrightarrow 3(NH_4)_2Mg(SO_4)_2 + 5H_2O(g) + 2SiO_2$$

$$Mg_3Si_2O_5(OH)_4 + 3Na_2S_2O_7 \longrightarrow 3MgSO_4 + 3Na_2SO_4 + 2SiO_2 + 2H_2O(g)$$

$$2FeS_2 + (NH_4)_2SO_4 + O_2(g) \longrightarrow NH_4Fe(SO_4)_2 + SO_2(g)$$

$$4FeS_2 + 6Na_2S_2O_7 + 11O_2(g) \longrightarrow 4Na_3Fe(SO_4)_3 + 8SO_2(g)$$

$$MgFe_2O_4 + 4Na_2S_2O_7 \longrightarrow NaMgFe(SO_4)_3 + Na_3Fe(SO_4)_3 + 2Na_2SO_4$$

$$Fe_2(SO_4)_3 + 3Na_2SO_4 \longrightarrow 2Na_3Fe(SO_4)_3$$

$$2Mg_3Si_4O_{10}(OH)_2 + 6Na_2S_2O_7 + 3Fe_2(SO_4)_3 \longrightarrow 6NaMgFe(SO_4)_3 + 3Na_2SO_4 +$$
$$8SiO_2 + 2H_2O(g)$$

$$Na_3Fe(SO_4)_3 \xrightarrow{500\sim650℃} Fe_2O_3 + Na_2SO_4 + SO_3(g)$$

$$CuSO_4 \longrightarrow CuO + SO_3(g)$$

焙烧尾气冷凝吸收过程发生的反应为：
$$2NH_3 + H_2O + SO_3 =\!=\!= (NH_4)_2SO_4$$

4）溶出

焙烧熟料趁热加水溶出，溶出液固比为 4∶1，溶出温度为 60～80℃，溶出时间为 1 h。铜、镍和镁的可溶性硫酸盐进入溶液，二氧化硅与氧化铁不溶于水。

5）过滤

将熟料溶出后的浆液过滤，得到滤渣和溶出液。硅渣主要为氧化铁，含少量二氧化硅，磁选分离氧化铁与二氧化硅。二氧化硅碱溶后苛化制备硅酸钙。

6) 沉铁铝

保持溶液温度在 40℃以下，向溶出液中加入双氧水将二价铁离子氧化成三价铁离子。保持溶液温度在 40℃以下，向滤液中加入氨，调节溶液的 pH 大于 3，使铁生成羟基氧化铁沉淀，过滤后的羟基氧化铁作为炼铁原料。

向滤液中加氨调节 pH 至 5.1，溶液中的铝生成氢氧化铝沉淀，过滤得到滤液和滤渣，滤渣为氢氧化铝，用于制备氧化铝。发生的主要化学反应为：

$$2Fe^{2+} + H_2O_2 + 2H^+ === 2Fe^{3+} + 2H_2O$$

$$Fe_2(SO_4)_3 + 6NH_3 \cdot H_2O === 2FeOOH \downarrow + 3(NH_4)_2SO_4 + 2H_2O$$

$$Al^{3+} + 3H_2O === Al(OH)_3 \downarrow + 3H^+$$

7) 萃铜

采用 X984 萃取除铁后滤液中的铜，萃后液送沉镍，萃取液用硫酸反萃得到硫酸铜溶液，蒸发结晶得到硫酸铜产品，也可以电积制备金属铜。发生的主要化学反应为：

$$Cu^{2+} + 2e^- === Cu$$

8) 沉钴

控制温度萃铜后的溶液温度为 60~80℃，加入黑镍(NiOOH)使溶液中钴形成氢氧化钴沉淀(CoOOH)，过滤得到滤液和滤渣，滤渣为氢氧化钴，用于制备钴盐。

发生的主要化学反应为：

$$NiOOH + Co^{2+} === CoOOH \downarrow + Ni^{2+}$$

9) 沉镍

向沉钴后的溶液中加入硫化钠，温度保持在 60~90℃，pH 为 7，生成硫化镍沉淀，过滤后得到硫化镍产品。发生的主要化学反应为：

$$NiSO_4 + Na_2S === NiS \downarrow + Na_2SO_4$$

10) 沉镁

沉镍后的硫酸镁溶液采用两种方法沉镁。

①向沉镍后的硫酸镁溶液中加入氨，在 40~60℃搅拌、反应，调节溶液 pH 至 11，生成氢氧化镁沉淀，过滤，滤渣干燥为氢氧化镁产品。发生的主要化学反应为：

$$MgSO_4 + 2NH_3 + 2H_2O === Mg(OH)_2 \downarrow + (NH_4)_2SO_4$$

②向沉镍后的硫酸镁溶液中加入碳酸氢铵，在 60~80℃反应，生成碱式碳酸镁沉淀。过滤分离，滤渣经洗涤、干燥为碱式碳酸镁产品。滤液经蒸发结晶得到硫酸铵晶体，可做化肥。

沉镁过程发生的主要化学反应为：

$$MgSO_4 + 2NH_4HCO_3 == Mg(HCO_3)_2 + (NH_4)_2SO_4$$

$$5Mg(HCO_3)_2 == 4MgCO_3 \cdot Mg(OH)_2 \cdot 4H_2O \downarrow + 6CO_2 \uparrow$$

$$2NH_3HCO_3 + H_2SO_4 == (NH_4)_2SO_4 + H_2O + CO_2 \uparrow$$

11）煅烧

将氢氧化镁和碱式碳酸镁煅烧制备氧化镁。发生的主要化学反应为：

$$4MgCO_3 \cdot Mg(OH)_2 \cdot 4H_2O == 5MgO + 4CO_2 \uparrow + 5H_2O \uparrow$$

$$Mg(OH)_2 == MgO + H_2O \uparrow$$

12）碱浸

将硅渣加入氢氧化钠溶液中，在常压下搅拌并升温，温度达到120℃反应剧烈，浆料温度自行升到130℃，反应强度减弱后向溶液中加入热水进行稀释，稀释后的浆液温度为80℃，搅拌后进行固液分离。滤渣为石英粉，滤液为硅酸钠溶液。发生的主要化学反应为：

$$SiO_2 + 2NaOH == Na_2SiO_3 + H_2O$$

13）石灰乳化

将石灰和水按液固比7:1进行混合乳化，得到石灰乳。发生的主要化学反应为：

$$CaO + H_2O == Ca(OH)_2$$

14）苛化

将硅酸钠溶液和石灰乳混合，控制温度在90℃以上，反应时间为2 h。固液分离得到硅酸钙和氢氧化钠溶液。氢氧化钠溶液蒸发浓缩后送碱浸工序。发生的主要化学反应为：

$$Na_2SiO_3 + Ca(OH)_2 == CaSiO_3 \downarrow + 2NaOH$$

15）硫酸钠还原

将硫酸钠配和碳，添加催化剂，控制温度在800℃，反应时间为2 h。焙烧物料加水溶出、过滤分离，得到硫化钠溶液和固体渣，硫化钠溶液蒸浓至硫化钠质量分数58%~62%，冷却结晶即得工业级硫化钠。余下固体渣可做建材。

也可以采用CO和H_2还原硫酸钠，添加催化剂，控制温度在600~650℃，反应时间为2 h，即得高纯硫化钠晶体。发生的主要化学反应为：

$$Na_2SO_4 + 4C == Na_2S + 4CO$$

$$Na_2SO_4 + 2C == Na_2S + 2CO_2$$

$$Na_2SO_4 + 4CO == Na_2S + 4CO_2$$

$$Na_2SO_4 + 4H_2 == Na_2S + 4H_2O$$

3.2.5　主要设备

硫酸铵法工艺的主要设备见表 3 - 2。

表 3 - 2　硫酸铵法工艺的主要设备

工序名称	设备名称	备注
磨矿工序	回转干燥窑	干法
	煤气发生炉	干法
	颚式破碎机	干法
	粉磨机	干法
混料工序	犁刀双辊混料机	
焙烧工序	回转焙烧窑	
	除尘器	
	烟气净化回收系统	
溶出工序	溶出槽	耐酸、连续
	带式过滤机	连续
除杂工序	除铁槽	耐酸、加热
	高位槽	
	板框过滤机	非连续
	除铝槽	耐酸
	高位槽	
	板框过滤机	非连续
萃铜工序	萃取槽	耐蚀
	萃取液高位槽	
	反萃槽	耐蚀
	硫酸高位槽	连续
电积	高位槽	
	电积槽	

续表 3 – 2

工序名称	设备名称	备注
沉钴工序	高位槽	耐蚀
	沉钴槽	
	板框过滤机	非连续
沉镍工序	高位槽	耐蚀
	沉镍槽	
	板框过滤机	非连续
沉镁工序	沉镁槽	耐碱、加热
	氨高位槽	加液
	供氨系统	
	计量给料机	加固
	平盘过滤机	连续
镁煅烧工序	干燥器	
	煅烧炉	
	除尘器	
储液区	酸式储液槽	
	碱式储液槽	
蒸发结晶工序	三效循环蒸发器	
	五效循环蒸发器	
	冷凝水塔	
碱浸工序	碱浸出槽	耐碱、加热
	稀释槽	耐碱、加热
	平盘过滤机	连续
氧化钙乳化工序	生石灰乳化机	
苛化工序	硅酸钠苛化槽	耐碱、加热
	平盘过滤机	连续

3.2.6　设备连接图

硫酸铵法工艺的设备连接图如图 3 - 3 所示。

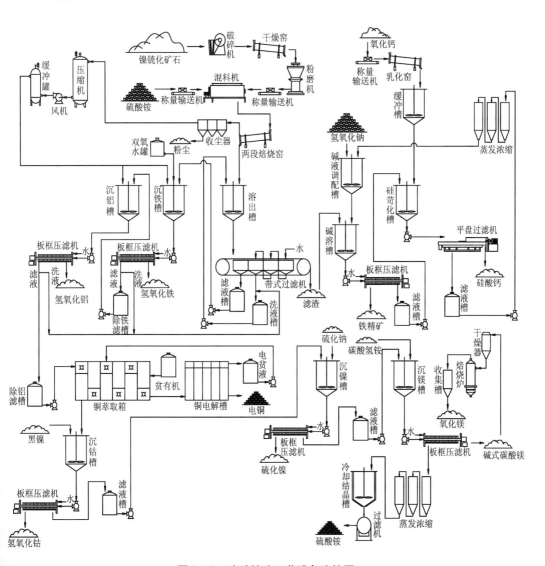

图 3 - 3　硫酸铵法工艺设备连接图

3.3 产品

硫酸铵法处理镍锍得到的主要产品有硫化镍、氢氧化镁、碱式碳酸镁、氢氧化铁、氢氧化铝、铁精矿、硅酸钙等。

产品表征见第2章产品部分。

3.4 环境保护

3.4.1 主要污染源和主要污染物

(1)烟气
①硫酸铵焙烧烟气中的主要污染物是粉尘、SO_3 和 NH_3。
②燃气锅炉中的主要污染物是粉尘和 CO_2。
③镍锍储存、破碎、磨细、筛分、输送等产生的粉尘。
(2)水
①生产过程中的水实现循环使用,无废水排放。
②生产排水为软水制备工艺排水,水质未被污染。
(3)固体
①镍锍中的硅制成的白炭黑、硅酸钙、硅微粉。
②镍锍中的镍制成的硫化镍产品。
③镍锍中的铜制成的金属铜产品。
④镍锍中的钴制成的金属钴产品。
⑤镍锍中的铁制成的氧化铁产品。
⑥镍锍中的铝制成的氧化铝产品。
⑦镍锍中的镁制成的碱式碳酸镁或氢氧化镁产品。
⑧硫酸钠、硫酸铵溶液蒸浓结晶得到的硫酸铵和硫酸钠,循环使用。
生产过程无废渣排放。

3.4.2 污染治理措施

1)焙烧烟气
焙烧烟气经旋风、重力、布袋除尘,粉尘返回混料。硫酸铵焙烧产生的 NH_3、SO_3 经冷却得到硫酸铵固体,过量 NH_3 回收用于沉镁。尾气经吸收塔净化后排放,满足《工业炉窑大气污染物排放标准》(GB 9078—1996)的要求。

2）通风除尘

产生粉尘设备均带收尘装置。

扬尘：全厂扬尘点、均实行设备密闭罩集气、机械排风、高效布袋除尘器集中除尘，系统除尘效率均在 99.9% 以上。

烟尘：窑炉等烟气除尘系统收集的烟尘全部返回系统再利用。

3）废水治理

需要水源提供新水，生产用水循环，全厂水循环利用率为 90% 以上。

各工序产生的废水采用不同方法处理，以实现全厂废水"零"排放。蒸浓结晶工序冷凝水循环使用和二次利用。

4）废渣治理

整个生产过程中，镍铜氧硫混合矿、精矿中的主要组分硅、镁、铁、铝、镍和铜均制备成产品，无废渣产生；低冰镍中的镍、铜、铁和钴均制备成产品，无废渣产生。

5）噪声治理

本工程的噪声主要由机械动力、流体动力产生。工程设计对高噪声设备采取了消声、隔声、基础减振等措施进行处理。

6）绿化

绿化在防治污染、保护和改善环境方面起到特殊的作用，是环境保护的有机组成部分。绿色植物不仅能美化环境，还具有吸附粉尘、净化空气、减弱噪声、改善小气候等作用。因此本工程设计中对绿化予以了充分重视，通过提高绿化系数改善厂区及附近地区的环境条件，设计厂区绿化占地率不小于 20%。

3.5　结语

镍锍是难处理复杂资源，作为镍火法硫化冶炼的产物，其综合利用研究具有长远意义。本工艺火法与湿法相结合，实现了镍锍中有价组元镍、镁、铜、铁、硅等都分离提取，加工成产品，化工原料硫酸铵和氢氧化钠循环利用。过程中无废气、废水、废渣的排放，符合发展循环经济、建设资源节约型和环境友好型社会的要求；为镍锍的开发和综合利用提供了有价值的工艺路线，并为其他低品位、难处理矿物资源的综合利用提供了新的开发思路。

参考文献

[1] 崔富晖. 镍铜氧硫混合矿、精矿和低冰镍中有价金属提取与分离的工艺及理论研究[D]. 沈阳：东北大学，2018.

［2］ Cui F H, Mu W N, Wang S, et al. Controllable phase transformation in extracting valuable metals from Chinese low – grade nickel sulphide ore［J］. JOM – US, 2017, 69(10): 1925 –1931.

［3］ Cui F H, Mu W N, Wang S, et al. Synchronous extractions of nickel, copper, and cobalt by selective chlorinating roasting and water leaching to low – grade nickel – copper matte［J］. Separation and Purification Technology, 2018, 195: 149 –162.

［4］ Cui F H, Mu W N, Wang S, et al. A sustainable and selective roasting and water – leaching process to simultaneously extract valuable metals from low – grade Ni – Cu matte［J］. JOM – US, 2018: 1 –8.

［5］ Cui F H, Mu W N, Wang S, et al. Sodium sulfate activation mechanism on co-sulfating roasting to nickel-copper sulfide concentrate in metal extractions, microtopography and kinetics［J］. Minerals Engineering, 2018, 123: 104 –116.

［6］ 崔富晖, 牟文宁, 顾兴利, 等. 铜镍氧硫混合矿焙烧 – 浸出过程铜、镍、铁的转化［J］. 中国有色金属学报, 2017, 27(7): 1471 –1478.

［7］ Mu W N, Cui F H, Huang Z P, et al. Synchronous extraction of nickel and copper from a mixed oxide – sulfide nickel ore in a low – temperature roasting system［J］. Journal of Cleaner Production, 2017 , 177: 371 –377.

［8］ Mu W N, Lu X Y, Cui F H, et al. Transformation and leaching kinetics of silicon from low – grade nickel laterite ore by pre – roasting and alkaline leaching process［J］. Transactions of Nonferrous Metals Society of China, 2018, 28(1): 169 –176.

［9］ Fan C L, Li B C, Yan F, et al. Kinetics of acid – oxygen leaching of low – sulfur Ni – Cu matte at atmospheric pressure［J］. Transactions of Nonferrous Metals Society of China, 2010, 20(6): 1166 –1170.

［10］ Schalkwyk R V, Eksteen J, Petersen J, et al. An experimental evaluation of the leaching kinetics of PGM – containing Ni—Cu—Fe—S Peirce Smith converter matte, under atmospheric leach conditions［J］. Minerals Engineering, 2011, 24(6): 524 –534.

［11］ Schalkwyk R V, Eksteen J, Akdogan G. Leaching of Ni—Cu—Fe—S converter matte at varying iron endpoints, mineralogical changes and behaviour of Ir, Rh and Ru［J］. Hydrometallurgy, 2013, 136: 36 –45.

［12］ Chen G J, Gao J M, Zhang M, et al. Efficient and selective recovery of Ni, Cu, and Co from low – nickel matte via a hydrometallurgical process［J］. International Journal of Minerals, Metallurgy and Materials, 2017, 24(3): 249 –256.

［13］ 尹飞, 王振文, 王成彦, 等. 低冰镍加压酸浸工艺研究［J］. 矿冶, 2009, 18(4): 35 –37.

［14］ 沈明伟, 冀成庆, 朱昌洛, 等. 低冰镍氧压水浸试验研究［J］. 云南冶金, 2012, 41(3): 32 –34.

［15］ Karimov K, Kritskii A, Elfimova L, et al. High – temperature sulfuric acid converter matte pressure leaching［J］. Metallurgist, 2015, 59(7 –8): 723 –726.

［16］ Dorfling C, Akdogan G, Bradshaw S, et al. Determination of the relative leaching kinetics of Cu、Rh、Ru and Ir during the sulphuric acid pressure leaching of leach residue derived from

Ni—Cu converter matte enriched in platinum group metals[J]. Minerals Engineering, 2011, 24(6): 583 – 589.

[17] Rademan J, Lorenzen L, Van Deventer J. The leaching characteristics of Ni—Cu matte in the acid-oxygen pressure leach process at Impala Platinum[J]. Hydrometallurgy, 1999, 52(3): 231 – 252.

[18] Park K H, Mohapatra D, Reddy B R, et al. A study on the oxidative ammonia/ammonium sulphate leaching of a complex (Cu-Ni-Co-Fe) matte [J]. Hydrometallurgy, 2007, 86 (3): 164 – 171.

[19] Park K H, Mohapatra D, Reddy B R. A study on the acidified ferric chloride leaching of a complex (Cu-Ni-Co-Fe) matte [J]. Separation and Purification Technology, 2006, 51 (3): 332 – 337.

[20] Kshumaneva E, Kasikov A, Kuznetsov V Y, et al. Leaching of copper – nickel matte in the Cu (Ⅱ)-Cl-HCl-Cl$_2$ system at controlled redox potential of solution [J]. Russian Journal of Applied Chemistry, 2015, 88(5): 724 – 732.

[21] Christie P, Lakshmanan V, Lawson G. The behaviour of Lix63 in the extraction of Cu(Ⅱ) and Fe(Ⅲ) from Chloride Media[J]. Hydrometallurgy, 1976, 2(2): 105 – 115.

[22] Sengupta B, Bhakhar M S, Sengupta R. Extraction of copper from ammoniacal solutions into emulsion liquid membranes using LIX 84[J]. Hydrometallurgy, 2007, 89(3): 311 – 318.

[23] Lazarova Z, Lazarova M. Solvent extraction of copper from nitrate media with chelating LIX - reagents: Comparative equilibrium study[J]. Solvent Extraction and Ion Exchange, 2005, 23 (5): 695 – 711.

[24] Simpson J, Navarro P, Alguacil F. Iron(Ⅲ) extraction by LIX 860 and its influence on copper (Ⅱ) extraction from sulphuric solutions[J]. Hydrometallurgy, 1996, 42(1): 13 – 20.

[25] Araneda C, Basualto C, Sapag J, et al. Uptake of copper(Ⅱ) ions from acidic aqueous solutions using a continuous column packed with microcapsules containing a β – hydroxyoximic compound[J]. Chemical Engineering Research and Design, 2011, 89(12): 2761 – 2769.

[26] Yamada M, Perera J M, Grieser F, et al. A kinetic study of copper ion extraction by P50 at the oil – water interface[J]. Analytical Sciences, 1998, 14(1): 225 – 229.

[27] Pandey B D, Kumar V, Bagchi D, et al. Extraction of nickel and copper from the ammoniacal leach solution of sea nodules by LIX 64N[J]. Industrial and Engineering Chemistry Research, 1989, 28(11): 1664 – 1669.

[28] Whewell R, Hughes M. The modelling of equilibrium data for the liquid – liquid extraction of metals part Ⅲ: An improved chemical model for the copper/LIX 64N system [J]. Hydrometallurgy, 1979, 4(2): 109 – 124.

[29] Campderros M, Acosta A, Marchese J. Selective separation of copper with LIX864 in a hollow fiber module[J]. Talanta, 1998, 47(1): 19 – 24.

[30] Barik S, Park K, Parhi P, et al. Separation and recovery of molybdenum from acidic solution using LIX 973 N[J]. Separation Science and Technology, 2014, 49(5): 647 – 655.

[31] De San Miguel E R, Aguilar J, Bernal J, et al. Extraction of Cu (Ⅱ), Fe (Ⅲ), Ga (Ⅲ), Ni (Ⅱ), In (Ⅲ), Co (Ⅱ), Zn (Ⅱ) and Pb (Ⅱ) with LIX984 dissolved in n – Heptane [J]. Hydrometallurgy, 1997, 47(1): 19 – 30.

[32] Balesini A, Zakeri A, Razavizadeh H, et al. Nickel solvent extraction from cold purification filter cakes of Angouran mine concentrate using LIX984N [J]. International Journal of Minerals, Metallurgy and Materials, 2013, 20(11): 1029 – 1034.

[33] Eccles H, Lawson G, Rawlence D. The extraction of copper(Ⅱ) and iron(Ⅲ) from chloride and sulphate solutions with LIX 64N in kerosene[J]. Hydrometallurgy, 1976, 1(4): 349 – 359.

[34] Li L Q, Zhong H. Separation and recovery of copper (Ⅱ), nickel (Ⅱ) from simulated plating wastewater by solvent extraction using Lix984[C]. Advanced Materials Research, 2012: 252 – 259.

[35] Xiao B Q, Jiang F, Peng J H, et al. Optimization study of operation parameters for extracting Cu^{2+} from sulfuric solution containing Co^{2+} with LIX984N in a laminar microchip[J]. Arabian Journal for Science and Engineering: 1 – 9.

[36] Alguacil F, Alonso M. The effect of ammonium sulphate and ammonia on the liquid-liquid extraction of zinc using LIX54[J]. Hydrometallurgy, 1999, 53(2): 203 – 209.

[37] Gameiro M L F, Ismael M R C, Reis M T A, et al. Recovery of copper from ammoniacal medium using liquid membranes with LIX54 [J]. Separation and Purification Technology, 2008, 63(2): 287 – 296.

第 4 章　氧化锌矿碱法
清洁、高效综合利用

4.1　概述

锌为白色且略带蓝灰色，断面具有光泽的一种重要有色金属，化学符号 Zn，第 ⅡB 族元素，原子序数 30，原子量 65.409，电子层结构为 $3d^{10}4s^2$，化合价 +2。燃烧时，产生蓝绿色火焰。锌的密度为 7.14 g/cm^3，锌的熔点为 419.58℃，沸点为 906℃。锌用量仅次于铝、铜，在国民经济和国防工业中占有重要地位。锌是钢材构件的良好防护材料和优良合金材料，在轻工业中也有大量应用。其化合物众多，重要的化合物之一氧化锌，在电子光学、玻璃陶瓷、橡胶、涂料、医药等行业占有重要地位；氧化锌还是性能优良的吸波材料和光催化材料，在国防工业和工业废水处理领域扮演着重要角色。

我国是最早进行锌冶炼的国家，并将锌冶炼方法传到了欧洲。在 15 世纪，欧洲已有一定的锌冶炼规模。目前，锌冶炼比较发达的国家有加拿大、日本、美国、俄罗斯、比利时、澳大利亚等。我国的锌冶炼在新中国成立后迅速发展起来。新中国成立后初期，国家对湖南水口山矿务局、东北沈阳冶炼厂和葫芦岛锌厂进行技术改造。此后，又相继建立了株洲冶炼厂、西北冶炼厂、韶关冶炼厂等一批炼锌厂。目前，中国已成为世界第一大产锌和耗锌大国。

4.1.1　资源概况

自然界中有 50 多种含锌矿物，但只有少数能作为冶炼原料并具有生产价值，常见的有闪锌矿（ZnS）、菱锌矿（$ZnCO_3$）、水锌矿[$2ZnCO_3 \cdot 3Zn(OH)_2$]、异极矿[$Zn_4(Si_2O_7)(OH)_2 \cdot H_2O$]、硅锌矿（$Zn_2SiO_4$）等。

按原矿石中所含的矿物种类，锌矿可分为硫化矿和氧化矿两类。锌硫化矿中的主要矿物是闪锌矿（ZnS）和高铁闪锌矿（$nZnS \cdot mFeS$）；锌的硫化矿经选矿后得到硫化锌精矿。硫化矿易于选矿富集，目标金属品位高，一般可达 40%～60%，且易于火法工艺处理，因而，锌的生产以处理硫化矿为主。多年来随着硫化锌矿资源的日渐枯竭，锌已经成为我国静态保障年限最低的有色金属，氧化锌矿的开发利用越来越受到人们的重视。

氧化锌矿主要以菱锌矿($ZnCO_3$)、异极锌矿$[Zn_4Si_2O_7(OH)_2 \cdot 2H_2O]$和硅锌矿($Zn_2SiO_4$)为主,其他还有少量的红锌矿、水锌矿等。

锌主要以硫化物形态存在于自然界,氧化物形态为其次,氧化锌矿是硫化锌矿长期风化的结果,故氧化锌矿常与硫化锌矿伴生。但是也有大型独立的氧化锌矿,如泰国的 Padaeng 矿、巴西的 Vazante 矿、澳大利亚的 Beltan 矿、伊朗的 Angouan 矿等。氧化锌矿在自然界的形成过程大致如下:

硫化锌(闪锌矿)——→硫酸锌——→碳酸锌(菱锌矿)——→硅酸锌(硅锌矿)——→水化硅酸锌(异极矿)

世界范围内的铅锌资源是丰富的,全球大陆已知铅锌资源除南极洲外,其他六大洲50余个国家和地区均有分布。据统计,2010年所探明的储量约达2.48亿t,主要分布在澳大利亚、秘鲁、美国、哈萨克斯坦、中国、墨西哥和加拿大等国家,储量约占世界储量的54%。表4-1给出了2010年全球主要锌资源国家的储量分布。

表4-1　世界锌储量分布

国家地区	储量/10^4t	占世界储量/%	储量基础/10^4t	占世界储量基础/%
澳大利亚	4200	23.3	10000	20.8
中国	3300	18.3	9200	19.2
秘鲁	1800	10.0	2300	4.8
美国	1400	7.8	9000	18.8
哈萨克斯坦	1400	7.8	3500	7.3
加拿大	500	2.8	3000	6.3
墨西哥	700	3.9	2500	5.2
其他	4900	27.2	8700	18.1
世界总计	18200	100	48000	100

我国的锌资源丰富,地质储量居世界第二位,资源分布广泛,遍及全国各省、自治区。目前全国已探明的锌矿床有778处。我国锌资源的总体特征是富矿少、低品位矿多、大型矿少、中小型矿多、开采难度较大。

目前我国的锌资源得到了较好的开发。由于我国炼锌成本低于世界平均水平,有盈利的空间,因此国内各大冶炼厂都提高生产能力,扩大规模。2002—2003年上半年全国停产的冶炼能力大约为23.2万t,新增冶炼能力39万t,全国净增加产能15.8万t,2005年国内新增冶炼产能比较多,大约有38万t。2007年我国锌产量为374万t,2008年为390万t左右。我国近年来的锌产量见表4-2。

表 4 - 2　我国的锌产量

年份	2002	2005	2008	2012	2014	2015	2016	2017
锌产量/万 t	216	274	390	485	583	616	627	670

随着数十年生产能力的提升，国内锌精矿消耗巨大，而铅锌矿已开采多年，产量难以提高，远达不到我国锌冶炼的发展速度。国内大的铅锌矿山如：凡口铅锌矿、黄沙坪铅锌矿、水口山铅锌矿等产量难以维持，品位也在降低。据统计，我国的铅锌储量中已开发的占 54.54%，而未开发利用的矿床中，大量是在偏远地区。2005 年国内铅锌矿山投资虽然有较大幅度增长，但投资总额和增长幅度仍远比不上冶炼业，精矿供应继续紧张，精矿价格持续上涨。2008 年全年我国生产锌精矿 318 万 t 左右，比 2007 年下降了 1.9% 左右。我国铅锌行业所面临的无矿可采与原料供应短缺的矛盾已日益突出。表 4 - 3 为中国锌金属可采量的需求比例。

表 4 - 3　中国锌金属可采量需求预测

时间/年	金属需求量/10^4 t	采储比	可采储量/10^4 t
1996—2000	408	1:2	813
2000—2010	1058	1:2	2116
2010—2020	1411	1:2	2822
合计	2877	—	5751

随着锌产量的不断增大，硫化矿物在不断减少，产品需求的增加和原料供应日益紧张的矛盾越来越突出，在保证不影响需求和质量的情况下尽可能地寻找和开采利用硫化矿物的替代品已势在必行。而在自然界中，锌往往以硫化矿物和氧化矿物的形态存在。因此氧化矿物必然成为炼锌的另一原料来源。

氧化锌矿是锌的次生矿，是一类重要的含锌矿物。主要以菱锌矿（$ZnCO_3$）、异极矿[$Zn_4(Si_2O_7)(OH)_2 \cdot H_2O$]、硅锌矿（$ZnSiO_4$）等形态存在，含有大量的金属杂质，如铅、铁、镉、铜等，其中的脉石矿物主要为方解石、白云石、石英、黏土等。氧化锌矿矿相复杂，不易选别。

我国的氧化锌矿资源储量十分丰富，分布集中，主要分布在西南和西北地区，如云南氧化锌矿物储量占了全国氧化锌矿资源的四分之一。其他省份，如甘肃、四川、广西、辽宁，也都拥有较多的氧化锌矿资源。其中，云南兰坪氧化铅锌矿是我国最大的铅锌矿床，在目前已发现的世界大型铅锌矿床中，兰坪铅锌矿名列第四位。

云南锌矿资源储量共 2028.93 万 t，居全国第一。中国在 1999 年底探明资源总量为 9212 万 t，资源量为 6047 万 t，基础储量为 3165 万 t。2002 年探明锌储量为 3300 万 t，锌储量基础为 9200 万。2003 年探明锌储量为 3600 万 t，储量基础仍然为 9200 万 t，储量增加度不大。

4.1.2 工业现状

含锌大于 30% 的氧化锌矿石可以采用现行的火法或湿法工艺处理，而储量最大的含锌在 20% 以下的中低品位氧化锌矿尚未得到合理开发利用。这主要是因为中低品位氧化锌矿物相复杂、相互掺杂伴生，嵌布粒度细、易泥化，选矿难度大、成本高。如果直接进入冶炼工序，利用难度大，回收率低。

相对于硫化锌矿，氧化锌矿锌品位较低，且矿相及成分复杂，含硅、钙较高，脉石相主要为方解石、白云石、石英、黏土、氧化铁等。大多以胶状、土状产出，矿物嵌布粒度细，易泥化，增加了选矿的难度。而矿石直接冶炼时，因品位低，回收利用的难度大，杂质相多且含量高，增加生产成本，并且环境压力大。因此，如何有效利用中低品位氧化锌矿是世界性难题。多年来，各国在中低品位氧化锌矿的利用方面开展了诸多研究，其冶炼方法主要可分为火法和湿法两类。

火法冶炼中低品位氧化锌矿物是在 1000~1200℃ 的高温条件下，采用还原剂（主要是煤、焦炭等）还原，使其中的氧化锌被还原成金属锌蒸气挥发出来进入烟气，再经冷凝得到粗锌。粗锌经浓硫酸浸出、除杂、电解得到电锌。火法冶炼工艺主要包括韦氏炉法、回转窑法、电炉法、金属浴熔融还原法等。高温还原设备主要有竖炉、回转炉、电炉、熔态还原炉等。现行的火法炼锌工艺普遍存在不足：工序多、工艺流程长，设备庞大、能耗高，回收率低，环境不友好，等等。

在能源日益紧张和环境保护要求日益严格的形势下，火法炼锌工艺逐渐被湿法炼锌工艺取代。湿法工艺处理低品位氧化锌矿可分为酸法和碱法两种，碱法又可分为氨法和氢氧化钠法。

酸法工艺处理氧化锌矿是研究较多、生产中应用也最为广泛的方法，主要包括浸出、净化、电积锌或转化制取其他锌产品等工序。酸法工艺主要有常压酸浸和加压酸浸，即采用硫酸浸出氧化锌矿石，再经净化除杂得到洁净的硫酸锌溶液，然后采用电积得到金属锌。酸法工艺存在的不足主要是：硫酸消耗量大；在浸出过程中二氧化硅易形成硅胶，造成矿浆过滤困难；铁、镁、铝都形成硫酸盐进入浸出液，为除去浸出液中的铁、镁、铝等杂质导致消耗增加；浆料对设备腐蚀严重，因而对设备要求高。而采用硝酸、盐酸产生的问题更多。

氧化锌是两性氧化物，既溶于酸，又与碱反应，锌离子还可与氨形成络合物。近年来，对于氧化锌矿及其他含锌物料的处理，氨浸法越来越受到重视。

　　氨法工艺利用锌离子与氨形成锌氨配合离子的特性，采用铵盐和添加氨 [(NH₄)₂CO₃、(NH₄)₂SO₄、NH₄Cl、NH₃·H₂O] 浸出氧化锌矿石，锌以锌氨配合离子进入溶液，从而与不和氨配合的铁、钙分离。主要包括碳酸铵法、硫酸铵法、氯化铵法等。碳酸铵法即"Schnabel"工艺，以氨和碳酸铵、碳酸氢铵为浸出剂，经浸出、锌粉净化、蒸氨后得到碱式碳酸锌，再经烘干、煅烧制备活性氧化锌粉。碳酸铵法具有生产成本低、伴生金属可回收、溶剂循环的优点，但产品单一；硫酸铵法以氨和硫酸铵为浸出剂，经浸出、净化、沉锌制备碱式碳酸锌，再经烘干、煅烧制得活性氧化锌粉，也可以电积制备电锌。该工艺简单、原料适应性强，适合处理低含量氧化锌矿及锌的二次物料。氯化铵法又称 MACA 法，以氨和氯化铵为浸出剂，经浸出、净化后电积制备电锌。该法具有浸出液杂质少、溶液中性、溶剂可循环、原料适应性强、制得的电锌纯度高的优点。但氯离子的富集对电解不利，阳极反应为析氯反应，氨耗大。氨法工艺流程短、除杂简单、溶剂循环、原料适应性强，但铵盐易析出结疤，工艺对设备要求高。

　　氢氧化钠法浸出氧化锌矿成本低、氢氧化钠可循环利用，避免了因形成硅胶造成的物料固液分离困难。在浸出锌的同时，铅和硅也被浸出。在电积中，Pb 比 Zn 优先析出，电解液中即便含有微量 Pb，也严重影响锌粉质量；碳酸化分解可以得到微细沉积样品，但 ZnO、SiO₂、PbO 共存。如何有效分离锌、铅、硅尚待优化。锌品位低时，氢氧化钠溶液浓度高，滤渣中含碱量高，造成锌浸出率高，但回收率低。

　　微生物浸出法尚处于实验室研究阶段，距离工业化还有一段距离。

　　此外，火法和湿法炼锌一般都仅着眼于提取金属锌，有的也回收了铅，而其他的有价组元得不到利用，只能成为废弃物排放。每生产 1 t 金属锌，随之产生数十吨的废弃物。提锌渣中富含铅、锶、硅等资源，堆放提锌废渣，既占用了土地，污染了环境，又浪费了资源。因而，充分合理地利用中低品位氧化锌矿，研究氧化锌矿中有价组元的综合利用，构建清洁、高效的综合利用中低品位氧化锌矿的新体系，对我国锌工业的可持续发展、对国民经济的发展和国防安全都具有重要意义。

4.1.3　工艺技术

　　锌的冶炼方法按其工艺流程特点主要分为火法和湿法两种。根据原料中矿物种类存在方式（硫化矿和氧化矿）的不同，冶炼方法也有所区别。目前锌矿的研究主要集中在选矿工艺、火法工艺和湿法工艺。

　　1）选矿工艺

　　对氧化锌矿选矿的目的是预先富集以提高精矿品位，降低冶炼成本。世界上有几十个国家开采和选别氧化锌矿石，主要是意大利、西班牙、德国、俄罗斯、波兰、美国和中国等。

氧化锌矿结构复杂，相互掺杂伴生，泥化状态严重，且含有一定量的可溶性盐、褐铁矿及黏土，这些杂质在浮选过程中容易变成很细的颗粒，形成大量的矿泥，干扰浮选的进行。因此，微细粒氧化锌矿物与脉石的有效分离是氧化锌矿选矿面临的最大难题。国外氧化锌矿的选别指标为：精矿品位36%～40%，回收率60%～70%，最高达78%；我国精矿含锌35%～38%，个别达40%，回收率平均68%左右，最高达73%。与国外相比，我国在氧化锌矿浮选方面还存在着较大的差距。因此，提高选矿指标、降低成本、提高经济效益是生产和科研亟待解决的课题之一。目前，氧化锌矿浮选研究主要集中在以下两个方面：①浮选药剂的研究；②浮选工艺的改进和新工艺的探索。

（1）浮选药剂研究

氧化锌矿的浮选药剂主要有捕收剂、调整剂、絮凝剂及起泡剂。

目前，常规浮选方法是通过捕收剂对硫化作用后的氧化锌矿进行捕收。对捕收剂的研究主要集中在解决矿物复杂、消除矿泥及可溶性盐的影响等方面的难题。胺类和黄药是两种较为普遍的捕收剂，胺类捕收剂主要是脂肪胺（伯胺）以及十八胺和混合胺（国外大多使用十二胺）；黄药捕收剂即烃基二硫代碳酸盐，主要是戊黄药和丁基黄药之类的高级黄药。目前，我国对这两种捕收剂的作用及机理已经有了较深的研究，近年来研究方向逐渐转为其他类型的捕收剂，如螯合捕收剂、阳离子捕收剂、阴离子捕收剂及复合捕收剂，通过不同的试验条件，探索它们的吸附性能与捕收性能的相关性，测定其在矿物上的吸附作用，取得了一定程度的进展。

调整剂即在添加捕收剂之前、之后或同时，添加一些能够改变矿物表面性质或矿浆性质，有助于矿物分选的无机或有机药剂。调整剂在浮选过程中可以提高选择性，加强捕收剂与矿物的作用，改善矿浆的条件，对浮选效果具有重要的影响。这类药剂主要包括抑制剂、活化剂。凡是能够提高矿物表面亲水性的药剂称为抑制剂；相应地，提高矿物表面疏水性的药剂则称为活化剂。氧化锌矿浮选过程中的活化剂一般采用硫化钠，也可以采用硫酸盐，一些文献也报道了水杨醛肟等应用于一些氧化锌矿的浮选，矿物的上浮率均得到提高。水玻璃和六偏磷酸钠是氧化锌浮选中常用的分散剂和抑制剂。它们可以起到分散矿泥的作用，抑制褐铁矿、方解石及石英等脉石矿物，以降低矿泥等杂质对氧化锌矿浮选的不利影响，而且能提高氧化锌矿物的浮游率。但用量过高，会在矿物表面产生大量吸附，阻碍捕收离子的吸附。所以，用量准确是关键。

此外，矿物的分散、絮凝行为也是氧化锌矿浮选过程中的研究重点，其他诸如起泡剂等的研究也取得了一定程度的进展。

（2）浮选工艺研究

迄今为止，处理氧化矿的浮选方法主要分为全浮选流程、重介质－浮选流程和磁选－浮选流程等，其中全浮选法是最常用的方法，主要有硫化－胺浮选法、硫化－黄药浮选法、脂肪酸直接浮选法、高碳长链 SH 基捕收剂浮选法、絮凝浮选法以及其他浮选，其中硫化－浮选法是主要的。

近年来，氧化锌矿的浮选工艺在脱泥提高回收率、不脱泥浮选、反浮选除杂、分粒级浮选、矿浆电化学预处理和选择絮凝剂等方面做了大量的研究工作并取得了一定的进展，但还处于不成熟阶段，仍需进一步研究。

2）火法工艺

火法工艺炼锌分有平罐、竖罐、电热法和密闭鼓风炉法等。其共同的特点是利用锌的沸点较低（906℃）的性质，在冶炼过程中用还原剂将其从氧化物中还原成金属锌，并挥发进入冷凝系统中冷凝成为液态金属锌，从而与脉石和其他杂质分开，其工艺流程如图 4－1 所示。火法炼锌因还原设备的不同分为如下几种方法。

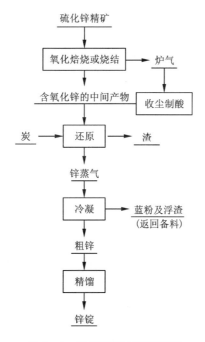

图 4－1　火法炼锌工艺流程图

（1）土法炼锌

这是一种古老原始的炼锌工艺，主要有马槽炉、爬坡炉、马鞍炉等。这些方法主要优点是工艺设备简单、投资少、"上马快"、操作容易，适宜于交通不便和边远地区分散的小矿源，便于单家独户和个体经营。但存在金属回收率低、煤耗高、劳动条件差、环境污染严重等众多不足，属淘汰工艺。

（2）平罐炼锌

平罐炼锌是一种简单而又古老的炼锌方法，始于1800年，在1915年电解法发明以前，平罐炼锌是一种主要的炼锌方法。该法是将锌焙砂配入过量还原煤充分混合后，装入蒸馏炉的平罐中，罐外燃烧煤或煤气，间接供热使温度升至1300K左右，使料中氧化锌还原成锌蒸汽，锌蒸汽在冷凝器内冷凝为液体锌，待氧化锌差不多全部被还原后，从罐内卸出蒸馏残渣。该法具有投资少、设备简单、容易建设等优点，但是此法间歇作业、劳动强度大、操作条件差、锌直收率低、燃料消耗大、耐火材料消耗多、劳动生产率低等，属淘汰工艺。

（3）竖罐炼锌

竖罐炼锌是1929年New Jersey锌公司发明的连续竖罐蒸馏法炼锌。它主要包括制团、蒸锌和冷凝三个部分。竖罐炼锌所用原料首先要进行焙烧，焙烧矿与还原剂煤彻底混合，由于大面积的竖罐不适于松散的料，因此混合后的料不能直接装入竖罐内而要先制团。团矿装入炉内进行蒸馏，蒸馏所得蒸馏罐气仍是锌蒸汽和一氧化碳，将锌蒸汽先导入冷凝器，冷凝得液锌，再进入洗涤器，得到蓝粉。蒸馏完后的团矿仍保持团矿形状，自罐下部排出，成为蒸馏残渣。该法与平罐炼锌法相比前进了一大步，其优点是：过程连续化生产，生产率高，机械化程度高；锌回收率高。其缺点是：需消耗昂贵的碳化硅材料和焦炭，热效率低；炉料制备复杂，费用高；粗锌需要精炼；由于外部加热，限制了设备容量的扩大，单罐产能低。世界大多数竖罐炼锌厂逐渐停产和转产，国外最后一条竖罐炼锌线已于1980年关闭。我国葫芦岛锌厂通过技术改进提高技术水平，但随着资源的枯竭和环保的严格要求，该技术面临着严峻挑战。国家经贸委和环保部已多次将竖罐炼锌列为淘汰工艺。虽然仍有小工厂采用该技术，但目前该技术处于被淘汰之中。

（4）烟化富集

烟化富集法是目前生产中处理氧化锌铅矿较多的一类，主要有回转窑烟化、烟化炉烟化、鼓风炉熔炼烟化、还原沸腾焙烧烟化、电炉熔炼烟化和漩涡熔炼烟化等。这些烟化富集方法基本上都是高温还原挥发过程，在这种条件下，锌、铅及其他所有能够挥发的金属都可能以一定的形态由炉料中挥发出来，并富集在烟尘中；而不易挥发的金属，在造渣的情况下可以锍的形态集中回收，同时炉料内的脉石则形成弃渣。该法不仅适于处理低品位物料，有价金属也可获得综合回收。但是不能直接得到金属锌，而只能得到品位较高的氧化锌粉作为中间原料用于锌的冶炼。

（5）直接还原生产氧化锌

针对以菱锌矿（$ZnCO_3$）形态存在的氧化锌矿，采用回转窑或还原蒸馏炉直接进行还原蒸馏，生产等级氧化锌化工原料。当焙砂中铅质量分数小于 0.05%、镉质量分数小于 0.02% 时，可产出一级氧化锌，锌的回收率约 90%。当氧化锌矿品位低且含铅、镉等杂质多时，根据这些杂质的含量，可生产等级氧化锌或次级氧化锌，锌的回收率为 75%～85%。

（6）电热法炼锌

电热法炼锌的特点是利用电能直接加热炉料连续蒸馏出锌。该法是将经过严格分级的焙烧矿和与之同体积的颗粒焦炭装入炉内，利用炉内装入的物料电阻加热，炉料内部达到氧化锌的还原温度，残渣以固体状态同残留的焦炭一起经由炉底的回转排矿机排出，还原所得的含锌蒸汽从炉上部进入装满熔融锌的 U 形冷凝器，在通过液态锌的过程中因急冷而冷凝。冷凝的锌从冷凝熔池中抽出，每生产 1 t 粗锌电能消耗约 3000 kW·h，这与电解法炼锌电耗相接近，该法较平罐炼锌和竖罐炼锌对原料成分要求不严，适于处理含铜、铁高的原料，金属回收率高，但大量消耗焦炭、电极材料和耐火材料，生产能力不能满足大规模炼锌的生产要求。

（7）鼓风炉炼锌

鼓风炉炼锌是英国帝国熔炼（Imperial Smelting Processes Ltd）公司将铅雨凝器应用于鼓风炉炼锌获得成功，并投入生产，故称 ISP 法。目前世界上有 12 个公司采用这种方法，年产粗锌 1100 万 t，占世界总产量的 14% 左右。我国韶关冶炼厂曾有两台密闭鼓风炉，年产锌 13 万 t，占全国产量的 14%。该厂所采用的 ISP 炼法具有同时冶炼铅锌的特点，炉体基本上与铅鼓风炉相同。但炉顶部都用双层料钟密封装置加料，以保持高温和防止炉气逸出。烧结块趁热加入，同时加入的焦炭也必须预热到 1073 K。炉顶还设有若干炉顶风口，以便鼓入热风使炉气中的 CO 部分燃烧，确保离开炉顶时的炉气温度不低于 1273 K。离开炉顶进入冷凝器时的炉气成分为 Zn 6%、CO_2 10%、CO 20%、其余为 N_2，炉气进入铅雨冷凝器，锌便冷凝形成 Pb－Zn 合金，以防被 CO_2 氧化成 ZnO。该法具有生产能力大；燃料消耗少；建筑投资费用少；生产维修及操作技术均较竖罐简单；对冶炼精矿的要求不如蒸馏法、电解法等要求严格；有价金属综合回收率高，锌回收率高达 90% 以上；等等优点。但该法在烧结时有二氧化硫和铅蒸汽及粉尘产生，对环境造成污染，且鼓风炉在熔炼时有消耗冶金焦炭和清理炉结的麻烦，但它仍是当代冶金的重要方法之一。韶关冶炼厂于 2006 年对两套生产系统进行改造，到 2008 年产能达到 35 万 t，但因 2010 年铊超标事件韶关冶炼厂全面停产。搬迁重建的冶炼厂 2019 年年产量可达 14 万 t。我国密闭鼓风炉炼锌产量约占锌总产量的 14%。

(8)金属浴熔融还原法

金属浴熔融还原法是利用高温液态金属作为加热介质,使含碳球团发生熔融反应进行还原挥发,与脉石矿物分离,其中金属熔体由电加热保持在给定的温度;根据金属的不同又分为铁浴法和铝浴法,铁浴法的还原温度(> 1523 K)很高,锌、铅挥发率都很高,铝浴法的还原温度(1373 K)则较低。郭兴忠等进行了熔融还原法处理低品位氧化锌矿的实验研究,当锌铅含量较高且锌铅比较低时采用铝浴法可一次性直接得到符合标准的氧化锌粉产品和富铅铁渣;反之,如果氧化锌矿中的铅含量很低,同时其他易挥发性物质含量很少,则可以采用铁浴法。金属浴熔融还原法具有氧化物快速还原,快速补充氧化物还原消耗的热量,促进氧化物还原反应的优点,但其反应过程中渣量大,能耗高,同时金属也可能与氧化锌矿中的渣体系相互反应,造成金属损失。

3)湿法工艺

1915 年湿法炼锌在美国蒙大拿州的 Anaconda 锌厂首先工业化应用。此后,湿法炼锌的产量稳步上升。相比火法工艺,氧化锌矿的湿法处理工艺降低能耗。主要的湿法工艺有:酸法工艺、碱法工艺等。

(1)酸法工艺

酸法处理氧化锌矿是目前研究较多,生产中也是应用最为广泛的方法,主要包括浸取、净化、电积锌或转化制取其他锌产品等工序。如我国的京南和黄木冶炼厂直接酸浸处理锌品位大于30%的氧化锌矿,经过浸取、中和、净化、电积得到电锌,锌的总回收率为86%左右。而株洲冶炼厂则把氧化锌矿与焙砂混合处理,锌金属品位可低到20%左右,浸取液经过净化生产电锌,锌提取率达90%以上。

但是氧化锌矿一般都含有较高的硅酸盐类和一部分可溶于稀硫酸的硅酸锌矿和异极矿。采用常规的湿法工艺,容易生成硅胶影响矿浆的固液分离。为此国内外开发出了一些流程来克服这些问题。主要有:①由澳大利亚电锌公司发明的连续提取中和絮凝法(简称 EZ 法)。②比利时老山公司提出的结晶除硅法。③巴西的三分之一法。④美国的反提取法。

中和凝聚法:

我国昆明冶金研究院研制的中和凝聚法和澳大利亚电锌公司创造的顺流连续浸出法工艺相近,均是在氧化矿酸浸后再进行中和凝聚。

中和凝聚工艺由浸出阶段和硅酸凝聚阶段组成。矿浆在常温下反应 2~3 h,终点 pH 达到 1.8~2.0 时,浸出过程就可以结束。之后,加热矿浆提高温度以适应中和剂的反应性能,并迅速将矿浆中和至 pH 4~5。保持搅拌,控制凝聚时间为 2 h 左右,其间加入 Fe^{3+} 或 Al^{3+} 聚沉剂,以改善矿浆的过滤性能。凝聚结束后,硅酸以蛋白石($SiO_2 \cdot nH_2O$)、水化硅酸钙($Ca_5SiO_6{}_{16}(OH) \cdot 4H_2O$)和 β - 石英等易于沉降和过滤的形式存在。其工艺流程如图 4-2 所示。

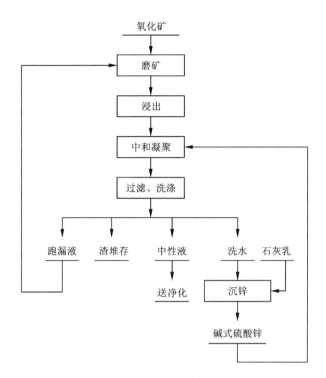

图 4-2　中和凝聚工艺流程图

Vieille-Montgane 法:

比利时老山公司发明的专利,其特点是:将浸出槽串联起来,浸出温度严格控制在 70~90℃,在不断搅拌的情况下,向中性的矿浆中缓慢加入硫酸溶液,以逐步提高矿浆酸度,至 pH 为 1.5 左右,达到浸出终点。这个过程需要 8~10 h,之后,保持温度,继续搅拌 2~4 h。浸出结束时,SiO_2 以结晶形态悬浮在易于沉降和过滤的矿浆中。其工艺流程如图 4-3 所示。

这 4 种方法的共同之处在于均是采用稀硫酸溶液(或废电解液)直接提取高硅氧化锌矿,使锌和硅分别以 $ZnSO_4$ 和 H_4SiO_4 形态进入溶液。所不同的是在解决矿浆的过滤问题上方法各异:EZ 法和结晶法都是使 SiO_2 和 Zn 一道进入浸取液后,通过控制不同条件,防止硅胶的生成,EZ 法使 SiO_2 中和絮凝沉淀,而结晶法使 SiO_2 形成结晶状沉淀。三分之一法在浸取时由于有预先沉淀的晶种硅做晶种,能促使 SiO_2 沉淀析出;而反浸法则通过控制提取过程中的 pH 使 pH>3,使硅不溶或少溶,从而改善矿浆的过滤性能。结晶法与三分之一法浸取结晶时间为 8~10 h,使用原矿作为中和剂,浸取中和渣含锌较高,锌浸取率较低。EZ 法浸取絮

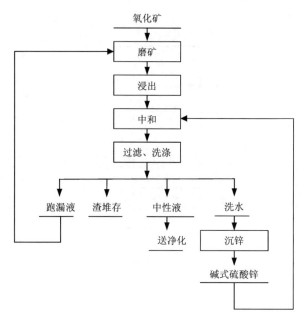

图 4-3　Vieille-Montagne 工艺流程图

凝时间较短，使用石灰作为中和剂，浸取中和渣含锌较低，但浸取过程酸耗增加。

　　直接酸浸处理氧化锌矿与烟化挥发流程相比，金属回收率有较大程度地提高，而且工艺简化，基建投资也降低。但该法适合处理锌品位较高和钙镁含量较低的氧化矿。锌品位低，尤其钙含量高的氧化锌矿，浸出时酸耗量大、渣量大、金属回收率低。

　　（2）碱法工艺

　　碱法工艺相比酸法工艺，可以避免硅胶的生成，不会影响到后面的液固分离过程。按使用提取剂的不同，又分为氨法和氢氧化钠法。

　　①氨法。

　　由于锌离子会与氨形成配合物进入溶液，近年来，对于氧化锌矿及其他含锌物料的处理，氨浸法越来越受到人们的重视和青睐。波兰、罗马尼亚、俄罗斯、日本和美国等都有这方面的专利和报道，国内也有很多这方面的报道和研究，并先后开发了碳酸铵法、氯化铵法和硫酸铵法等工艺。

　　②碳酸铵法。

　　波兰 Wazewska-Riesen-Kamkf Pracenst. Hutn 曾以氨和碳酸铵为溶剂对氧化锌矿进行过大量研究，并获得了较好的效果。中南矿冶学院（现中南大学）用该法浸出某氧化锌铅矿，锌的浸出率高达 95%～97%。沈阳矿冶所自 1985 年开始以柴河铅锌矿为原料,研究并提出"氨浸法从菱锌矿中直接提取碱式碳酸锌和活性氧化锌"新工艺。司马冰等用氨水 – 碳酸铵分解含锌 25% ~ 28% 的菱锌矿,锌的浸出率达 80% 左右。张荣良等在 $Zn(II) – NH_3 – (NH_3)_2CO_3 – H_2O$ 系的热力学研究和动力学实验的基础上,提出浸出 – 净化 – 蒸氨 – 制取等级氧化锌的新工艺。该工艺设备简单、成本低、经济指标较高、氨回收率为 70% 以上。

Moghaddam 等研究了伊朗 Angoran 高硅氧化锌矿在氨 – 碳酸铵溶液中的行为,得到的最优工艺条件为:浸出温度 45℃、搅拌速率 300 r/min、碳酸铵浓度 2 mol/L、pH 11、浸出时间 45 min。在这最优工艺条件下,锌的浸出率为 92%。经锌粉置换除去溶液中的铬、铅、镍、钴后制得锌沉淀,并制得了纳米氧化锌粉体。

魏志聪等对云南兰坪难处理氧化锌矿进行了氨 – 碳酸铵体系的浸出研究,考察了氨浓度、浸出时间、矿物粒度、液固比、浸出温度等因素对锌浸出率的影响,发现提高氨浓度、反应温度、改变搅拌速率可在一定程度改善锌的浸出率。

刘继东等对氧化锌生产工艺浸取过程的配合平衡进行了热力学分析,研究了不同温度下的氨浓度、pH 对氧化锌溶解度的影响,分析了适宜的氨浓度、pH 及温度范围,建立了氧化锌 – 氨 – 碳酸氢铵 – 水体系热力学模型,并对 25℃ 及 60℃ 下的计算结果进行了实验验证。

碳酸铵法处理氧化锌矿,具有锌浸出率高,省去了脱硅、除铁工序,生产成本低,伴生金属可以回收、溶剂可循环利用,等等优点。但不足之处是该方法只能得到粗氧化锌,产品单一。

③硫酸铵法。

中南工业大学唐谟堂等对 $Zn(II)NH_3 – (NH_3)_2SO_4 – H_2O$ 系进行过热力学研究,并以氧化锌矿、锌沸腾炉烟灰、次氧化锌等含锌物料为原料,用该法制取等级氧化锌,工艺包括浸出、净化、沉锌、煅烧等,产品质量可达直接法(橡胶系列)一级的要求,且锌的回收率高。

慕思国等用等温溶解平衡法研究了 298 K 时的 $MeSO_4 – (NH_4)_2SO_4 – H_2O$ 三元体系的溶解度,并绘制了平衡相图。胡汉等计算了锌在不同 pH、不同温度下氨溶液中氧化锌的溶解度和氨溶液中锌的水溶物种的热力学平衡及其分布规律,得到等温溶解度图;试验测定了等压溶解度图,得出 pH、压力和时间对浸出锌影响的规律。

赵廷凯等研究了在 $Zn(II) – NH_3 \cdot H_2O – (NH_4)_2SO_4$ 体系中电解制取活性锌粉的工艺。结果表明:在常温下,电流效率高达 88.19%,每吨产品能耗为 3254.37 kW·h,其产品质量符合 GB 6890—86 标准;活性锌粉杂质质量分数小,$w(Zn) \geqslant 98.78\%$,有效锌质量分数不小于 96%,锌的总回收率为 97.97%,该法与以金属锌为原料的蒸馏法、雾化法相比较,成本大幅度降低。

冯林永等报道了针对氧化锌矿块矿直接柱碱浸出率偏低的问题,将氧化锌矿破碎、制粒、固化，采用硫酸铵－氨体系浸出，锌浸出率可达 91.6%，浸出过程受浸出剂通过脉石层的扩散控制。减少固化时间可以缩短反应时间、增加锌的溶解以及减少浸出剂中初始锌浓度对浸出的影响。

刘智勇等研究了硅锌矿在 $(NH_4)_2SO_4-NH_3-H_2O$ 体系中的浸出行为，揭示了浸出反应机理，阐明了其难以浸出的内在原因。在浸出中硅溶解进入溶液，再以无定形 SiO_2 形态从溶液中析出，SiO_2 析出速率慢是硅锌矿难以浸出的主要原因，通过提高液固比，可提高锌的浸出率。刘志宏等通过大幅度提高硅锌矿在 $(NH_4)_2SO_4-NH_3-H_2O$ 体系中的液固比研究了浸出动力学，在液固比为 200∶1 时，考察了各因素对锌浸出率的影响。升高温度和总氨浓度，浸出速率可显著提高。浸出过程符合孔隙扩散控制模型，浸出过程的表观活化能和反应级数分别为 71.35 kJ/mol 和 4.27。

硫酸铵法工艺简单、原料适应性强，适合处理低含量氧化锌矿及锌的二次物料。且为闭路循环，无废弃物产生。

④氯化铵法。

唐谟堂和张保平等进行了氯化铵－氨配合浸出氧化锌矿的研究，考查了各种因素对浸出的影响，在综合浸出条件下，锌浸出率大于 68%，氨溶锌浸出率大于 93.88%；胶体吸附除砷、锑效果明显，浸出液中砷、锑可降至 0.25 mg/L；铁可降至 0.15 mg/L 以下；氯化钙、氯化钡可将碳酸根和硫酸根几乎除尽。其他杂质含量也极低，该浸出液净化容易，特别适合制电锌或锌粉。

李谦、刘晓丹等研究了氯化铵－氨水浸出氧化锌矿的浸出条件，并进行了动力学研究，拟合得出了氯氨体系浸出氧化锌矿的动力学模型，浸出过程遵循收缩核模型的动力学规律，计算得出了浸出反应过程的表观活化能。

杨声海、张保平和张元福等对采用氯化铵体系浸出氧化锌矿并电积锌的工艺进行了较为系统的研究，工艺流程主要包括浸出、净化和电积三大部分。浸出剂中含有氯化铵 5 mol/L、氨水 2.5 mol/L，在液固比 4∶1 的条件下常温浸出 3 h，锌的浸出率可达 68% 以上；加入氯化钙和氯化钡除去碳酸根和硫酸根离子，加入成胶剂除去砷、锑、铁，最后用锌粉置换铜、铅、镉等杂质，经过净化后，溶液中的杂质离子均降低到 $1×10^{-6}$ 以下；电积过程在温度 40℃、电流密度 400 A/m² 、电解液中的锌离子浓度 10 g/L 以上的条件下进行，在此条件下可以得到平整致密的锌，且电流效率大于 90%、槽电压为 2.9 V、电锌纯度大于 99.995%。

王瑞祥等研究了低品位氧化锌矿在 $NH_3-NH_4Cl-H_2O$ 体系的浸出动力学，考察了矿物粒度、反应温度、总氨浓度对锌浸出率的影响，浸出过程遵从收缩核动力学模型，颗粒空隙扩散是浸出控制步骤，浸出过程表观活化能为 7.06 kJ/mol。在矿物粒度 69 μm、浸出温度 80℃、总氨浓度 7.5 mol/L、$n(NH_4^+)∶n(NH_3·H_2O)=$ 2∶1、液固比 10∶1 的条件下锌的浸出率可达 92.1%。浸出液经净化除杂后电积制取电锌，电锌中锌质量分数达 99.999%，杂质含量极低，其中铁的质量分数仅为 0.00005%，电流效率高达 96.35%。Babaei – Dehkordi Amin 等采用该体系处理锌阴极熔窑渣回收锌，沉淀制备了纳米氧化锌粉体。

唐谟堂等研究了 Me(Ⅱ) – NH₄Cl – NH₃ – H₂O 体系处理兰坪低品位氧化锌矿的浸出过程，提出了用循环浸出方法富集浸出液中锌浓度的工艺技术方案，获得了锌浸出率≥69%、浸出液锌浓度≥33 g/L 的结果。在此基础上，夏志美等以云南兰坪低品位氧化锌矿及其循环浸出渣的浮选精矿为原料，在常温常压下、MACA 体系中进行每次 150 kg 或以上规模的循环浸出制取电解锌的扩大试验，获得约 90% 的锌综合回收率，电解锌纯度为 99.98%，达到 1 级锌标准，电流效率可达 97.02%。

丁治英、尹周澜等通过研究硅锌矿在不同氨 – 铵盐体系中的溶解速率，发现阴离子对锌的溶解同样有很大影响，其影响顺序依次为 NH₄HCO₃、NH₄NO₃、(NH₄)₂SO₄、(NH₄)₂CO₃、NH₄Cl。验证了 NH₃ – NH₄Cl – H₂O 体系是浸出硅锌矿的有效溶剂，浸出过程遵循化学反应控制，表观活化能为 57.6 kJ/mol。

曹华珍、曾振欧和马春等利用电化学分析手段研究了氯化铵体系中电积锌的阴极过程，对阴极还原机理和电极过程动力学进行了分析，充实了配合物电积锌的理论研究。

氯化铵法浸出氧化锌矿，浸出液杂质少、操作工艺简单、流程短、溶剂可循环利用、原料适应性强。但氯离子的富集，对电解不利；阳极反应为析氯反应，氨消耗大；设备要求高。

氨法工艺流程短、除杂简单、溶剂可循环、原料适应性强。但铵盐易析出结疤，工艺对设备要求高。

⑤NaOH 法。

NaOH 法能有效处理氧化锌矿。即可以避免硅胶的生成，采用适当的浓度又能达到高的提取率。Jean Frenay 采用氨水、氢氧化钠和二乙烯三胺（DETA）分别提取含锌量不同的氧化锌矿，发现其中异极矿是最难提取的，只有在高浓度氢氧化钠溶液和高温下才能取得好的提取效果。在用氨水提取异极矿时提取率很低，只有 20% 左右，而增加氨水浓度和添加一定量的碳酸铵后，其提取率可以达到 70% 左右。但是加入碳酸铵的氨水溶液提取菱锌矿时反而降低了提取率。当 DETA 的浓度达到 250 g/L 时，在最优条件下异极矿中锌的提取率也只有 40% 左右。

刘三军等研究了 NaOH 法处理云南兰坪氧化锌矿，结果表明，在氢氧化钠浓度为 4 mol/L、提取温度为 80℃、液固比为 10∶1、浸出时间为 2 h 的条件下，氧化锌的提取率可达 92.6%。赵由才研究了一种 NaOH 法处理菱锌矿的工艺，主要包括碱浸、硫化除杂、电积，最终得到电积锌粉。锌的提取率达到 85% 以上，电积所得锌粉纯度达到 99.5% 。采用 NaOH 法处理氧化锌矿，菱锌矿很容易提取。而硅酸锌矿、异极矿则不容易提取，需要高浓度的 NaOH 溶液。硅酸盐又常称为岛状硅酸盐，硅酸锌中的 $(SiO_4)^{4-}$ 是岛状的四面体形态存在。由于 Si^{4+} 电荷高、半径小，使其具有被尽可能多的氧离子包围的能力；而且硅氧键的键性含有相当大成分的共价键性质，使硅氧键带有方向性。这些条件使硅氧离子有强烈形成硅氧四面体的性质。而异极矿 $Zn_4Si_2O_7(OH)_2 \cdot H_2O$ 是岛状的 $(SiO_4)^{4-}$ 离子聚合而成的 "二聚体" 形态。正是由于异极矿结构及其形成的特殊性，使得以异极矿形式存在的氧化锌矿很难得到利用。

陈爱良等研究了采用 NaOH 浸出难处理异极矿的工艺条件，考察了工艺参数对锌及伴生金属浸出率的影响，在 80℃ 用 5 mol/L 的 NaOH 溶液在液固比 10:1、浸出 2 h 的条件下，浸出粒度 65 ~ 75 μm 的异极矿，锌、铝、铅、镉的浸出率分别为 73%、45%、11% 和 5%，Fe 的浸出率却不足 1%。说明采用 NaOH 浸出异极矿生产锌是可行的。

陈兵等采用 NaOH 焙烧 - 水浸工艺处理云南兰坪氧化锌矿，在矿碱比 1:6、反应温度 400℃、反应时间 4 h 的优化条件下，锌的提取率达到 82.4%，部分锌以 Na_2ZnSiO_4 形式留在渣中。

赵中伟等参考拜耳法工艺，形成了湿法处理氧化锌矿的 "锌拜耳法" 工艺，循环浸出氧化锌矿并实现 NaOH 的重复使用，异极矿中锌的浸出率达到 77%。此后，赵中伟团队还开发了热球磨机械活化预处理技术，使矿物中锌的浸出率达到 95.10%。

NaOH 浸出或焙烧 - 水浸处理氧化锌矿，工艺简单、易于操作，介质可循环、能耗较低，经济性较传统方法好。但若处理的氧化锌矿中的锌品位低时，须用高浓度 NaOH 溶液，浸出液黏度大，固液分离负担重。分离后的固体渣中浸出液残留量高，造成锌的浸出率高，但回收率低，增加固体渣中浸出介质回收利用的难度，造成物料浪费并增加对环境压力。

微生物提取：Tungkaviveshkul 等用黑曲霉（*Aspergillusniger*）与青霉菌（*Penicillum*）浸锌，原料为高品位硅酸锌矿经常规选矿后的尾矿，所用微生物从其中分离出。这些微生物在含矿粉的浓度为 10% 的蔗糖 - 无机盐介质中生长。49 天提取了 60% 以上的锌，而其中多数是前 14 天提取的。但是真菌菌体能从溶液中吸附锌，以致部分提取的锌又被沉淀，所以提取条件还应进一步优化。还有人研究了用细菌从硅酸盐矿中浸锌，研究的含锌矿物主要为异极矿。结果表明浸矿效果一般。这些方法还处于实验室阶段，需要驯化出更合适的细菌，进一步提高提取率，缩短反应时间，离实现工厂化广泛应用还有很长一段路要走。

4.2　碱熔融焙烧法工艺流程图及工序介绍

4.2.1　原料分析

图 4-1 为氧化锌矿的 XRD 图和 SEM 照片，表 4-4 为氧化锌矿的主要成分分析结果。

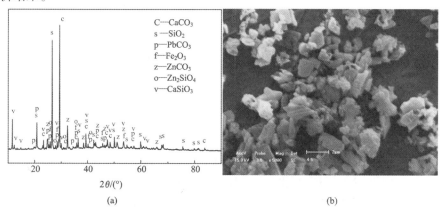

图 4-4　氧化锌矿的 XRD 图(a)和 SEM 照片(b)

表 4-4　氧化锌矿的主要成分　　　　　　　　　　　　　　　　%

SiO_2	ZnO	Fe_2O_3	PbO	SrO	Al_2O_3	CaO	SO_3	CO_2
18.84	25.36	20.07	5.13	2.89	2.80	5.69	3.77	15.29

4.2.2　化工原料

碱熔融法处理氧化锌矿所用的化工原料主要有浓硫酸、氢氧化钠、碳酸氢铵、碳酸钙等。

①浓硫酸(工业级)。

②碳酸氢铵(工业级)。

③氢氧化钠(工业级)。

④碳酸钙(工业级)。

4.2.3　工艺流程

采用氢氧化钠熔融焙烧氧化锌矿提取锌、铅、硅，其中锌、铅、硅与氢氧化钠反应生成可溶于水的锌酸钠、硅酸钠和铅酸钠，经水溶进入溶液，过滤，与不参

与反应的 α - SiO_2 和铁分离；采用碳分法碳分处理碱性溶出液，得到碳酸钠溶液和混合沉淀；采用一步酸溶、二步酸溶分别制取硫酸锌溶液和氯化铅溶液以及白炭黑，再加工制取 ZnO、$PbCl_2$ 和白炭黑产品；采用石灰乳苛化碳酸钠溶液，反应得到碳酸钙沉淀和氢氧化钠溶液，氢氧化钠蒸浓结晶得到氢氧化钠晶体，实现氢氧化钠的循环利用；整个流程中化工介质氢氧化钠循环利用、水循环利用，石灰石加工成沉淀碳酸钙，是绿色化的工艺流程。其工艺流程图见图 4 - 5。

4.2.4 工序介绍

1）磨细

将氧化锌矿磨细至 - 200 目(74 μm)占 60% 以上的矿粉，送混料工序。

2）混料

将氧化锌矿、氢氧化钠按比例送入混料机，混料均匀后送焙烧工序。

3）焙烧

将混好的物料在一定温度制度下焙烧。涉及的化学反应为：

$$2NaOH + ZnO = Na_2ZnO_2 + H_2O \uparrow$$
$$2NaOH + ZnCO_3 = Na_2ZnO_2 + H_2O \uparrow + CO_2 \uparrow$$
$$4NaOH + PbO_2 = Na_4PbO_4 + 2H_2O \uparrow$$
$$2NaOH + SiO_2 = Na_2SiO_3 + H_2O \uparrow$$

排放的尾气达到国家环保标准。焙烧设备选择回转窑，吸收塔选择冷凝塔。

4）溶出

焙烧熟料按一定液固比在确定的温度下加返液溶出，溶出后过滤。

焙烧熟料出炉后直接输送到溶出防腐搅拌槽，可节约加热溶液的能量。

5）滤渣洗涤

过滤后得到的滤渣采用纯净水洗涤，洗涤三次。洗涤物料过滤选择板框压滤机/带式过滤机，带式过滤机可以提高机械化程度，降低劳动强度。

6）沉铅

向滤液中加入适量硫化钠溶液，控制溶液温度和加入量，铅生成硫化铅沉淀。涉及的化学反应为：

$$Pb^{2+} + S^{2-} = PbS \downarrow$$

反应釜选择防腐搅拌槽。

也可不经沉铅，直接将滤液碳分，再经酸洗碳分渣依次分离锌、硅、铅。

7）乳化

将石灰石煅烧，分别得到二氧化碳和活性石灰，收集二氧化碳用于溶液碳分。将煅烧得到的活性石灰加水乳化、过筛，得到活性石灰乳。涉及的化学反应为：

$$CaCO_3 = CaO + CO_2 \uparrow$$

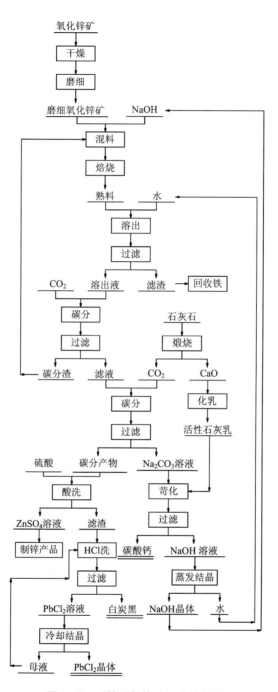

图 4 – 5 碱熔融焙烧法工艺流程图

$$CaO + H_2O =\!=\!= Ca(OH)_2$$

8）碳分

向沉铅后的滤液中通入 CO_2 调节 pH 并碳酸化分解，溶液中的锌和硅产生沉淀，涉及的化学反应为：

$$Na_2ZnO_2 + CO_2 =\!=\!= ZnO \downarrow + Na_2CO_3$$
$$Na_2SiO_3 + CO_2 =\!=\!= SiO_2 \downarrow + Na_2CO_3$$

反应釜选择防腐搅拌槽。

9）结晶碳酸钠

将碳分浆料过滤分离，得到氧化锌和二氧化硅沉淀和碳酸钠溶液，碳酸钠溶液蒸发结晶得到碳酸钠产品。

10）制备碳酸钙

将活性石灰乳加入碳酸钠溶液中，反应分别得到碳酸钙和氢氧化钠溶液。

$$Na_2CO_3 + Ca(OH)_2 =\!=\!= CaCO_3 \downarrow + 2NaOH$$

11）过滤分离

浆料过滤分离、洗涤，滤液为氢氧化钠溶液，滤渣为硅酸钙。滤液蒸浓结晶返回碱熔融焙烧工序，水循环利用。

12）酸溶

将氧化锌和二氧化硅沉淀酸溶，二氧化硅不反应，过滤分离得到硫酸锌溶液和白炭黑，涉及的化学反应为：

$$ZnO + H_2SO_4 =\!=\!= ZnSO_4 + H_2$$

13）硫酸锌电解制备电锌

将制备的硫酸锌采用现行的电解技术电积制备电锌。

$$Zn^{2+} + 2e =\!=\!= Zn$$

14）沉锌

或将氨水或碳酸氢铵加入溶液中，反应得到氢氧化锌沉淀和碱式碳酸锌沉淀，反应结束后过滤分离。发生的化学反应为：

$$3ZnSO_4 + 6NH_4HCO_3 =\!=\!= ZnCO_3 \cdot 2Zn(OH)_2 \cdot H_2O \downarrow + 5CO_2 \uparrow + 3(NH_4)_2SO_4$$
$$ZnSO_4 + 2NH_3 \cdot H_2O =\!=\!= Zn(OH)_2 \downarrow + (NH_4)_2SO_4$$

15）煅烧

将制备的碱式碳酸锌或氢氧化锌煅烧，得到氧化锌，发生的化学反应为：

$$ZnCO_3 \cdot 2Zn(OH)_2 \cdot H_2O =\!=\!= 3ZnO + CO_2 \uparrow + 3H_2O \uparrow$$
$$Zn(OH)_2 =\!=\!= ZnO + H_2O \uparrow$$

4.2.5　主要设备

碱熔融法工艺的主要设备见表 4-5。

表 4 - 5　硫酸铵法工艺的主要设备

工序名称	设备名称	备注
磨矿工序	回转干燥窑	干法
	皮带输送机	
	颚式破碎机	干法
	粉磨机	干法
混料工序	双辊犁刀混料机	
焙烧工序	回转焙烧窑	
	除尘器	
	烟气净化回收系统	
溶出工序	溶出槽	耐酸、连续
	带式过滤机	连续
除杂工序	沉降槽	耐酸、加热
	高位槽	
	板框过滤机	非连续
碳分工序	碳分塔	
	送风系统	
	过滤系统	
酸溶工序	溶解槽	耐蚀
	高位槽	
	平盘过滤机	连续
电积	电积槽	
煅烧工序	干燥器	
	焙烧炉	高温
储液区	酸式储液槽	
	碱式储液槽	
蒸发结晶工序	五效循环蒸发器	
	三效循环蒸发器	
	冷凝水塔	
冷却工序	冷却槽	耐蚀
	板框过滤机	非连续
乳化系统	生石灰乳化机	
苛化系统	苛化槽	耐碱、加热

4.2.6 设备连接图

碱熔融法工艺设备连接图见图4-6。

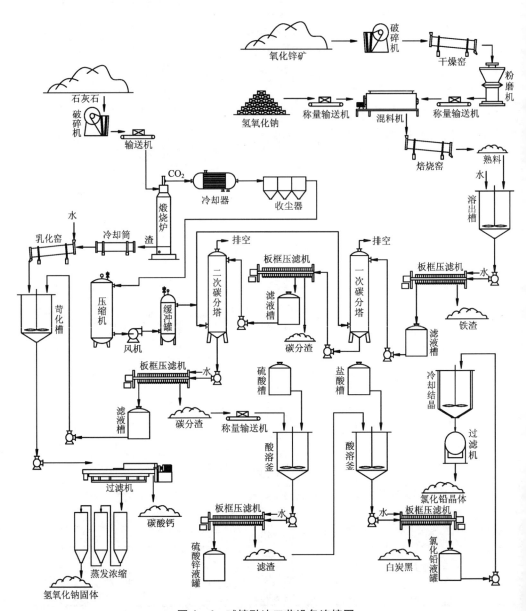

图4-6 碱熔融法工艺设备连接图

4.3　产品分析

碱熔融焙烧法处理氧化锌矿得到的主要产品有白炭黑、氢氧化锌、碱式碳酸锌、氧化锌、碳酸钙、铁精矿等。

4.3.1　白炭黑

图 4 – 7 为白炭黑的 XRD 图谱和 SEM 照片。图谱中没有明显的衍射峰，只在 $2\theta = 23°$ 处出现一个馒头峰。含杂质 SiO_2 为非晶态颗粒，粒度均匀，粒径范围窄，但有一定的团聚。

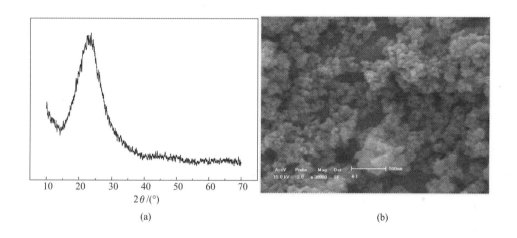

(a)　　　　　　　　　　　　　　(b)

图 4 – 7　白炭黑的 XRD 图谱(a)和 SEM 照片(b)

4.3.2　碱式碳酸锌

图 4 – 8 和图 4 – 9 给出了碱式碳酸锌和煅烧氧化锌的 XRD 图谱和 SEM 照片。产品为单斜晶系碱式碳酸锌，颗粒形状不规则，近似为球形，表明产品存在大量绒毛纤维。

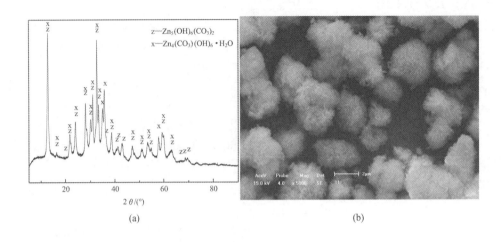

(a)   (b)

图 4 - 8　碱式碳酸锌的 XRD 图谱(a)和 SEM 照片(b)

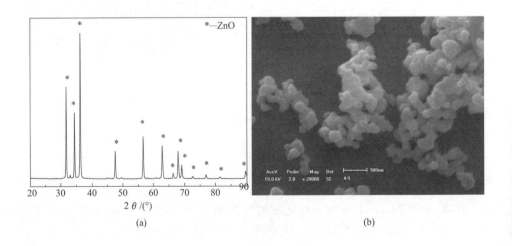

(a)   (b)

图 4 - 9　氧化锌的 XRD 图谱(a)和 SEM 照片(b)

4.3.3　氢氧化锌

图 4 - 10 和图 4 - 11 给出了氢氧化锌和煅烧氧化锌的 XRD 图谱和 SEM 照片。氧化锌为不规则的片状颗粒。

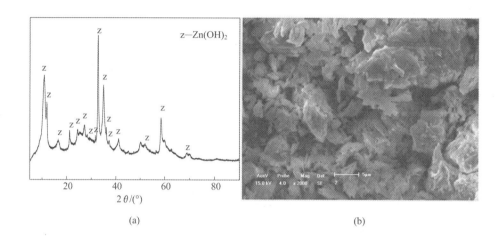

(a)　　　　　　　　　　　　　　(b)

图 4 - 10　氢氧化锌的 XRD 图谱(a) 和 SEM 照片(b)

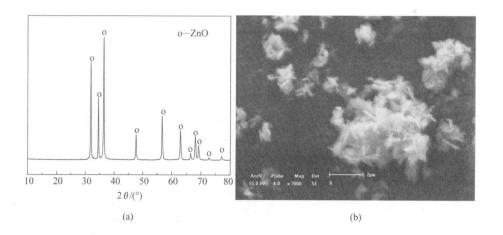

(a)　　　　　　　　　　　　　　(b)

图 4 - 11　煅烧氧化锌的 XRD 图谱(a) 和 SEM 照片(b)

4.3.4 氧化锌

图 4-12 给出了水热法制备的氧化锌的 XRD 图谱和 SEM 照片。氧化锌为六角纤锌矿结构,衍射峰峰形尖锐,说明 ZnO 粉体样品纯净、晶型发育良好。颗粒为花状结构,具有良好的光催化性能。

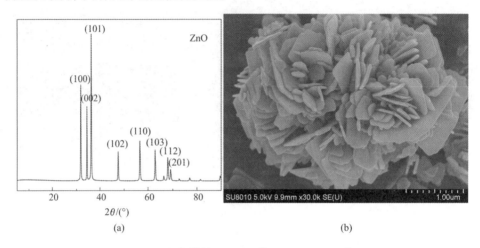

(a)   (b)

图 4-12 氧化锌的 XRD 图谱(a) 和 SEM 照片(b)

4.3.5 碳酸钙

图 4-13 为碳酸钙产品的 XRD 图谱和 SEM 照片,碳酸钙为类球形颗粒状粉体,可用于保温材料和建筑材料。

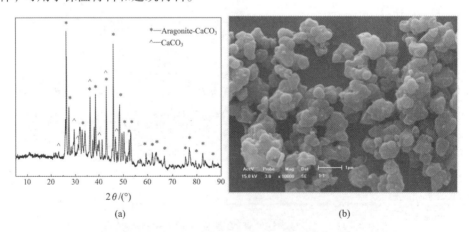

(a)   (b)

图 4-13 碳酸钙产品的 XRD 图谱(a) 和 SEM 照片(b)

4.4　环境保护

4.4.1　主要污染源和主要污染物

(1)烟气粉尘

①碱焙烧烟气中的主要污染物是粉尘和 CO_2。

②燃气锅炉中的主要污染物是粉尘和 CO_2。

③氧化锌矿储存、破碎、筛分、磨细、输送等产生的物料粉尘。

④碱式碳酸锌、氢氧化锌、碳酸钙贮运过程中产生的粉尘。

⑤碱式碳酸锌、氢氧化锌煅烧产生的粉尘。

(2)水

①生产过程中的水循环使用,无废水排放;

②生产排水为软水制备工艺排水,水质未被污染。

(3)噪声

①氧化锌矿磨机、焙烧烟气排烟风机等产生的噪声。

(4)固体

①氧化锌矿中的硅制备的白炭黑。

②氧化锌矿中的铁制备的铁精矿。

③碳酸钠溶液蒸浓结晶得到的碳酸钠产品。

④氧化锌矿中的锌制成的碱式碳酸锌、氢氧化锌、氧化锌、电锌产品。

生产过程无废渣排放。

4.4.2　污染治理措施

(1)焙烧烟气

焙烧烟气经旋风、重力、布袋除尘,粉尘返回混料。尾气吸收二氧化碳可用于碳分,尾气主要成分为水蒸气,可经降温吸收,满足《工业炉窑大气污染物排放标准》(GB 9078—1996)的要求。

(2)通风除尘

产生粉尘设备均带收尘装置。

扬尘:全厂扬尘点均实行设备密闭罩集气、机械排风、高效布袋除尘器集中除尘,系统除尘效率均在 99.9% 以上。

烟尘:窑炉等烟气除尘系统收集的烟尘全部返回系统再利用。

(3)废水治理

需要水源提供新水,生产用水循环,全厂水循环利用率为 90% 以上。

各工序产生的废水采用不同方法处理，以实现全厂废水"零"排放。蒸浓结晶工序冷凝水循环使用和二次利用。

（4）废渣治理

整个生产过程中，氧化锌矿中的主要组分硅、锌、铁、铅均制备成产品，无废渣产生。

（5）噪声治理

本工程的噪声主要由机械动力、流体动力产生。工程设计对高噪声设备采取消声、隔声、基础减振等措施进行处理。球磨机等设备置于单独隔音间内，并设有隔音值班室。

（6）绿化

绿化在防治污染、保护和改善环境方面起到特殊的作用，是环境保护的有机组成部分。绿色植物不仅能美化环境，还具有吸附粉尘、净化空气、减弱噪声、改善小气候等作用。因此在工程设计中对绿化予以了充分重视，通过提高绿化系数改善厂区及附近地区的环境条件，设计厂区绿化占地率不小于20%。

在厂前区及空地等处进行重点绿化，选择树型美观、装饰性强、观赏价值高的乔木与灌木，再适当配以花坛、水池、绿篱、草坪等；在厂区道路两侧种植行道树，同时加配乔木、灌木与花草；在围墙内、外都种以乔木；其他空地植以草坪，形成立体绿化体系。

4.5 结语

碱法工艺流程实现了氧化锌矿资源的综合利用，实现了氧化锌、氧化铅、氧化铁、二氧化硅等有价组元的有效分离提取，实现了资源的高附加值利用。该工艺流程中的化工原料氢氧化钠实现循环利用，无废气、废水的排放，是绿色化的工艺。

参考文献

[1] 翟玉春. 绿色冶金——资源绿色化、高附加值综合利用[M]. 长沙：中南大学出版社，2015.

[2] 王磊，徐智达，申晓毅. 中低品位氧化锌矿综合利用试验研究[J]. 矿产综合利用，2019（2）：37-41.

[3] 申晓毅，贾超航，李豪，等. 碱熔融焙烧 SiO_2 和 Zn_2SiO_4 反应过程分析[J]. 东北大学学报（自然科学版），2017，38（1）：51-56.

[4] Shen X Y, Shao H M, Gu H M, et al. Reaction mechanism analysis of roasting Zn_2SiO_4 using NaOH[J]. Transactions of Nonferrous Metals Society of China, 2018, 28(9): 1878-1886.

[5] Chen B, Shen X Y, Gu H M, et al. Extracting reaction mechanism analysis of Zn and Si from zinc oxide ore by NaOH roasting method[J]. Journal of Central South University, 2017, 24 (10): 2266 - 2274.

[6] 翟玉春, 孙毅, 申晓毅, 等. 一种利用中低品位氧化锌矿和氧化锌、氧化铅共生矿制备氯化铅和硫酸锌的方法[P]. CN201210093594.6. 2012.

[7] 翟玉春, 孙毅, 王乐, 等. 一种利用中低品位氧化锌矿和氧化锌、氧化铅共生矿的方法[P]. CN201210093614.X. 2012.

[8] 陈兵, 申晓毅, 顾惠敏, 等. 钙化合物对碱焙烧氧化锌矿的影响[J]. 矿产综合利用, 2016 (3): 26 - 29.

[9] 陈兵, 申晓毅, 顾惠敏, 等. 碱焙烧法综合利用低品位氧化锌矿[J]. 矿产综合利用, 2016 (5): 30 - 33.

[10] 陈兵, 申晓毅, 顾惠敏, 等. 碱焙烧法由氧化锌矿提取 ZnO[J]. 化工学报, 2012, 63(2): 658 - 661.

[11] 孙毅, 申晓毅, 翟玉春. 氧化锌矿硫酸铵焙烧法提锌的研究[J]. 材料导报, 2012, 26 (11): 1 - 4.

[12] Sun Y, Shen X Y, Zhai Y C. Preparation of ultrafine ZnO powder by precipitation method[J]. Advanced Materials Research, 2011, 284 - 286: 880 - 883.

[13] Shao H M, Shen X Y, Wang Z M, et al. Preparation of ZnO powder from clinker digestion solution of Zinc oxide ore[J]. Advanced Materials and Technologies, 2014, 1004 - 1005: 665 - 669.

[14] 孙毅. 氧化锌矿高附加值绿色化综合利用的研究[D]. 沈阳: 东北大学, 2013.

[15] 邵鸿媚. 氧化锌矿清洁高附加值综合利用及反应过程分析[D]. 沈阳: 东北大学, 2016.

[16] 《铅锌冶金学》编委会. 铅锌冶金学[M]. 北京: 科学出版社, 2003.

[17] 陈爱良, 赵中伟, 贾希俊, 等. 高硅难选氧化锌矿中锌及伴生金属碱浸出研究[J]. 有色金属(冶炼部分), 2009(4): 6 - 9.

[18] 张保平, 唐谟堂. $NH_4Cl - NH_3 - H_2O$ 体系浸出氧化锌矿[J]. 中南工业大学学报, 2001, 32(5):

[19] 杨大锦, 朱华山, 陈加希, 等. 湿法提锌工艺与技术[M]. 北京: 冶金工业出版社, 2010.

[20] 王吉昆, 周延熙. 硫化锌精矿加压酸浸技术及产业化[M]. 北京: 冶金工业出版社, 2005.

[21] 彭容秋. 铅锌冶金学[M]. 北京: 科学出版社, 2003.

[22] 夏志美, 陈艺峰, 王宇菲, 等. 低品位氧化锌矿的湿法冶金研究进展[J]. 湖南工业大学学报, 2010, 24(6): 9 - 13.

[23] 葛振华. 我国铅锌资源现状及未来的供需形式[J]. 世界有色金属, 2003(9): 4 - 7.

[24] Moradi S, Monhemius A J. Mixed sulphide oxide lead and zinc ores problems and solutions[J]. Minerals Engineering, 2011, 24(10): 1062 - 1076.

[25] Kumar V, Sahu S K, Pandey B D. Prospects for solvent extraction processes in the Indian context for the recovery of base metals: A review[J]. Hydrometallurgy, 2010, 103(1 - 4):

45 - 53.

[26] 李勇，王吉坤，任占誉，等. 氧化锌矿处理的研究现状[J]. 矿冶，2009，18(2)：57 - 63.

[27] 贺山明，王吉坤. 氧化锌矿冶金处理的研究现状[J]. 矿冶，2010，19(3)：58 - 65.

[28] 陈爱良，赵中伟，贾希俊，等. 氧化锌矿综合利用现状与展望[J]. 矿业工程，2008，28 (6)：62 - 66.

[29] 蒋继穆. 我国锌冶炼现状及近年来的技术进展[J]. 中国有色冶金，2006(5)：19 - 23.

[30] 孙德堃. 国内外锌冶炼技术的进展[J]. 中国有色冶金，2004(3)：1 - 4.

[31] 陈家镛. 湿法冶金手册[M]. 北京：冶金工业出版社，2005.

[32] Li C X, Xu H S, Deng Z G, et al. Pressure leaching of zinc silicate ore in sulfuric acid medium [J]. Trans Nonferrous Met Soc of China, 2010, 20(5)：918 - 923.

[33] He S M, Wang J K, Yan J F. Pressure leaching of synthetic zinc silicate in sulfuric acid medium[J]. Hydrometallurgy, 2011, 108(3 - 4)：171 - 176.

[34] Fu W, Chen Q Y, Wu Q, et al. Solvent extraction of zinc from ammoniacal/ ammonium chloride solutions by a sterically hindered β - diketone and its mixture with tri - n - octylphosphine oxide[J]. Hydrometallurgy, 2010, 100(3 - 4)：116 - 121.

[35] Moghaddam J, Sarraf - Mamoory R, Abdollahy M, et al. Purification of zinc ammoniacal leaching solution by cementation determination of optimum process conditions with experimental design by Taguchi's method[J]. Separation and Purification Technology, 2006, 51(2)：157 - 164.

[36] Chen Q Y, Li L, Bai L, et al. Synergistic extraction of zinc from ammoniacal ammonia sulfate solution by a mixture of a sterically hindered beta - diketone and tri - n - octylphosphine oxide (TOPO)[J]. Hydrometallurgy, 2011, 105(34)：201 - 206.

[37] Yin Z L, Ding Z Y, Hu H P, et al. Dissolution of zinc silicate (hemimorphite) with ammonia-ammonium chloride solution[J]. Hydrometallurgy, 2010, 103(1 - 4)：215 - 220.

[38] Feng L Y, Yang X W, Shen Q F, et al. Pelletizing and alkaline leaching of powdery low grade zinc oxide ores[J]. Hydrometallurgy, 2007, 89(3 - 4)：305 - 310.

[39] Zhang C L, Zhao Y C, Guo C X, et al. Leaching of zinc sulfide in alkaline solution via chemical conversion with lead carbonate[J]. Hydrometallurgy, 2008, 90(1)：19 - 25.

[40] Chen A L, Zhao Z W, Jia X J, et al. Alkaline leaching Zn and its concomitant metals from refractory hemimorphite zinc oxide ore[J]. Hydrometallurgy, 2009, 97(3 - 4)：228 - 232.

[41] 刘三军，欧乐明，冯其明，等. 低品位氧化锌矿石的碱法浸出[J]. 湿法冶金，2005，24 (1)：23 - 25.

[42] 张保平，唐谟堂. NH₄Cl - NH₃ - H₂O 体系浸出氧化锌矿[J]. 中南工业大学学报，2001，32(5)：483 - 386.

[43] 唐谟堂，杨声海. Zn(Ⅱ) - NH₃ - NH₄Cl - H₂O 体系电积锌工艺及阳极反应机理[J]. 中南工业大学学报，1999，30(2)：153 - 156.

[44] 张元福，梁杰，李谦. 铵盐法处理氧化锌矿的研究[J]. 贵州工业大学学报，2002，31 (1)：37 - 41.

[45] 曹华珍，郑国渠，支波. 氨络合物体系电积锌的阴极过程[J]. 中国有色金属学报，2005，

15(4)：655 – 659.

[46] 慕思国，彭长宏，黄虹，等. 298K 时二元体系 $MeSO_4$ – $(NH_4)_2SO_4$ – H_2O 的相平衡[J]. 过程工程学报，2006, 6(1)：32 – 36.

[47] 赵廷凯，唐谟堂，梁晶. 制取活性锌粉的 $Zn(II)$ – $NH_3 \cdot H_2O$ – $(NH_4)_2SO_4$ 体系电解法 [J]. 中国有色金属学报，2003, 13(3)：774 – 777.

[48] Chen Bing, Shen Xiaoyi, Gu Huimin, et al. Extracting reaction mechanism analysis of Zn and Si from zinc oxide ore by NaOH roasting method[J]. Journal of Central South University, 2017, 24：2266 – 2274.

[49] 陈兵，申晓毅，顾惠敏，等. 碱焙烧法由氧化锌矿提取 ZnO[J]. 化工学报，2012, 63(2)：658 – 661.

[50] 陈兵，申晓毅，顾惠敏，等. 碱焙烧法综合利用低品位氧化锌矿[J]. 矿产综合利用，2016 (5)：30 – 33.

第5章　煤矸石的清洁、高效综合利用

5.1　概述

5.1.1　资源概况

煤矸石是采煤过程和洗煤过程中排放的固体废物，是一种在成煤过程中与煤层伴生的一种含碳量较低、比煤坚硬的黑灰色岩石。煤矸石的主要成分是 Al_2O_3、SiO_2，另外还含有 Fe_2O_3、CaO、MgO、SO_3 等组分，部分伴生有微量稀有元素镓、钒、钛。煤矸石包括巷道掘进过程中的掘进矸石、采掘过程中从顶板、底板及夹层里采出的矸石以及洗煤过程中挑出的洗矸石。煤矸石是碳质、泥质和砂质页岩的混合物，具有低发热值，通常含碳量在 20%～30%。煤矸石数量巨大，堆积如山，煤矸石山已成为我国煤矿的一个特有标志。中国历年已积存煤矸石超过 10^7 t，并且每年仍以排放 10^6 t 的量增长，不仅堆积占地，而且还能自燃、污染空气或引起火灾。煤矸石主要被用于生产矸石水泥、混凝土的轻质骨料、耐火砖等建筑材料，此外还可用于回收煤炭，煤与矸石混烧发电，制取结晶氯化铝、水玻璃等化工产品以及提取贵重稀有金属。

我国是世界第一产煤和耗煤大国，煤炭是我国当前和今后相当长时间的主要能源。在一次能源探明总量中，煤占 90%。虽然我国大力发展水电、核电、风电，但是燃煤发电仍占主导地位。采煤过程和洗煤过程中必然会产生大量的煤矸石，煤矸石中富含二氧化硅和氧化铝等有价组分，其开发利用具有重要的实际意义和经济价值。

生产氧化铝的主要原料为铝土矿。2009 年底，我国探明的铝土矿资源量约 3.2×10^9 t，其中可采储量只有 10 亿多 t。2012 年我国铝产量为 2.3×10^7 t，2014 年我国铝产量为 2438.2 t，占全年世界铝产量的 46.6%。2016 年，我国氧化铝产量已达 6.09×10^7 t、电解铝产量达到 3.22×10^7 t。国内已探明的铝土矿储量，按目前的开采量计算，最多只能供应 10 多年。我国是铝土矿稀缺的国家，每年要进口大量铝土矿。而煤矸石中含有大量的氧化铝，如果利用煤矸石生产氧化铝，弥补我国铝土矿的短缺，具有重要的现实意义。煤矸石中的二氧化硅可以用来制备白炭黑，它是一种重要的化工原料，广泛应用于炼油、化肥、石油、橡胶等化学工业,二氧化硅也可以用来制备硅酸钙,应用于建筑、保温材料、造纸等领域。也可以应用于生物活性陶瓷、高质荧光材料基体、有机污染物降解等领域,极具工业价值。

煤矸石富含二氧化硅和氧化铝,二者质量分数之和能达到75%以上,作为采煤和洗煤的副产品,无须矿山开采即可用作原料。因此,开展绿色化、高附加值综合利用煤矸石的新工艺技术研究具有重要意义。

5.1.2 煤矸石利用技术

在我国,采煤已有悠久的历史,煤矸石综合利用也已有三十多年的发展历程。尤其近十几年来,随着煤矿环保工作要求的增加和技术的进步,煤矸石应用范围逐步拓宽,其利用率也不断提高。总体来说,煤矸石的利用主要集中在以下几个方面:

1)普通利用

(1)和煤混合发电、供热,可有效降低煤耗

煤矸石兼具废弃物和资源的特点,是低热值燃料,国家鼓励利用煤矸石和热值煤混合燃烧发电。2013年国务院正式印发的《能源发展"十二五"规划》中明确指出"优先发展煤矸石、煤泥、洗中煤等低热值煤炭资源综合利用发电"。国家发改委、环保部和能源局颁布的《煤电节能减排升级与改造行动计划》也指出"根据煤矸石、煤泥和洗中煤等低热值煤资源的利用价值,选择最佳途径,实现综合利用"。2011年我国煤矸石等低热值燃料发电总装机容量达到了2.8×10^7 kW,年利用煤矸石1.4×10^8 t,占煤矸石综合利用量的34%以上。但是煤矸石发电存在难以克服的问题,即发热值低、灰分大,因而在燃烧过程中燃烧不完全、温度变化大,这在一定程度上限制了低碳煤矸石的利用。煤矸石燃烧发电后产生粉煤灰,同煤矸石一样,是富硅、富铝资源,极具工业利用价值。

(2)生产建筑材料:如烧结砖瓦、免烧砖瓦、空心砖等,以及作为水泥原料

煤矸石代替黏土作为制砖原料,可以少挖良田。烧砖时,利用煤矸石本身的可燃物,可以节约煤炭。煤矸石烧结空心砖,是指以页岩、煤矸石或粉煤灰为主要原料,经焙烧而成的具有竖向孔洞(孔洞率不小于25%)的砖。

煤矸石可以添加部分黏土组分生产普通水泥。自燃或人工燃烧过的煤矸石,具有一定活性,可作为水泥的活性混合材料,生产普通硅酸盐水泥(掺量低于20%)、火山灰质水泥(掺量20%~50%)和少熟料水泥(掺量大于50%)。还可直接与石灰、石膏以适当的配比,磨成无熟料水泥。可作为胶结料,以沸腾炉渣作骨料或以石子、沸腾炉渣作为粗细骨料制成混凝土砌块或混凝土空心砌块等建筑材料。英国、比利时等国有专用煤矸石代替硅质原料生产水泥的工厂。

（3）煤矸石筑路，回填采矿塌陷区、造地复垦

煤矸石在工程上作为填筑物料使用，使用量大，是直接利用的一种重要途径。主要有：煤矸石综合回填、洼地回填、矿井回填、筑路等。煤矸石回填减轻了煤场在煤矸石堆放方面的压力，且用量大、不需要任何技术、方法简单。煤矸石回填后因其具有一定的水化活性，提高了保水稳定性。

以上利用均属于低值利用，未能实现资源利用的最大化，资源利用率低。

2）精细利用

（1）生产农田用肥料

在碳质页岩和碳质粉砂岩煤矸石中，有机质质量分数较高，一般为10%～20%，富含农作物生长所需的微量元素，远高于一般土壤中的含量。将富含有机质的煤矸石经粉碎磨细后，与过磷酸钙以及活化剂按比例混合，经充分活化堆沤，就可得到土壤用肥料。煤矸石有机复合肥料属长效肥料，养分是逐步析出的，一般有效期可达一年。

（2）合成碳化硅

以高硅煤矸石和无烟煤为原料可以合成碳化硅材料，且较传统原料，其反应速度快、反应温度低、生产成本低。西安交通大学以硅质煤矸石与烟煤为原料成功合成了碳化硅材料。武汉工业大学以硅质煤矸石和无烟煤为原料，采用碳热还原法制备了碳化硅－氧化铝复合材料。

（3）合成分子筛

煤矸石合成沸石主要采用两种方法：直接转化法和两步转化法。直接转化法有原位水热反应法和碱熔－水热法，原位水热反应法是利用煤矸石直接和碱溶液在150℃反应5 h合成沸石型分子筛；碱熔－水热法是利用煤矸石与碱在800℃反应1 h后，制得碱熔熟料，利用水热法合成沸石。两步转化法是利用煤矸石与碱反应溶解其中的硅，用所得硅溶液作为合成沸石的硅源，合成沸石。

（4）制备活性炭

煤矸石中含有10%～30%的碳，可作为制备活性炭的基础原料。经粉碎浮选就可以制备较好的活性炭，强度达85%，其吸碘值高、亚甲基蓝吸附值高、比表面大，可用于有机溶剂的回收、空气与水的净化及做催化剂的载体。

（5）制备白炭黑

煤矸石中的主要成分为二氧化硅和氧化铝，可以从煤矸石中提取二氧化硅，其中二氧化硅可以制备成白炭黑和硅酸钙。白炭黑又称水合二氧化硅，是一种重要的化工原料；硅酸钙是一种保温隔热材料，还可制成高附加值特殊形貌并具有特殊性能的硅酸钙材料。

将煤矸石破碎，焙烧后与盐酸反应，反应物经分离后，将固态产物再处理，粉碎等工序制得白炭黑。但存在盐酸腐蚀和挥发的问题。主要化学反应为：

$$Al_2O_3 + 6HCl \Longrightarrow 2AlCl_3 + 3H_2O$$

剩余固体二氧化硅经碱溶或碱焙烧制备白炭黑。

或者将煤矸石破碎，采用碱焙烧处理得到硅酸钠溶液，经碳分制备白炭黑。主要化学反应为：

$$SiO_2 + 2NaOH \Longrightarrow Na_2SiO_3 + H_2O$$
$$Na_2SiO_3 + CO_2 + nH_2O \Longrightarrow SiO_2 \cdot nH_2O \downarrow + Na_2CO_3$$

（6）利用煤矸石制备氧化铝

氧化铝是电解铝的主要原料。活性氧化铝则是一种重要的化工产品，是具有吸附性、催化性的多孔大表面物质，广泛用作炼油、化肥、石油、橡胶等化学工业的吸附剂、干燥剂、催化剂。此外，也可以利用粉煤灰制备聚硅酸铝铁和聚合氯化铝等产品。目前，从煤矸石中提取氧化铝有碱法和酸法两种工艺。

同粉煤灰一样，处理煤矸石的碱法工艺有石灰石烧结法、碱石灰烧结法和预脱硅碱石灰烧结法。

①石灰石烧结法和碱石灰烧结法提取煤矸石中的氧化铝。

石灰石烧结法是碱熔法提取煤矸石中 Al_2O_3 的常用方法，石灰（石）烧结法是将煤矸石和石灰石或生石灰按一定比例混合后在高温下焙烧，煤矸石中的含铝物相与石灰（石）反应生成铝酸钙和硅酸二钙，经碳酸钠溶液溶出，铝酸钙溶解而硅酸二钙不溶，从而达到分离目的。但该法的烧结温度一般大于 1300℃，故能耗较大；煤矸石中大量的二氧化硅反应生成硅酸二钙，故渣量大。工艺流程见图 5－1。

碱石灰烧结法是把纯碱、石灰（或石灰石）与煤矸石混合焙烧，使煤矸石中的氧化铝转变为易溶的铝酸钠，氧化铁转变为易水解的铁酸钠，氧化硅转变为不溶的硅酸二钙，实现硅铝分离。烧结熟料经破碎、湿磨溶出、分离、脱硅、碳分等工艺得到氢氧化铝，最后煅烧得氧化铝产品。工艺流程见图 5－2。

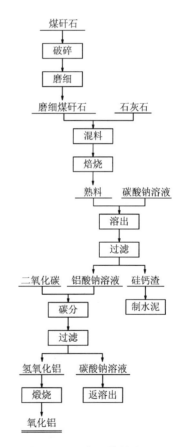

图 5－1　石灰石烧结法处理
煤矸石的工艺流程图

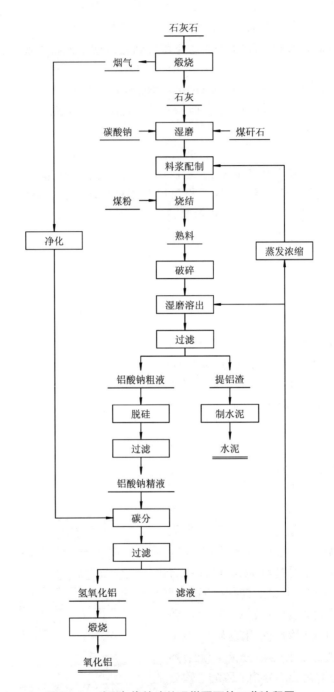

图 5 – 2 碱石灰烧结法处理煤矸石的工艺流程图

碱石灰烧结法与石灰石烧结法都是按煤矸石中的二氧化硅的量配石灰石,二氧化硅含量越高,配入的石灰石量就越大,外排的硅钙渣就越多。每生产 1 t 氧化铝,就会产生 10～12 t 硅酸二钙渣,如果不能用其生产水泥,会产生比原来的煤矸石还大量的固体废弃物。而生产水泥,又因其销售半径受到制约。碱石灰烧结法与石灰石烧结法相比,能耗和渣量有所降低。

碱石灰烧结工艺发生的主要化学反应为:

$$Al_2O_3 + Na_2CO_3 =\!=\!= 2NaAlO_2 + CO_2$$
$$SiO_2 + 2CaO =\!=\!= 2CaO \cdot SiO_2$$
$$2NaAlO_2 + CO_2 + H_2O =\!=\!= 2Al(OH)_3 + Na_2CO_3$$
$$2Al(OH)_3 =\!=\!= Al_2O_3 + 3H_2O \uparrow$$

②预脱硅 + 碱石灰烧结法提取煤矸石中氧化铝。

预脱硅 + 碱石灰烧结法中预脱硅的目的是利用碱先脱出煤矸石中部分二氧化硅,提高煤矸石中铝硅比,减少后续工序硅酸钙的生成量。后面的工序与碱石灰烧结法相同。工艺流程见图 5 - 3。

高压预脱硅工序的主要化学反应为:

$$SiO_2 + 2NaOH =\!=\!= Na_2SiO_3 + H_2O$$

由于预脱硅减少了二氧化硅的量,使提铝过程中加入的石灰石量减少,与石灰石烧结法和碱石灰烧结法相比,减少了硅钙渣的外排量。但预脱硅只能脱出煤矸石中玻璃态二氧化硅,铝硅比提高不大,生产 1 t 氧化铝,也要产生 6～7 t 的硅钙渣,且对煤矸石的物相和成分要求严格。

③酸法提取煤矸石中的氧化铝。

酸法提取煤矸石中的氧化铝是利用酸将煤矸石中的金属氧化物转化为可溶性盐进入溶液,通过添加化工原料调整溶液性质,逐步分离有价组分。酸法处理煤矸石提取氧化铝技术有硫酸焙烧工艺和活化焙烧 - 硫酸浸出工艺。溶液经净化除去铁、镁等杂质离子后可以重结晶制备硫酸铝产品,也可以生产氧化铝,铝提取率均可达到 90% 以上。相对应碱熔法,酸法工艺能耗较低。

④硫酸铵法提取煤矸石中的氧化铝。

东北大学翟玉春教授课题组与企业合作,开发了煤矸石燃煤发电 + 粉煤灰中提取氧化铝和氧化硅的工艺路线。

将硫酸铵和粉煤灰混合焙烧,粉煤灰中的氧化铝和氧化铁与硫酸铵反应生成可溶性硫酸盐,二氧化硅不参加反应。焙烧烟气除尘后降温冷却得到硫酸铵固体,和粉末一起返回混料。焙烧熟料加水溶出,硫酸盐溶于水中,二氧化硅不溶解。过滤得到硫酸盐溶液和硅渣。用氨调节溶液的 pH 使铁铝沉淀。再用氢氧化钠溶液碱溶铁铝沉淀,分离铁铝,得到氢氧化铁和铝酸钠溶液。铝酸钠溶液种分得到氢氧化铝,煅烧得到氧化铝。硅渣用氢氧化钠溶液浸出,硅渣中的二氧化硅

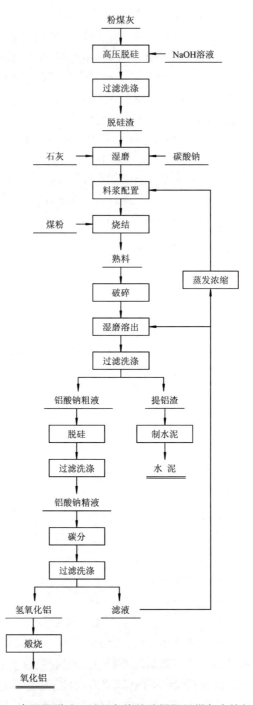

图 5-3 高压预脱硅 + 碱石灰烧结法提取粉煤灰中的氧化铝

生成可溶性的硅酸钠,过滤得到硅酸钠溶液和石英粉,硅酸钠溶液碳分制备白炭黑,也可与石灰乳反应制备硅酸钙。

该工艺将粉煤灰中的有价组元铝、硅、铁都分离提取制成氧化铝、硅酸钙或白炭黑、氢氧化铁产品。所用的化工原料循环利用或制成产品,对环境友好,为粉煤灰的合理利用打开了新的路径,具有推广应用价值。其工艺流程图见图 5-4。

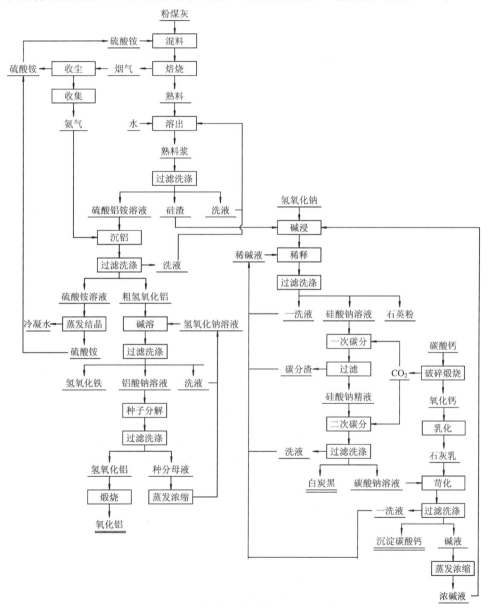

图 5-4 硫酸铵法处理粉煤灰工艺流程图

焙烧工序发生的主要化学反应为：

$$Al_2O_3 + 3(NH_4)_2SO_4 \longrightarrow Al_2(SO_4)_3 + 6NH_3\uparrow + 3H_2O\uparrow$$
$$Fe_2O_3 + 3(NH_4)_2SO_4 \longrightarrow Fe_2(SO_4)_3 + 6NH_3\uparrow + 3H_2O\uparrow$$
$$Al_2O_3 + 4(NH_4)_2SO_4 \longrightarrow 2NH_4Al(SO_4)_2 + 6NH_3\uparrow + 3H_2O\uparrow$$
$$Fe_2O_3 + 4(NH_4)_2SO_4 \longrightarrow 2NH_4Fe(SO_4)_2 + 6NH_3\uparrow + 3H_2O\uparrow$$
$$CaO + (NH_4)_2SO_4 \longrightarrow CaSO_4 + 2NH_3\uparrow + H_2O\uparrow$$
$$(NH_4)_2SO_4 \longrightarrow SO_3\uparrow + 2NH_3\uparrow + H_2O\uparrow$$
$$SO_3 + 2NH_3 + H_2O \longrightarrow (NH_4)_2SO_4$$

焙烧烟气吸收用于沉铁铝，发生的主要化学反应为：

$$Al_2(SO_4)_3 + 6NH_3 + 6H_2O \longrightarrow 2Al(OH)_3\downarrow + 3(NH_4)_2SO_4$$
$$Fe_2(SO_4)_3 + 6NH_3 + 6H_2O \longrightarrow 2Fe(OH)_3\downarrow + 3(NH_4)_2SO_4$$
$$NH_4Fe(SO_4)_2 + 3NH_3 + 3H_2O \longrightarrow Fe(OH)_3\downarrow + 2(NH_4)_2SO_4$$
$$NH_4Al(SO_4)_2 + 3NH_3 + 3H_2O \longrightarrow Al(OH)_3\downarrow + 2(NH_4)_2SO_4$$

5.2 硫酸法绿色化、高附加值综合利用煤矸石

5.2.1 原料分析

煤矸石的物相分析和形貌分析见图 5 - 5 和表 5 - 1。

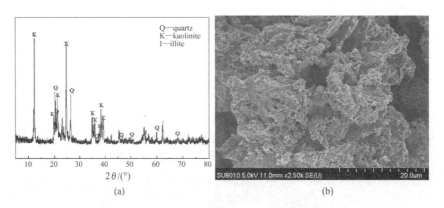

图 5 - 5 煤矸石的 XRD 图 (a) 和 SEM 照片 (b)

表 5 - 1 煤矸石的主要成分 %

SiO	AlO	FeO	MgO	CaO	SO
52.3	23.8	2.38	1.57	1.67	1.07

5.2.2　化工原料

硫酸法处理煤矸石所用的化工原料主要有浓硫酸、氢氧化钠、碳酸氢铵、碳酸钙等。

①浓硫酸(工业级)。

②碳酸氢铵(工业级)。

③氢氧化钠(工业级)。

④碳酸钙(工业级)。

5.2.3　硫酸法工艺流程

将粉碎煤矸石与硫酸混合焙烧,煤矸石中的氧化铝、氧化铁与硫酸反应生成可溶性的硫酸盐,二氧化硅不参加反应。焙烧烟气经除尘后冷凝制酸,返回混料。焙烧熟料加水溶出后浓密收集炭粉。过滤,二氧化硅与硫酸盐分离,得到硅渣和滤液。滤液主要含硫酸铝、硫酸铁。向滤液中加碳酸氢铵调节溶液的 pH 使铁铝沉淀,再用氢氧化钠溶液溶出铁铝沉淀,氢氧化铁不与氢氧化钠反应,得到氢氧化铁和铝酸钠溶液。向铝酸钠溶液中加入氢氧化铝晶种,种分得到氢氧化铝,经煅烧得到氧化铝。将硅渣用氢氧化钠溶液浸出,二氧化硅转变为可溶性硅酸钠,经过滤得到硅酸钠溶液和石英粉。硅酸钠溶液碳分制备白炭黑,也可与石灰作用制备硅酸钙。其工艺流程图见图 5 - 6。

5.2.4　工序介绍

1)磨矿

将煤矸石破碎、磨细至粒度小于 80 μm。

2)混料

将磨细后的煤矸石和浓硫酸按反应物质的化学计量为 l,比硫酸过量 10% 配料,混合均匀。

3)焙烧

将混好的物料在 350~400℃ 焙烧,焙烧产生的烟气主要有 SO_3 和 H_2O,经硫酸吸收制成硫酸返回混料。发生的主要化学反应为:

$$Al_2O_3 + 3H_2SO_4 = Al_2(SO_4)_3 + 3H_2O \uparrow$$
$$Fe_2O_3 + 3H_2SO_4 = Fe_2(SO_4)_3 + 3H_2O \uparrow$$
$$CaO + H_2SO_4 = CaSO_4 + H_2O \uparrow$$
$$H_2SO_4 = SO_3 \uparrow + H_2O \uparrow$$

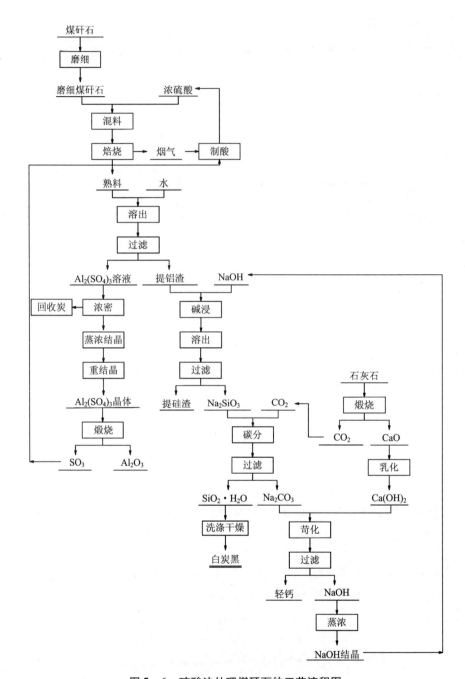

图 5-6 硫酸法处理煤矸石的工艺流程图

4）溶出

将焙烧熟料按液固比 3∶1 加水溶出，保温在 60～80℃。溶出 1 h 后过滤，滤液为硫酸铝溶液，滤渣为主要含二氧化硅的硅渣。

5）沉铝

保持硫酸铝溶液在 80℃，向其中加入固体碳酸氢铵，调节溶液 pH 至 5.1，铝生成氢氧化铝沉淀，铁生成氢氧化铁沉淀，将沉淀后的浆液过滤。滤液经蒸发结晶制成硫酸铵产品，滤渣为粗氢氧化铝。发生主要化学反应为：

$$Al_2(SO_4)_3 + 6NH_4HCO_3 \xlongequal{\quad} 2Al(OH)_3 \downarrow + 3(NH_4)_2SO_4 + 6CO_2 \uparrow$$
$$Fe_2(SO_4)_3 + 6NH_4HCO_3 \xlongequal{\quad} 2Fe(OH)_3 \downarrow + 3(NH_4)_2SO_4 + 6CO_2 \uparrow$$

6）碱溶

在 110℃将粗氢氧化铝加碱溶出，溶出后固液分离。滤液为铝酸钠溶液，送种分工序，滤渣为氢氧化铁，干燥用作炼铁原料。发生的主要化学反应为：

$$Al(OH)_3 + NaOH \xlongequal{\quad} NaAlO_2 + 2H_2O$$

7）种分

向除铁后的铝酸钠溶液中加入氢氧化铝晶种，保持温度在 60～65℃进行种分。种分后过滤得到的氢氧化铝一部分为产品，另一部分用作晶种。过滤所得母液蒸发浓缩返回碱溶。发生的主要化学反应为：

$$NaAl(OH)_4 \xlongequal{\quad} Al(OH)_3 \downarrow + NaOH$$

8）煅烧

将氢氧化铝在 1200～1300℃煅烧，得到氧化铝。发生的主要化学反应为：

$$2Al(OH)_3 \xlongequal{\quad} Al_2O_3 + 3H_2O \uparrow$$

9）碱浸

将硅渣用氢氧化钠溶液浸出，搅拌并升温，温度达到 120℃反应剧烈，浆料温度自行升到 130℃，反应强度减弱后向溶液中加入热液进行稀释，稀释后的浆液温度为 80℃，搅拌后过滤。滤渣为硅渣，主要为石英粉，滤液为硅酸钠溶液。发生的主要化学反应为：

$$SiO_2 + 2NaOH \xlongequal{\quad} Na_2SiO_3 + H_2O$$

10）碳分

在 70℃将二氧化碳气体通入硅酸钠溶液进行碳分。当 pH 到 11 时，停止通气，把碳分浆液过滤分离，得到的滤渣送碱浸工序，滤液为精制硅酸钠溶液二次碳分，保温 80℃，当 pH 到 9.5 时，停止通气，过滤得到的滤饼为二氧化硅，洗涤、干燥后得到白炭黑产品。滤液为碳酸钠溶液。发生的主要化学反应为：

$$2NaOH + CO_2 \xlongequal{\quad} Na_2CO_3 + H_2O$$
$$Na_2SiO_3 + CO_2 \xlongequal{\quad} Na_2CO_3 + SiO_2 \downarrow$$

11）石灰石煅烧

将石灰石煅烧，煅烧产生的烟气经净化、收集送碳分工序，氧化钙送往苛化工序。

$$CaCO_3 =\!=\!= CaO + CO_2\uparrow$$

12）苛化

将碳分后的碳酸钠滤液加石灰苛化，苛化浆液过滤，滤液为氢氧化钠溶液，经蒸发浓缩后，返回碱浸。滤渣为沉淀碳酸钙，过滤、洗涤得到碳酸钙产品。发生的主要化学反应为：

$$CaO + H_2O =\!=\!= Ca(OH)_2$$
$$Na_2CO_3 + Ca(OH)_2 =\!=\!= 2NaOH + CaCO_3\downarrow$$

5.2.5 硫酸法的主要设备

硫酸法工艺用到的主要设备见表 5 - 2。

表 5 - 2 硫酸法工艺主要设备表

工序	主要设备名称	备注
混料工序	双棍犁刀混料机	
焙烧工序	回转焙烧窑	硫酸焙烧法
	除尘器	
	烟气冷凝制酸系统	硫酸焙烧法
溶出工序	溶出槽	耐酸、加热
	水平带式过滤机	连续
沉铝工序	铝沉淀槽	耐酸、加热
	平盘过滤机	连续
碱溶工序	碱溶槽	耐碱、加热
	板框过滤机	非连续
种分工序	种分槽	
	晶种混合槽	
	旋流器	
	平盘过滤机	连续

续表 5 - 2

工序	主要设备名称	备注
煅烧工序	干燥器	
	煅烧炉	
	收尘器	
碱浸工序	浸出槽	耐碱、加热
	水平带式过滤机	连续
碳分工序	二级碳分塔	耐碱、加热
	CO_2 供气系统	
	带式过滤机	连续
石灰石煅烧工序	石灰石煅烧炉	
	烟气冷却系统	
	烟气净化回收系统	
乳化工序	石灰乳化机	耐碱
苛化工序	苛化槽	
	平盘过滤机	连续
储液区工序	酸储液槽	
	碱储液槽	
蒸发浓缩工序	五效蒸发器	
	三效蒸发器	
	冷凝水塔	

5.2.6　硫酸法工艺设备连接简图

硫酸法工艺的设备连接图如图 5 - 7 所示。

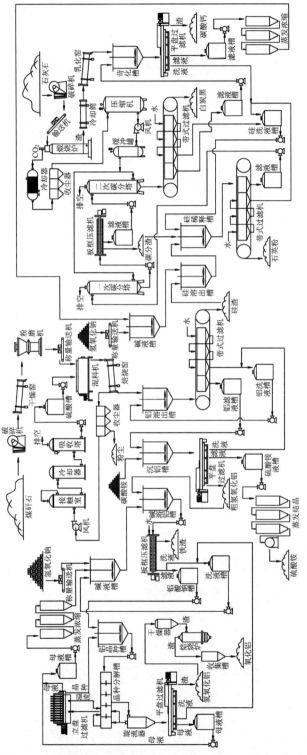

图 5-7 硫酸法工艺的设备连接图

5.3　硫酸铵法绿色化、高附加值综合利用煤矸石

5.3.1　原料分析

同上。

5.3.2　化工原料

硫酸铵法处理煤矸石的化工原料主要有硫酸铵、氢氧化钠、碳酸钙等。

①硫酸铵(工业级)。

②氢氧化钠(工业级)。

③碳酸钙(工业级)。

④碳酸氢铵(工业级)。

⑤硫酸(工业级)。

5.3.3　硫酸铵法工艺流程

将硫酸铵和磨细煤矸石混合焙烧，煤矸石中的氧化铝和氧化铁与硫酸铵反应生成可溶性硫酸盐，二氧化硅不参加反应。焙烧烟气除尘后降温冷却得到硫酸铵固体，和粉末一起返回混料。焙烧熟料加水溶出，硫酸盐溶于水中，二氧化硅不溶解。过滤得到硫酸盐溶液和硅渣，经浓密回收炭。用氨调节溶液 pH 使铁铝沉淀。再用氢氧化钠溶液碱溶铁铝沉淀，分离铁铝，得到氢氧化铁和铝酸钠溶液。铝酸钠溶液种分得到氢氧化铝，煅烧得到氧化铝。硅渣用氢氧化钠溶液浸出，硅渣中的二氧化硅生成可溶性的硅酸钠，过滤得到硅酸钠溶液和石英粉，硅酸钠溶液碳分制备白炭黑，也可与石灰乳反应制备硅酸钙。其工艺流程图见图 5 - 8。

5.3.4　工序介绍

1)磨矿

将煤矸石破碎、磨细至粒度小于 80 μm。

2)混料

将煤矸石和硫酸铵按参与反应物质的化学计量为 1，硫酸铵过量 10% 配料，混合均匀。

3)焙烧

将物料在 450 ~ 500℃ 焙烧，焙烧产生的烟气主要有 NH_3、SO_3 和 H_2O，经降温冷却回收硫酸铵，返回混料，过量氨回收用于沉铝。发生的主要化学反应为：

$$Al_2O_3 + 3(NH_4)_2SO_4 =\!\!=\!\!= Al_2(SO_4)_3 + 6NH_3\uparrow + 3H_2O\uparrow$$

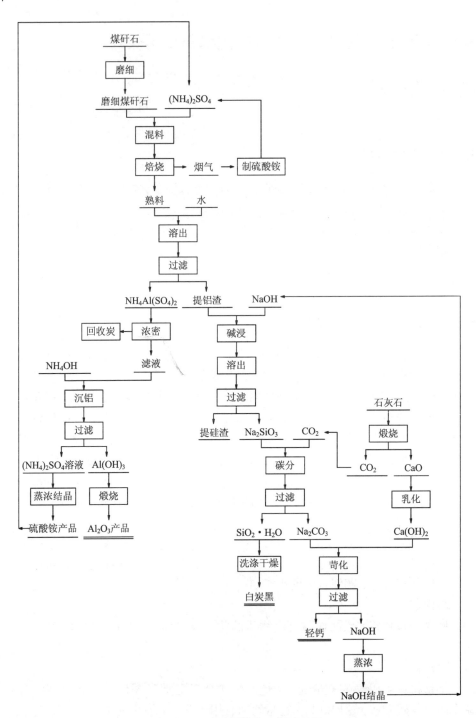

图 5-8 硫酸铵法的工艺流程图

$$Fe_2O_3 + 3(NH_4)_2SO_4 = Fe_2(SO_4)_3 + 6NH_3\uparrow + 3H_2O\uparrow$$
$$Al_2O_3 + 4(NH_4)_2SO_4 = 2NH_4Al(SO_4)_2 + 6NH_3\uparrow + 3H_2O\uparrow$$
$$Fe_2O_3 + 4(NH_4)_2SO_4 = 2NH_4Fe(SO_4)_2 + 6NH_3\uparrow + 3H_2O\uparrow$$
$$CaO + (NH_4)_2SO_4 = CaSO_4 + 2NH_3\uparrow + H_2O\uparrow$$
$$(NH_4)_2SO_4 = SO_3\uparrow + 2NH_3\uparrow + H_2O\uparrow$$
$$SO_3 + 2NH_3 + H_2O = (NH_4)_2SO_4$$

4）溶出

将熟料加水按液固比 3∶1 溶出，保温 60～80℃，溶出 1 h。

5）浓密

将溶出浆料浓密，回收煤矸石中的炭，干燥得到炭产品。浓密后过滤，滤液为硫酸铝铵溶液，滤渣为含二氧化硅的硅渣。

6）沉铝铁

保持硫酸铝铵溶液在80℃，向其中加入焙烧工序回收的氨，调节溶液 pH 至5.1。反应结束后过滤，滤液为硫酸铵溶液，经蒸发结晶得到硫酸铵，返回混料，循环利用。滤渣为粗氢氧化铝。发生的主要化学反应为：

$$Al_2(SO_4)_3 + 6NH_3 + 6H_2O = 2Al(OH)_3\downarrow + 3(NH_4)_2SO_4$$
$$Fe_2(SO_4)_3 + 6NH_3 + 6H_2O = 2Fe(OH)_3\downarrow + 3(NH_4)_2SO_4$$
$$NH_4Fe(SO_4)_2 + 3NH_3 + 3H_2O = 2Fe(OH)_3\downarrow + 3(NH_4)_2SO_4$$
$$NH_4Al(SO_4)_2 + 3NH_3 + 3H_2O = Al(OH)_3\downarrow + 2(NH_4)_2SO_4$$

7）碱溶

将粗氢氧化铝在110℃加碱液溶出，溶出后过滤。滤液为铝酸钠溶液送种分工序。滤渣为氢氧化铁渣，用作炼铁原料。发生的主要化学反应为：

$$Al(OH)_3 + NaOH = NaAlO_2 + 2H_2O$$

8）种分

向除铁后的铝酸钠溶液中加入氢氧化铝晶种，保持温度在60～65℃进行种分。种分后过滤得到的氢氧化铝，一部分为产品，另一部分用作晶种。过滤所得母液主要含氢氧化钠，经蒸发浓缩返回碱溶，循环利用。发生的主要化学反应为：

$$NaAl(OH)_4 = Al(OH)_3\downarrow + NaOH$$

9）煅烧

将氢氧化铝在 1200～1300℃煅烧，得到氧化铝产品。发生的主要化学反应为：

$$2Al(OH)_3 = Al_2O_3 + 3H_2O\uparrow$$

10）碱浸

将硅渣加入氢氧化钠溶液中，升温到 120℃反应剧烈，浆料温度自行升到130℃，反应强度减弱后向溶液中加水稀释，稀释后的浆液温度为80℃，搅拌后过滤。滤渣为提硅渣，主要为石英粉，可加工成硅微粉。滤液为硅酸钠溶液，送碳分工序。发生的主要化学反应为：

$$SiO_2 + 2NaOH = Na_2SiO_3 + H_2O$$

11）煅烧

将碳酸钙煅烧，煅烧产生的烟气经净化、收集送往碳分工序，氧化钙送苛化工序。发生的主要化学反应为：

$$CaCO_3 = CaO + CO_2 \uparrow$$

12）苛化

将硅酸钠滤液加石灰苛化，苛化浆液过滤，滤液为氢氧化钠溶液，蒸发浓缩后，返回碱浸，循环利用。苛化渣为沉淀硅酸钙产品。发生的主要化学反应为：

$$CaO + H_2O = Ca(OH)_2$$
$$Na_2SiO_3 + Ca(OH)_2 = CaSiO_3 + 2NaOH$$
$$Na_2SiO_3 + 2Ca(OH)_2 = Ca_2SiO_4 + 2NaOH$$

13）碳分

在70℃将二氧化碳气体通入硅酸钠溶液进行碳分。当pH到11时，停止通气，把碳分浆液过滤，得到的滤渣送碱浸工序。精制硅酸钠溶液二次碳分，保温在80℃，当pH到9.5时，停止通气，过滤得到的滤饼为二氧化硅，经洗涤、干燥得到白炭黑产品。滤液为碳酸钠溶液，送苛化工序。发生的主要化学反应为：

$$2NaOH + CO_2 = Na_2CO_3 + H_2O$$
$$Na_2CO_3 + Ca(OH)_2 = CaCO_3 + 2NaOH$$

14）苛化

用石灰苛化碳酸钠溶液，苛化浆液过滤，滤液为氢氧化钠溶液，蒸发浓缩，返回碱浸，循环利用。滤渣为沉淀碳酸钙产品。发生的主要化学反应为：

$$CaO + H_2O = Ca(OH)_2$$
$$Na_2CO_3 + Ca(OH)_2 = CaCO_3 + 2NaOH$$

5.3.5 硫酸铵法工艺的主要设备

硫酸铵法工艺用到的主要设备见表5-3。

表5-3 硫酸铵法工艺主要设备表

工序	主要设备名称	备注
混料工序	双辊犁刀混料机	
焙烧工序	回转焙烧窑	
	除尘器	
	烟气净化回收系统	

续表 5 – 3

工序	主要设备名称	备注
溶出工序	溶出槽	耐酸、保温
	水平带式过滤机	连续
沉铝工序	沉铝槽	耐酸、加热
	平盘过滤机	连续
碱溶工序	碱溶槽	耐碱、加热
	板框过滤机	非连续
种分工序	种分槽	
	晶种混合槽	
	旋流器	
	平盘过滤机	连续
煅烧工序	干燥器	
	煅烧炉	
	收尘器	
碱浸工序	碱浸槽	耐碱、加热
	水平带式过滤机	连续
碳分工序	二级碳分塔	耐碱、加热
	CO_2 供气系统	
	带式过滤机	连续
石灰石煅烧工序	石灰石煅烧炉	
	烟气净化回收系统	
乳化工序	石灰乳化机	
苛化工序	苛化槽	
	平盘过滤机	连续
储液区	酸储液槽	
	碱储液槽	
蒸发浓缩工序	五效蒸发器	
	三效蒸发器	
	冷凝水塔	

5.3.6　硫酸铵法工艺设备连接图

硫酸铵法工艺设备连接图如图 5 – 9 所示。

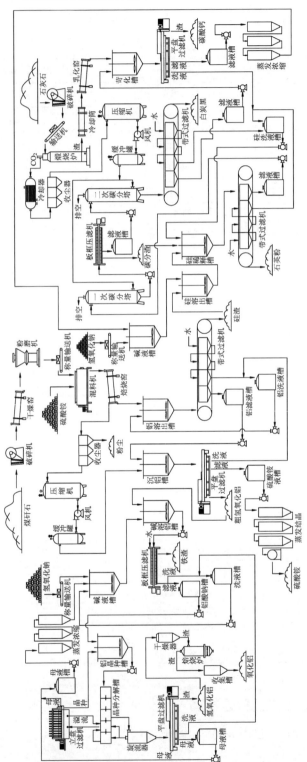

图 5 - 9 硫酸铵法工艺设备连接图

5.4　产品

硫酸法和硫酸铵法处理煤矸石得到主要产品是氢氧化铝、氧化铝、白炭黑、硅酸钙、硫酸铵等。

5.4.1　白炭黑

图 5 - 10 为白炭黑的 XRD 图谱和 SEM 照片。由图可知白炭黑为非晶态。白炭黑粉体为规则的球形颗粒、粒度均匀，分散性良好。

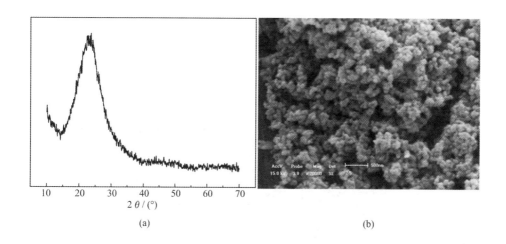

图 5 - 10　白炭黑的 XRD 图谱(a)和 SEM 照片(b)

表 5 - 4 为白炭黑产品干燥后的成分分析结果，表 5 - 5 为化工行业标准 HG/T 3065—1999。可见，白炭黑产品满足化工行业标准。

表 5 - 4　SiO_2 产品成分分析 　　　　　　　　　　　　　%

SiO_2	Al_2O_3	Fe_2O_3	ZnO	MnO	CaO
93.99	< 0.0036	< 0.00015	0.00017	0.00038	< 0.0017

表 5 - 5　化工行业标准 HG/T 3065—1999 和产品检测结果的比较

项目	HG/T 3065—1999	结果
SiO_2 质量分数/%	≥90	94.3
pH	5.0~8.0	7.2
灼烧失重/%	4.0~8.0	6.2
DBP 吸收值/($cm^3 \cdot g^{-1}$)	2.0~3.5	2.8
比表面积/($m^2 \cdot g^{-1}$)	70~200	168

白炭黑是无定形粉末，质轻，具有良好的电绝缘性、多孔性和吸水性。此外还有补强和增黏作用，以及良好的分散、悬浮特性。白炭黑可作为补强材料，应用于橡胶、食品、牙膏、涂料、油漆、造纸等行业。

5.4.2　氢氧化铝和氧化铝

图 5 - 11 为沉淀氢氧化铝 SEM 照片。

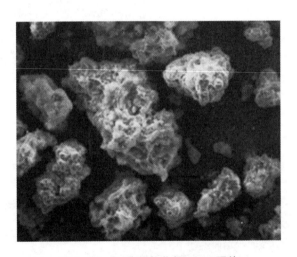

图 5 - 11　沉淀氢氧化铝 SEM 照片

图 5 - 12 为种分氢氧化铝在 1150℃下煅烧 4 h 得到的氧化铝产品的 XRD 图谱和 SEM 照片。

表 5 - 6 和表 5 - 7 分别是氢氧化铝成分分析结果和氢氧化铝国家标准 GB/T 4294—2010。氢氧化铝产品指标满足国家 AH - 1 标准。

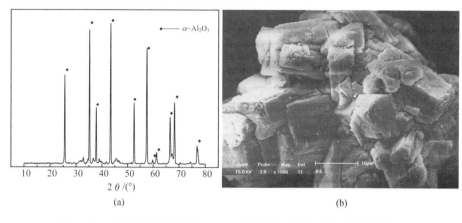

图 5 - 12　1150℃煅烧制备的 Al₂O₃ 的 XRD 图谱(a)和 SEM 照片(b)

表 5 - 6　氢氧化铝化学成分　　　　　　　　　　　　　　　　　　　　　　%

Al₂O₃	SiO₂	Fe₂O₃	Na₂O
64.7	0.008	0.009	0.15

表 5 - 7　氢氧化铝国家标准(GB/T 4294—2010)

项目		Al₂O₃, ≥/%	Fe₂O₃, ≤/%	SiO₂, ≤/%	Na₂O, ≤/%
牌号	AH - 1	64.5	0.02	0.02	0.4
	AH - 2	64.0	0.03	0.04	0.5
	AH - 3	63.5	0.05	0.08	0.6

表 5 - 8 和表 5 - 9 分别是氧化铝成分表和氧化铝国家有色金属行业标准 YS/T 274—1998。可见，氧化铝产品指标满足行业 AO - 1 标准。

表 5 - 8　煅烧氧化铝化学成分　　　　　　　　　　　　　　　　　　　　　%

Al₂O₃	SiO₂	Fe₂O₃	Na₂O
99.22	0.011	0.013	0.19

表5-9 氧化铝国家有色金属行业标准（YS/T 274—1998） %

项目		Al₂O₃，≥	Fe₂O₃，≤	SiO₂，≤	Na₂O，≤
牌号	AO-1	98.6	0.02	0.02	0.50
	AO-2	98.4	0.03	0.04	0.60
	AO-3	98.3	0.04	0.06	0.65
	AO-4	98.3	0.05	0.08	0.70

氢氧化铝和氧化铝产品可作为炼铝原料，也可以做其他高附加值产品，如介孔分子筛、催化剂载体等。

5.4.3 碳酸钙

图5-13为碳酸钙产品的XRD图谱和SEM照片。由图可知碳酸钙为颗粒状粉体，主要为文石相碳酸钙粉体，可用于建筑行业和涂料行业。

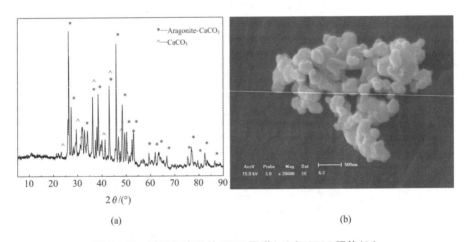

图5-13 碳酸钙产品的XRD图谱(a)和SEM照片(b)

5.4.4 硅酸钙

图5-14为硅酸钙产品的XRD图谱和SEM照片。由图可知硅酸钙为纤维状粉体。在造纸行业、废水处理领域、荧光材料基体领域、生物活性陶瓷领域等有非常广阔的应用前景。

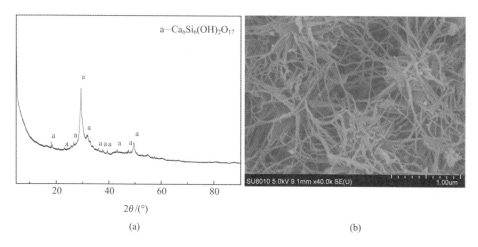

图 5 - 14　硅酸钙产品的 XRD 图谱 (a) 和 SEM 照片 (b)

5.4.5　氧化铁

图 5 - 15 为黄铵铁矾水解氧化铁产品的 XRD 图谱和 SEM 照片。由图可知氧化铁为花状粉体,可用于炼铁,也可用于染料行业。

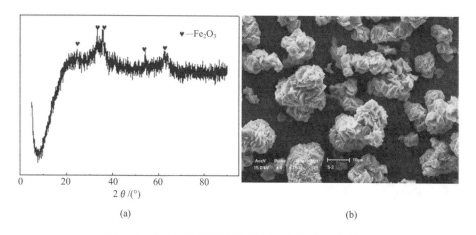

图 5 - 15　氧化铁产品的 XRD 图谱 (a) 和 SEM 照片 (b)

5.5 环境保护

5.5.1 主要污染源和主要污染物

（1）烟气

①硫酸法工艺焙烧烟气中的主要污染物是粉尘和 SO_3；硫酸铵法工艺焙烧烟气中的主要污染物是粉尘和 NH_3、SO_3。

②煤矸石的输送、混料工序产生的粉尘。

③石灰石煅烧产生的粉尘和 CO_2。

（2）水

①生产过程水循环使用，无废水排放。

②生产排水为软水制备工艺排水，水质未被污染。

（3）固体

①煤矸石中的硅制备的白炭黑和硅酸钙产品。

②煤矸石中的铝制备的氧化铝产品。

③苛化过程中产生的沉淀碳酸钙产品。

④硫酸铵溶液蒸浓结晶得到的硫酸铵产品。

生产过程无污染废渣排放。

5.5.2 污染治理措施

（1）焙烧烟气

硫酸焙烧烟气经旋风、重力、布袋除尘，粉尘返回混料。硫酸焙烧烟气经吸收塔二级吸收，SO_3 和水的混合物经酸吸收塔制备硫酸。硫酸铵焙烧烟气产生 NH_3、SO_3，冷却得到硫酸铵固体，过量 NH_3 回收用于沉铝。满足《工业炉窑大气污染物排放标准》（GB 9078—1996）的要求。

（2）通风除尘

产生粉尘设备均带收尘装置。

扬尘：全厂扬尘点均实行设备密闭罩集气、机械排风、高效布袋除尘器集中除尘，系统除尘效率均在99.9%以上。

烟尘：回转窑等烟气除尘系统收集的烟尘全部返回系统再利用。

（3）废水治理

需要水源提供新水，生产用水循环，全厂水循环利用率为90%以上。

各工序产生的废水采用不同方法处理，以实现全厂废水"零"排放。蒸浓结晶工序冷凝水循环使用和二次利用。

（4）废渣治理

整个生产过程中，煤矸石中的主要组分硅、铁、铝均制备成产品，无废渣产生。

（5）噪声治理

本工程的噪声主要由机械动力、流体动力产生。工程设计对高噪声设备采取消声、隔声、基础减振等措施进行处理。

（6）绿化

绿化在防治污染、保护和改善环境方面起到特殊的作用，是环境保护的有机组成部分。绿色植物不仅能美化环境，还具有吸附粉尘、净化空气、减弱噪声、改善小气候等作用。因此在工程设计中对绿化予以了充分重视，通过提高绿化系数改善厂区及附近地区的环境条件，设计厂区绿化占地率不小于20%。

在厂前区及空地等处进行重点绿化，选择树型美观、装饰性强、观赏价值高的乔木与灌木，再适当配以花坛、水池、绿篱、草坪等；在厂区道路两侧种植行道树，同时加配乔木、灌木与花草；在围墙内、外都种以乔木；其他空地植以草坪，形成立体绿化体系。

5.6　结语

煤矸石绿色化、高附加值综合利用的工艺将煤矸石中的有价组元铝、硅、铁都分离提取制成氧化铝、硅酸钙或白炭黑、氢氧化铁产品。所用的化工原料循环利用或制成产品，没有废渣、废水、废气排放，对环境友好。这一工艺为煤矸石的合理利用打开了新的路径，具有推广应用价值。

参考文献

[1] 王佳东，申晓毅，翟玉春，等. 硅酸钠溶液分步碳分制备高纯沉淀氧化硅[J]. 化工学报，2010，61（4）：1064.
[2] 王佳东，申晓毅，翟玉春. 碱溶法提取粉煤灰中的氧化硅[J]. 轻金属，2008（12）：23.
[3] 王佳东，翟玉春，申晓毅. 碱石灰烧结法从脱硅粉煤灰中提取氧化铝[J]. 轻金属，2009（6）：14.
[4] 王佳东，申晓毅，翟玉春. 碱溶粉煤灰提硅工艺条件的优化[J]. 矿产综合利用，2010（4）：42.
[5] 秦晋国，王佳东，王海. 二次碳分制备白炭黑的方法[P]. CN101077777A，2007.11.28.
[6] 申晓毅，常龙娇，王佳东，等. 由除杂铝渣碱溶碳分制备高纯 Al(OH)$_3$[J]. 东北大学学报（自然科学版），2012，33（9）：1315.
[7] 吴艳，翟玉春，李来时，等. 新酸碱联合法以粉煤灰制备高纯氧化铝和超细二氧化硅[J].

轻金属, 2007(9): 24.

[8] 翟玉春, 吴艳, 李来时, 等. 一种由低铝硅比的含铝矿物制备氧化铝的方法[P]. CN200710010917. X, 2008.01.09.

[9] 李来时, 翟玉春, 刘瑛瑛, 王佳东. 六方水合铁酸钙的合成及其脱硅[J]. 中国有色金属学报, 2006, 16(7): 1306 - 1310.

[10] 陈孟伯, 陈舸. 煤矿区粉煤灰的差异及利用[J]. 煤炭科学技术, 2006, 34(7): 72 - 75.

[11] 边炳鑫, 解强, 赵由才. 煤系固体废物资源化技术[M]. 北京: 化学工业出版社, 2005.

[12] 王福元, 吴正严. 粉煤灰利用手册[M]. 北京: 中国电力出版社, 2004.

[13] 聂锐, 张炎治. 21世纪中国能源发展战略选择[J]. 中国国土资源经济, 2006(5): 7 - 11.

[14] 段永泽, 闫寒冰, 张秦燕, 等. 山西省火电厂粉煤灰渣资源综合利用现状及应用前景[J]. 山西电力, 2003, 2(4): 57 - 59.

[15] 侯斌. 浅谈内蒙古投资粉煤灰综合利用项目的必要性[J]. 中国建材, 2006(1): 63 - 64.

[16] Li Y Z, Liu C J, Luan Z K, et al. Phosphate removal from aqueous solutions using raw and activated red mud and fly ash[J]. Journal of Hazardous Materials, 2006, 137(1): 374 - 383.

[17] 聂锐, 张炎治. 21世纪中国能源发展战略选择[J]. 中国国土资源经济, 2006(5): 7 - 11.

[18] 张春雷, 冯圣青. 上海地区普通商品混凝土配制中的若干问题[J]. 建筑材料学报, 2006, 9(3): 337 - 340.

[19] 赵敏岗. 2005年上海市粉煤灰排放量、综合利用量再创新高[J]. 粉煤灰, 2006(2): 48.

[20] 李湘洲. 我国粉煤灰综合利用现状与趋势[J]. 吉林建材, 2004(6): 22 - 24.

[21] 谢尧生. 蒸压粉煤灰砖的性能研究与应用[J]. 砖瓦, 2003(12): 10 - 12.

[22] Cicek T, Tanrıverdi M. Lime based steam autoclaved fly ash bricks[J]. Construction and Building Materials, 2006(28): 1 - 6.

[23] 范锦忠. 烧结粉煤灰陶粒国内外生产技术比较和综合评价[J]. 建材工业信息, 2005(5): 11 - 14.

[24] 陈冀渝. 国内外粉煤灰水泥生产技术进展[J]. 广东建材, 2003(12): 6 - 7.

[25] 何水清, 李素贞. 粉煤灰加气混凝土砌块生产工艺及应用[J]. 粉煤灰, 2004 (2): 37 - 39.

[26] Mc Carthy M J, Dhir R K. Development of high volume fly ash cements for use in concrete construction[J]. Fuel, 2005, 84(11): 1423 - 1432.

[27] 崔翠微, 齐笑雪. 粉煤灰在混凝土工程中的应用浅析[J]. 建筑科技开发, 2005, 32(8): 66 - 68.

[28] 胡明玉, 朱晓敏, 雷斌, 等. 大掺量粉煤灰水泥研究及其在工程中的应用[J]. 南昌大学学报, 2004, 26(1): 34 - 39.

[29] Ha T H, Muralidharan S, Bae J H, et al. Effect of unburnt carbon on the corrosion performance of fly ash cement mortar[J]. Construction and Building Materials, 2005, 19(7): 509 - 515.

[30] 孙晓明, 孙磊, 韩胜文. 粉煤灰泵送混凝土的性能及其在工程中的应用[J]. 黑龙江水专学报, 2004, 31(1): 7 - 9.

[31] 马井娟, 张春鹏, 袁少华. 粉煤灰在大体积混凝土中的应用[J]. 低温建筑技术, 2006

（3）：155 – 156.

[32] 石磊, 郭翠香, 牛冬杰. 粉煤灰在环境保护中的应用[J]. 中国资源综合利用, 2006(7)：8 – 11.

[33] 岳兵, 陆军, 齐淑芬. 粉煤灰在环境保护中的综合利用[J]. 黑龙江环境通报, 2003, 27（1）：25 – 28.

[34] 王兆锋, 冯永军, 张蕾娜. 粉煤灰农业利用对作物影响的研究进展[J]. 山东农业大学学报（自然科学版）, 2003, 34(1)：152 – 156.

[35] 梁小平, 苏成德. 粉煤灰综合利用现状及发展趋势[J]. 河北理工学院学报, 2005, 27（3）：148 – 150.

[36] 徐国想, 范丽花, 李学宇, 等. 粉煤灰沸石合成及应用研究[J]. 化工矿物与加工, 2006（9）：32 – 34.

[37] Hui K S, Chao C Y H. Effects of step – change of synthesis temperature on synthesis of zeolite 4A from coal fly ash[J]. Microporous and Mesoporous Materials, 2006, 88(1 – 3)：145 – 151.

[38] Vernon S Somerset, Leslie F Petrik, Richard A White, et al. Alkaline hydrothermal zeolites synthesized from high SiO_2 and Al_2O_3 co – disposal fly ash filtrates[J]. Fuel, 2005, 84(18)：2324 – 2329.

[39] Peng F, Liang K M, Hu A M. Nano – crystal glass-ceramics obtained from high alumina coal fly ash[J]. Fuel, 2005, 84(4)：341 – 346.

[40] Cheng T W, Chen Y S. Characterisation of glass ceramics made from incinerator fly ash[J]. Ceramics International, 2004, 30(3)：343 – 349.

[41] 王廷吉, 周光, 周萍华, 等. 硅灰石合成高比表面积多孔二氧化硅及其表征[J]. 非金属矿, 2001, 24(6)：17 – 19.

[42] 王平, 李辽沙. 粉煤灰制备白炭黑的探索性研究[J]. 中国资源综合利用, 2004(7)：25 – 27.

[43] 桂强, 方荣利, 阳勇福. 生态化利用粉煤灰制备纳米氢氧化铝[J]. 粉煤灰, 2004(2)：20 – 22.

[44] Matjie R H, Bunt J R, Van Heerden. Extraction of alumina from coal fly ash generated from a selected low rank bituminous South African coal[J]. Minerals Engineering, 2005, 18(3)：299 – 310.

[45] 周海龙, 蒋覃, 刘克, 等. 从粉煤灰中提取氧化铝的实验研究[J]. 轻金属, 1994(8)：19 – 20.

[46] 韩怀强, 蒋挺大. 粉煤灰利用技术[M]. 北京：化学工业出版社, 2001.

[47] 郑国辉. 利用粉煤灰提取氧化铝的工艺及其最佳工艺参数的确定[J]. 稀有金属与硬质合金, 1993(S1)：42 – 46.

[48] Fernandez A M, Ibanez J L, Llavona M A, et al. Leaching of aluminum in Spanish clays, coal mining wastes and coal fly ashes by sulphuricacid[C]. Light Metals：Proceeding of Sessions, TMS Annual Meeting, 1998：121 – 130.

[49] 王文静, 韩作振, 程建光, 等. 酸法提取粉煤灰中氧化铝的工艺研究[J]. 能源环境保护, 2003, 17(4)：17 – 19, 47.

[50] 王国平. 辽宁阜新煤矸石资源化研究[D]. 成都：成都理工大学, 2005.

第6章　高铁铝土矿清洁、高效综合利用

6.1　概述

6.1.1　资源概况

铝土矿是制备氧化铝的主要原料，世界上90%以上的氧化铝是用铝土矿生产出来的。根据2016年和2019年世界铝业协会发布的统计数据，2015年世界氧化铝产量达到11524.7万t；2018年世界氧化铝产量达到11625万t。氧化铝分为冶金级氧化铝和非冶金级氧化铝。冶金级氧化铝主要用于电解炼铝。非冶金级氧化铝在电子、石油、化工、耐火材料、精密陶瓷、军工、环境保护及医药等许多技术领域有广泛应用，非冶金级氧化铝约占整个氧化铝产量的8%~10%。

世界各国对铝土矿床的分类主要按矿物结构和矿床成因分类。按矿物结构，铝土矿可以分为三水铝石型铝土矿、一水软铝石型铝土矿和一水硬铝石型铝土矿。其中，三水铝石型铝土矿容易冶炼，一水软铝石型铝土矿次之，一水硬铝石型的矿石最难冶炼。

按矿床成因，铝土矿可以分为红土型、岩溶型和沉积型三种。红土型铝土矿是硅酸盐岩石风化形成的，世界上一些主要的铝土矿矿床都是红土型铝土矿。大部分红土型铝土矿都是地表矿床。红土型铝土矿储量占世界铝土矿总储量的80%左右。岩溶型铝土矿的资源储量占世界总储量的13%左右，主要分布于南欧、加勒比海地区和亚洲北部地区，我国部分铝土矿属于此类型。此类铝土矿具有高铝高硅的特点，铝的存在形式多为一水硬铝石型，部分为一水软铝石型和一水硬铝石型的混合体。沉积铝土矿矿床储量规模很小，约占世界储量的1%，多分布于东中欧和中国，以一水硬铝石型铝土矿为主。

世界铝土矿分布及产量具有以下特点：地区分布不均衡。世界铝土矿资源分布国家有50多个，其中几内亚、澳大利亚、巴西、越南、牙买加5国就占了储量和资源储量总量的70%以上。

世界铝土矿储量大国中除中国和希腊几乎为一水硬铝石型铝土矿外，其余基本上全为三水铝石型铝土矿。世界主要铝土矿国家矿石类型和化学成分如表6-1所示。

表 6 - 1　世界主要铝土矿国家矿石类型和化学成分

国家	化学成分/%			主要矿石类型
	Al₂O₃	Fe₂O₃	SiO₂	
澳大利亚	25～58	5～37	0.5～38	三水铝石、一水软铝石
几内亚	40～60.2	6.4～30	0.8～6	三水铝石、一水软铝石
巴西	32～60	1.0～58.1	0.95～25.75	三水铝石
中国	50～70	1～13	9～15	一水硬铝石
越南	44.4～53.23	17.1～22.3	1.6～5.1	三水铝石、一水硬铝石
牙买加	45～50	16～25	0.5～2	三水铝石、一水软铝石
印度	40～80	0.5～25	0.3～18	三水铝石
圭亚那	50～60	9～31	0.5～17	三水铝石
希腊	35～65	7.5～30	0.4～3	一水硬铝石、一水软铝石
苏里南	37.361.7	2.8～19.7	1.6～3.5	三水铝石、一水软铝石

（表中化学成分单位为 %）

现在世界铝土矿资源储量约为 270 亿 t，我国约为 7.5 亿 t，占全球储量的 2.78%，居世界第 7 位，但铝土矿人均占有储量是国外人均储量的 1/11。我国铝土矿资源产业消耗量巨大，铝土矿年开采量占世界开采总量的 8%，资源保障程度有限，是铝土矿资源相对缺乏的国家。

我国铝土矿资源主要分布在山西、广西、贵州和河南四省区，这四个省区铝土矿资源占全国储量的 90% 以上，其中山西 41.6%、贵州 17.1%、河南 16.7%、广西 15.5%。另外，重庆、山东、云南、河北、四川、海南等 15 个省市也有一定的铝土矿资源储量。但具有经济意义、可开采利用的储量只占查明资源储量的 21.5%。

山西省是我国铝土矿资源储量最大的省。山西的铝土矿主要集中分布在 13 个铝土矿集中区，其中吕梁和忻州两地区资源储量很大。贵州铝土矿主要以一水硬铝石为主，有少量的一水软铝石和极少量的三水铝石。河南探明的铝土矿储量居全国第二位，大多为沉积型铝土矿，主要集中分布在黄河以南、京广铁路以西和陇海铁路两侧的似三角形的地区内，为一水硬铝石矿床。

我国是世界铝产量和铝消费量第一大国，2012 年我国铝产量为 2026.7 万 t；2014 年我国铝产量为 2438.2 万 t，占全年世界铝产量的 46.6%。我国氧化铝工业近十年来亦获得快速发展，2016 年，我国氧化铝产量已达 6090.5 万 t、电解铝产量达到 3220 万 t。目前，国内铝土矿供应严重不足。铝土矿资源的严重短缺已成为制约我国氧化铝工业发展的瓶颈，加大对我国低品位铝土矿资源的开发利用力度具有重要的现实意义。

1987年，在广西贵港发现了我国第四个红土型三水铝土矿床，也是我国最大的红土型三水铝土矿。迄今，我国探明的高铁铝土矿资源主要分布在广西、福建、山西、台湾等地省、地区，因其地质成矿条件不同，各地高铁铝土矿各有特点。

广西贵港高铁铝土矿 Fe_2O_3 质量分数达35%～46%，在漫长的岁月里，湿热交替的气候环境将裸露地表的泥盆系、石炭系碳酸盐风化成了高铁三水铝土矿。矿石中的主要矿物为三水铝石、针铁矿、赤铁矿和高岭土。矿石主要呈隐晶结构、凝胶结构，常见豆状、鲕状、结核状构造。该类铝土矿分布于广西中南、东南部玉林至南宁一带的近十个县市，其中贵港、横县、宾阳一带矿石质量好，矿化面积大。贵港铝土矿大部分出露地表，覆盖层薄，矿层疏松，极易开采，总储量超过2亿t。

桂西铝土矿为堆积型铝土矿，矿石主要为鲕状及致密块状结构。矿石主要由一水硬铝石、针铁矿、赤铁矿和高岭土组成，Al_2O_3 质量分数为40.03%～73.83%、Fe_2O_3 质量分数为6.36%～37.06%，组分简单，杂质含量少。矿床集中分布于平果至靖西一带，东西长约240 km、南北宽约70 km的区域内，是国内最大的堆积型铝土矿床，储量在5亿t以上。

福建漳浦高铁铝土矿是水解淋滤作用形成的红土型铝土矿，矿石中主要矿物是三水铝石和少量的一水铝石，次要矿物有赤铁矿、针铁矿等。矿石中 Al_2O_3 质量分数为45%，Fe_2O_3 质量分数为17%，SiO_2 质量分数仅6%左右。主要的矿石结构有胶状结构、微晶结构、假象交代结构等，常见有豆状、皮壳状胶结构造以及次生胶结构造，矿床分布于漳浦深土、赤湖、佛昙一带，矿区沿海岸线从大肖向北东方向延伸约40 km，资源储量达500万～1000万t。

海南文昌地区的铝土矿石性质与漳浦地区相近，含铁量稍低，保有储量达1330万t。

山西保德高铁铝土矿是大型红土－沉积型铝土矿，分布于山西省西北部的保德桥头以南至兴县奥家湾以北区域。矿石由一水硬铝石、高岭土、赤铁矿、针铁矿、锐钛矿等矿物组成，储量约为1.4亿t。

此外，河南、四川、贵州、台湾等地省、地区也分布着大量的高铁铝土矿，全国高铁型铝土矿资源总量为15亿t以上。虽然各地高铁铝土矿具有不同的矿产地质特征，但大都裸露于地表，属易开采矿石，且普遍解离性能差，到目前为止大部分高铁铝土矿还未得到合理的开发利用。

高铁铝土矿的主要组分为 Al_2O_3、Fe_2O_3、SiO_2。其中 Al_2O_3 质量分数为20%～37%，平均为28%；Fe_2O_3 质量分数为35%～46%，平均为40%，远远高于通常铝土矿的值；SiO_2 质量分数为4%～12%，平均为8%；灼减量为10%～20%，平均为 17% 。矿石中的铝硅比为 2:7。此外，还伴生有 V、Ga 等有价金属组元。

高铁铝土矿中铝矿物以游离态、类质同相及硅酸盐三种形式存在。游离态多以三水铝石、一水铝石形式存在，类质同相的形式存在于针铁矿和赤铁矿中。铁矿物主要以针铁矿和赤铁矿形式存在。因铝、铁呈类质同相的形式存在，铁矿物中的铝和铁含量不稳定。针铁矿中铝质量分数较高，约占总 Al_2O_3 的 17%～25% ，平均为 20% 。矿物中铝、铁、硅等有价组元相互嵌布，常呈变胶状集合体，具有明显的变胶态成因特征。

广西高铁铝土矿中铝和铁含量均未达到现代的冶炼工艺要求，若以单一铁矿或铝土矿开发，经济上不合理，技术不可行，因此必须考虑矿石的综合利用。由于高铁铝土矿化学成分种类多，矿物结构复杂，嵌布细、分散，给其有价组元分离造成了很大困难。国内科研工作者及设计部门做了大量的试验研究工作，提出了多种综合利用方案，但均未在工业生产中得以扩大应用。

6.1.2　工艺技术

国外主要采用火法冶炼高铁铝土矿，按设备分为电炉熔炼法、高炉冶炼法、回转窑还原法、回转窑还原 – 电炉熔炼法，与国内早期的三种方法大同小异。我国早期利用广西高铁铝土矿的工艺主要有"先选后冶"工艺、"先铝后铁"工艺和"先铁后铝"工艺。

1)先选后冶工艺

"先选后冶"工艺是最早被提出的工艺，主要过程为：通过选矿的方法使含铝矿物与含铁矿物分离富集得到铝精矿与铁精矿，再分别冶炼铝精矿、铁精矿。此工艺的关键在于选矿工序分离铝、铁，而此类铝土矿中铁、铝互相嵌布，密切共生，给选矿带来极高的难度。

物理选矿法和化学选矿法均被采用过，物理选矿法主要采用磁选、浮选、磁选 – 浮选联合流程等。

东北大学李殷泰、毕诗文等在 1990 年进行了一系列的选矿试验，其中包括五个磁选方案。此外，在北京地质科学院的配合下还进行了中频介电分选。但是，选矿试验均未取得满意效果。

中南大学唐向琪等曾采用阶段磨矿、旋流分级、浮选、选择絮凝、强磁选、高梯度磁选、重介质选矿、磁化焙烧 – 磁选等 8 种方法研究贵港铝土矿的分选效果，但由于高铁铝土矿中的大部分矿物结晶不好，颗粒微细，部分呈凝胶状，矿物间互相胶结包裹，结构复杂，解离性能极差，实验也未能得到满意的结果。

2)先铝后铁工艺

"先铝后铁"工艺是利用三水铝石易于浸出的特点，先采用拜耳法将矿石中易于浸出的三水铝石浸出，再把浸出后的富铁赤泥经磁化焙烧和磁选造球后进行冶炼。实验结果表明，铝、铁相互嵌布共生且矿中含有部分一水铝石、硅矿物导致氧化铝的浸出率低，约为55%，低于理论溶出率（约70%）。此外在赤泥炼铁时，存在赤泥脱钠、物料成团、铁的回收率偏低等问题。

中南大学唐向琪等对贵港三水铝石型铝土矿采用"先铝后铁"方案进行试验，将赤泥炼铁工艺进行改进：省去赤泥脱钠过程，采用催化还原焙烧技术，将还原焙烧温度降低为1000~1150℃。制得的含铁90%以上的海绵铁直接作电炉炼钢原料，铁的回收率为85%以上。针对赤泥的洗涤问题，提出了赤泥粗细分步分离、分别洗涤的技术，使上述问题得到了较好的解决。赤泥处理的工艺如图6-1所示。

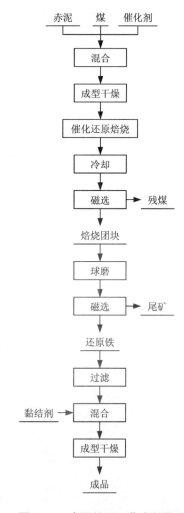

图6-1 赤泥处理工艺流程图

3）"先铁后铝"工艺

"先铁后铝"工艺是在电炉或高炉中还原铝土矿冶炼出生铁的同时，制取自粉性铝酸钙炉渣，再用碳酸钠溶液或碳分母液溶出炉渣，得到铝酸钠溶液，进而得到氧化铝。

李殷泰等对"先铁后铝"工艺进行了深入系统的研究，先后制定了四个方案：金属预还原 – 电炉熔分 – 提取氧化铝方案；粒铁法方案；生铁熟料法方案；铝土矿烧结 – 高炉冶炼 – 提取氧化铝方案。

（1）金属预还原 – 电炉熔分 – 提取氧化铝

金属预还原 – 电炉熔分 – 提取氧化铝工艺主要过程为：在铝土矿中配入石灰石和煤，在 1000 ~ 1300℃ 的温度下于回转窑中进行还原焙烧，再将还原炉料加入电炉，在 1600 ~ 1700℃ 的高温下铁矿物还原为金属铁。此时，完成铁和铝的分离完成。用碳酸钠溶液浸出炉渣提取氧化铝，浸出渣用于生产水泥。

该工艺无废料排放，工艺技术成熟，是目前钢铁工业和氧化铝工业现行工艺的组合，金属收率高，铁的回收率为 90% 以上，最高达 99%，Al_2O_3 浸出率为 80%（按原矿 85%）以上。但是此工艺设备投资大，电耗大，对电力缺乏的广西来说，成本高，经济上不可行。

（2）粒铁法

粒铁法主要过程为：在铝土矿中配入石灰石和煤，采用回转窑在 1400 ~ 1500℃ 的温度下还原焙烧，还原炉料经缓冷后自粉化，再采用磁选方法分离出粒铁和铝酸钙渣。粒铁用于炼钢，铝酸钙渣用于浸出生产氧化铝。

该方案主要是为了减少电耗而采用回转窑进行矿石的还原。但是该工艺中，铁不能有效聚合，磁选效果差，工艺技术难度大。

（3）生铁熟料法

生铁熟料法主要过程为：在铝土矿中配入石灰石和煤，采用回转窑在 1480℃ 的温度下将铁矿物还原成铁水，铁水经钠化吹钒后炼钢，铝酸钙渣用于浸出氧化铝。

该工艺铝、铁回收率较高，且能源为煤，对电力紧张的广西较适宜。但存在熔炼温度高，能耗偏高且回转窑炉衬与铁水接触，寿命短等问题。

（4）铝土矿烧结 – 高炉冶炼 – 提取氧化铝

铝土矿烧结 – 高炉冶炼 – 提取氧化铝工艺主要过程为：将矿石按一定比例配入石灰石、煤粉和生石灰，混料后烧结，烧结矿入高炉冶炼。在高炉内，铁矿物还原成铁水，铝矿物反应生成铝酸钙渣，实现渣铁分离。炉渣用于浸出氧化铝。其主要流程如图 6 - 2 所示。

研究表明，该工艺在技术上可行，铁的回收率达 98%；铝酸钙渣缓慢冷却后，用碳酸钠溶液对其进行溶出，氧化铝浸出率大于 82%。但采用高炉冶炼，炉渣碱度高、黏度大，导致熔炼温度高，且由于矿石铁品位低，石灰加入量大，导致炉渣量大。因此,经济上可行性较差。

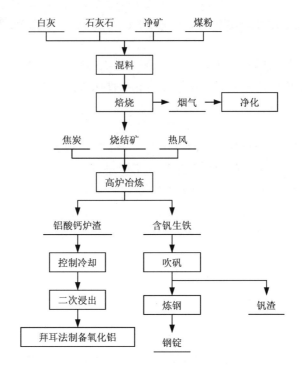

图6-2 高炉冶炼工艺流程图

4)综合利用方案

近年来,科研人员提出了几种新的综合利用高铁铝土矿的方法。

(1)同时提取铁铝工艺

同时提取铁铝的工艺流程为:将铝土矿按比例配入还原炭粉、添加剂(碳酸钠、氧化钙或碳酸钙),经球磨、混匀、造球、干燥后,进行还原焙烧。还原铁的同时,铝形成铝酸钠。焙烧后物料经湿磨、沉降分离后,得到含铁渣和粗铝酸钠溶液。含铁渣磁选后得到铁精矿,粗铝酸钠溶液经脱硅、碳分得到氢氧化铝。胡文韬等进行了实验研究,得到的工艺条件为:在还原温度1150℃、还原时间45 min、Na_2CO_3用量40.47%、还原剂用量11.9%下,得到的粉末铁品位为95.88%、铁回收率为89.92%、氧化铝溶出率为75.92%。

(2)钠化还原磁选-酸溶钠硅渣工艺

钠化还原磁选-酸溶钠硅渣工艺流程为:把高铁铝土矿磨细,配入一定比例的无机钠盐,混匀、造球并干燥。以煤为还原剂,采用竖炉在一定温度下对球团进行还原焙烧。还原球团经冷却、破碎和湿磨后,磁选分离铝、铁。所得非磁性钠硅渣采用硫酸浸出法提取铝。经硫酸浸出后，铝和钠进入溶液中。结晶析出硫酸铝，硫酸铝结晶后的溶液再经氢氧化钠溶液中和、蒸发结晶析出硫酸钠。原矿中的镓随金属铁进入磁性物质中，在炼钢过程中加入氯化剂，再通过分段冷凝，分离得到高浓度氯化镓，再进一步加工成金属镓。而铁则冶炼成钢。钒主要富集在非磁性物中，非磁性物经硫酸浸出后进入滤渣中，滤渣经"钠化提钒"后得到五氧化二钒。其主要工艺流程如图 6-3 所示。

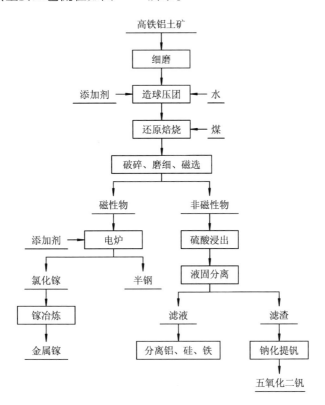

图 6-3　高铁铝土矿综合利用工艺

(3)硫酸焙烧提取铁铝工艺

硫酸焙烧提取铁铝工艺流程为：将高铁铝土矿干燥、破碎磨细后与硫酸混合焙烧，高铁铝土矿中的铝、铁与硫酸反应生成可溶性硫酸盐，二氧化硅不与硫酸反应。焙烧烟气除尘后吸收制成硫酸，返回混料焙烧。焙烧熟料经水溶出后，二氧化硅不溶于水，与溶于水的硫酸盐分离，得到的硫酸盐溶液含铁高，用氨调控pH，铁生成羟基氧化铁，用于炼铁。过滤后的溶液继续用氨调节 pH，铝生成氢氧化铝沉淀，过滤得到粗氢氧化铝，采用拜耳法处理，得到氧化铝，用于电解铝。其主要工艺流程如图 6-4 所示。

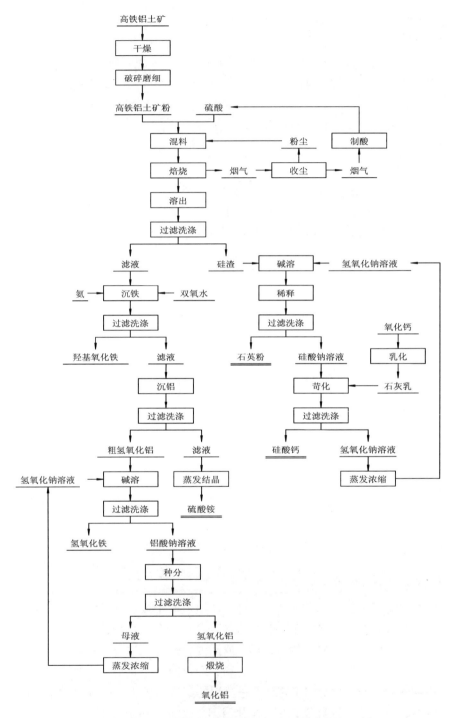

图 6-4　高铁铝土矿硫酸法综合利用工艺

6.2　硫酸铵(硫酸氢铵)法清洁、高效综合利用高铁铝土矿

6.2.1　原料分析

图 6-5 为高铁铝土矿的 XRD 图谱和 SEM 照片。

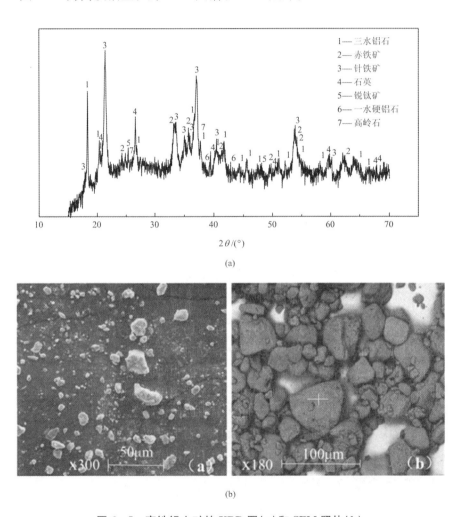

图 6-5　高铁铝土矿的 XRD 图(a)和 SEM 照片(b)

由图 6-5 可以看出:铝土矿结晶不完全,铝土矿中的铝主要以三水铝石形式存在,还有一水硬铝石和高岭土。铁主要以赤铁矿和针铁矿形式存在,铝土矿中含有石英和锐钛矿。矿石表面较致密,形状不规则。

高铁铝土矿成分如表6-2所示。由表6-2可见，该矿属高铁、低铝硅比铝土矿。该矿铝硅比远低于工业采用碱法生产氧化铝所用原料水平。含铁过高也不符合碱法生产工艺要求。含铁品位还达不到直接作为炼铁矿物的要求。

表6-2　高铁铝土矿成分分析　　　　　　　　　　　　%

Al_2O_3	SiO_2	Fe_2O_3	TiO_2	MnO_2
18.96~27.12	8.63~11.82	31.24~46.89	0.98~1.57	1.10~1.89

6.2.2　化工原料

硫酸铵(硫酸氢铵)法处理高铁铝土矿所用的化工原料主要有硫酸铵(硫酸氢铵)、浓硫酸、氨、双氧水、碳酸氢铵、氢氧化钠等。

①硫酸铵(硫酸氢铵)：工业级。

②浓硫酸：工业级。

③双氧水：工业级。

④碳酸氢铵：工业级。

⑤氨：工业级。

⑥氢氧化钠：工业级。

6.2.3　硫酸铵(硫酸氢铵)法工艺流程

将高铁铝土干燥矿粉碎磨细后与硫酸铵(硫酸氢铵)混合焙烧，高铁铝土矿中的铝、铁与硫酸铵反应生成可溶性盐，二氧化硅不与硫酸反应。焙烧烟气除尘后用硫酸吸收制成硫酸铵(硫酸氢铵)，返回混料。焙烧熟料经水溶出后，二氧化硅不溶于水，与溶于水的硫酸盐分离，得到的硫酸盐溶液含铁高。用氨调控 pH，铁生成羟基氧化铁，用于炼铁。过滤后的溶液继续用氨调节 pH，铝生成氢氧化铝沉淀，过滤得到粗氢氧化铝，采用拜耳法处理，得到氧化铝，用于电解铝。具体工艺流程如图6-6所示。

6.2.4　工序介绍

(1)干燥磨细

将高铁铝土矿干燥，使物料含水量小于5%。将干燥后的高铁铝土矿破碎、磨细至粒度小于80 μm。

(2)混料

将磨细后的高铁铝土矿与硫酸铵(硫酸氢铵)混合，高铁铝土矿与硫酸铵(硫

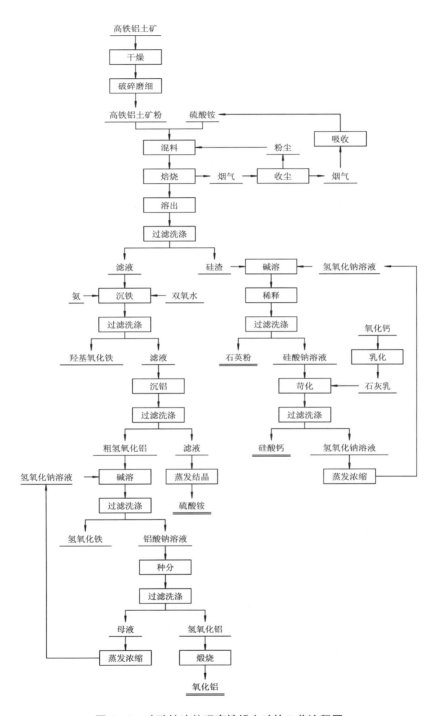

图 6-6　硫酸铵法处理高铁铝土矿的工艺流程图

酸氢铵)的比例为：高铁铝土矿中的氧化铁、氧化铝按与硫酸铵(硫酸氢铵)完全反应所消耗的硫酸铵(硫酸氢铵)物质的量计为1，硫酸过量30%。

（3）焙烧

将混好物料在400~500℃焙烧，保温1~2 h。焙烧产生的SO_3和H_2O用硫酸吸收，吸收后得到的硫酸铵(硫酸氢铵)返回混料工序循环使用。尾气经碱吸收塔吸收后排放，排放的尾气达到国家环保标准。发生的主要化学反应为：

$$(NH_4)_2SO_4 = NH_4HSO_4 + NH_3 \uparrow$$
$$Al_2O_3 + 3(NH_4)_2SO_4 = Al_2(SO_4)_3 + 6NH_3 \uparrow + 3H_2O \uparrow$$
$$Fe_2O_3 + 3(NH_4)_2SO_4 = Fe_2(SO_4)_3 + 6NH_3 \uparrow + 3H_2O \uparrow$$
$$Al_2O_3 + 4(NH_4)_2SO_4 = 2NH_4Al(SO_4)_2 + 6NH_3 \uparrow + 3H_2O \uparrow$$
$$Fe_2O_3 + 4(NH_4)_2SO_4 = 2NH_4Fe(SO_4)_2 + 6NH_3 \uparrow + 3H_2O \uparrow$$
$$Al_2O_3 + 3NH_4HSO_4 = Al_2(SO_4)_3 + 3NH_3 \uparrow + 3H_2O \uparrow$$
$$Fe_2O_3 + 3NH_4HSO_4 = Fe_2(SO_4)_3 + 3NH_3 \uparrow + 3H_2O \uparrow$$
$$Al_2O_3 + 4NH_4HSO_4 = 2NH_4Al(SO_4)_2 + 2NH_3 \uparrow + 3H_2O \uparrow$$
$$Fe_2O_3 + 4NH_4HSO_4 = 2NH_4Fe(SO_4)_2 + 2NH_3 \uparrow + 3H_2O \uparrow$$
$$NH_4HSO_4 = H_2SO_4 + NH_3 \uparrow$$

焙烧尾气冷凝吸收过程发生的反应为：

$$2NH_3 + H_2O + SO_3 = (NH_4)_2SO_4$$
$$2NH_3 + H_2SO_4 = (NH_4)_2SO_4$$

焙烧烟气中的SO_3、NH_3和H_2O降温冷却得到硫酸铵晶体，返回混料；过量的NH_3回收用于除铁、沉铝。排放的尾气达到国家环保标准。

用硫酸氢铵和氧化锌矿混合焙烧，发生的主要化学反应为：

$$Al_2O_3 + 3NH_4HSO_4 = Al_2(SO_4)_3 + 3NH_3 \uparrow + 3H_2O \uparrow$$
$$Fe_2O_3 + 3NH_4HSO_4 = Fe_2(SO_4)_3 + 3NH_3 \uparrow + 3H_2O \uparrow$$
$$Al_2O_3 + 4NH_4HSO_4 = 2NH_4Al(SO_4)_2 + 2NH_3 \uparrow + 3H_2O \uparrow$$
$$Fe_2O_3 + 4NH_4HSO_4 = 2NH_4Fe(SO_4)_2 + 2NH_3 \uparrow + 3H_2O \uparrow$$
$$NH_4HSO_4 = H_2SO_4 + NH_3 \uparrow$$

焙烧尾气冷凝吸收过程发生的反应为：

$$NH_3 + H_2O + SO_3 = NH_4HSO_4$$
$$NH_3 + H_2SO_4 = NH_4HSO_4$$

（4）溶出

焙烧熟料趁热加水溶出，溶出液固比为4:1，溶出温度60~80℃，溶出时间1 h。

（5）过滤

将熟料溶出后的浆液过滤，得到硅渣和溶出液。硅渣主要为二氧化硅，可深加工制备硅酸钙。

（6）沉铁

保持溶液温度在40℃以下，向溶出液中加入双氧水将二价铁离子氧化成三价铁离子。保持溶液温度在40℃以上，向滤液中加入氨，调控溶液的 pH 大于3，使铁生成羟基氧化铁沉淀，过滤后羟基氧化铁作为炼铁原料。滤液主要含硫酸铝。发生的主要化学反应为：

$$2Fe^{2+} + H_2O_2 + 2H^+ = 2Fe^{3+} + 2H_2O$$

$$Fe_2(SO_4)_3 + 6NH_3 \cdot H_2O = 2FeOOH \downarrow + 3(NH_4)_2SO_4 + 2H_2O$$

（7）沉铝

向滤液中加入氨，调节溶液的 pH 至5.1，溶液中的铝形成氢氧化铝沉淀。过滤后的滤液主要含硫酸铵（硫酸氢铵），滤渣为粗氢氧化铝，用拜耳法制备氧化铝。发生的化学反应为：

$$Al^{3+} + 3OH^- = Al(OH)_3 \downarrow$$

（8）结晶

将含硫酸铵（硫酸氢铵）的滤液浓缩结晶，得到硫酸铵（硫酸氢铵），返回混料工序。

（9）拜耳法制备氧化铝

将粗氢氧化铝碱溶、种分得到氢氧化铝，煅烧氢氧化铝，得到氧化铝，用于制备电解铝。碱液循环利用。发生的主要化学反应有：

$$2Al(OH)_3 + 2NaOH = 2NaAl(OH)_4$$

$$2Al(OH)_3 = Al_2O_3 + 3H_2O \uparrow$$

6.2.5　主要设备

硫酸铵法工艺的主要设备见表6-3。

表6-3　硫酸法工艺主要设备

工序名称	设备名称	备注
磨矿工序	回转干燥窑	干法
	煤气发生炉	干法
	颚式破碎机	干法
	粉磨机	干法
混料工序	犁刀双辊混料机	

续表 6 – 3

工序名称	设备名称	备注
焙烧工序	回转焙烧窑	
	除尘器	
	烟气净化回收系统	
溶出工序	溶出槽	耐酸、连续
	带式过滤机	连续
沉铁工序	沉铁槽	耐酸、加热
	高位槽	
	板框过滤机	非连续
沉铝工序	高位槽	
	沉铝槽	耐酸
	板框过滤机	非连续
储液区	酸式储液槽	
	碱式储液槽	
蒸发结晶工序	五效循环蒸发器	
	冷凝水塔	
种分工序	种分槽	
	旋流器	
	晶种混合槽	
	圆盘过滤机	连续

6.2.6 设备连接图

硫酸铵法工艺的设备连接图如图 6 – 7 所示。

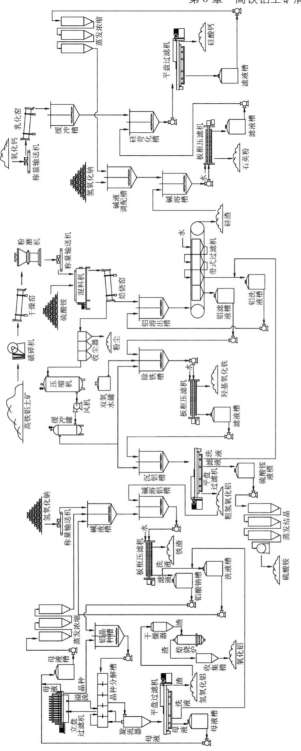

图 6-7　硫酸铵法工艺设备连接图

6.3 产品

硫酸铵(硫酸氢铵)法处理高铁铝土矿得到的主要产品有氧化铝、硅酸钙、羟基氧化铁等。

6.3.1 氧化铝

对沉淀氢氧化铝进行煅烧,对煅烧后的产物进行 X 射线衍射分析和电子扫描微观形貌分析,结果如图 6 - 8 所示。由图可以看出,煅烧产物结晶度好,产物为氧化铝。

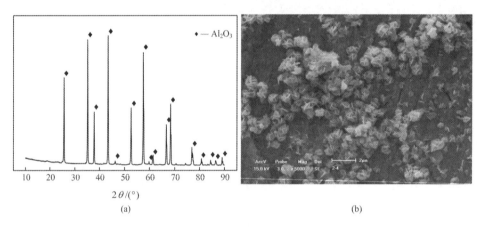

图 6 - 8　煅烧产物的 XRD 图谱(a)和 SEM 照片(b)

对种分氢氧化铝进行煅烧,对煅烧后的产物进行 X 射线衍射分析和电子扫描微观形貌分析,结果如图 6 - 9 所示。由图可以看出,煅烧产物结晶度好,产物为氧化铝。

对煅烧后的产物进行成分及灼减量检测,结果如表 6 - 4 所示。

表 6 - 4　氧化铝成分及灼减量检测结果　　　　　　　　　　　　%

Al_2O_3	SiO_2	Fe_2O_3	Na_2O	灼减
98.43	0.05	0.02	0.5	0.8

氧化铝国家标准见表 6 - 5。

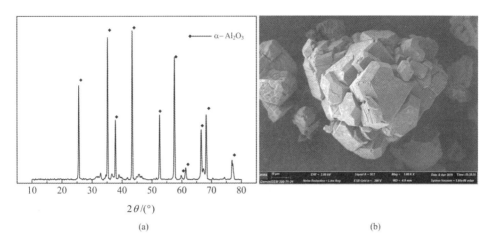

图 6 - 9　煅烧产物的 XRD 图谱(a)和 SEM 照片(b)

表 6 - 5　GB/T 24487—2009 氧化铝标准

牌号	化学成分/%				
	Al_2O_3, 不小于	杂质，不大于			
		SiO_2	Fe_2O_3	Na_2O	灼减
AO - 1	98.6	0.02	0.02	0.50	1.0
AO - 2	98.5	0.04	0.02	0.60	1.0
AO - 3	98.4	0.06	0.03	0.70	1.0

可见，所得氧化铝满足 AO - 3 指标要求，可用于熔盐电解法生产金属铝，也可作为生产刚玉、陶瓷、耐火制品及生产其他氧化铝化学制品的原料。

6.3.2　硅酸钙

硅酸钙粉体的 SEM 照片见图 6 - 10，表 6 - 6 为其成分分析结果。硅酸钙主要用作建筑材料、保温材料、耐火材料、涂料的体质颜料及载体。

表 6 - 6　硅酸钙成分分析　　　　　　　　　　%

SiO_2	CaO	Fe_2O_3	Al_2O_3	Na_2O
45.34	42.28	0.21	0.23	0.09

图 6-10 硅酸钙粉体 SEM 照片

6.3.3 羟基氧化铁

针铁矿的 XRD 图谱和 SEM 照片如图 6-11 所示，表 6-7 给出了羟基氧化铁的成分分析。由图可见，所得羟基氧化铁为针状结构。羟基氧化铁可用于炼铁。

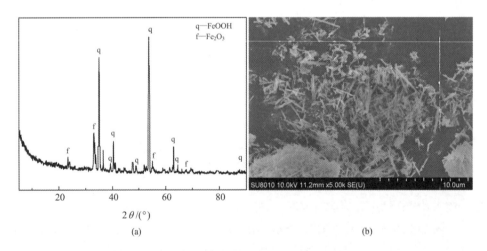

图 6-11 煅烧产物的 XRD 图谱(a)和 SEM 照片(b)

表 6-7 羟基氧化铁成分分析   %

Fe_2O_3	H_2O
86.40	10.07

6.4　环境保护

6.4.1　主要污染源和主要污染物

（1）烟气粉尘

①焙烧窑烟气中的主要污染物：粉尘、SO_3、H_2O、NH_3。

②燃气锅炉中的主要污染物：粉尘和 CO_2。

③高铁铝土矿储存、破碎、筛分、磨制、皮带输送转接点等产生的物料粉尘。

（2）水

①生产废水：生产过程水循环使用，无废水排放。

②生产排水为软水制备工艺排水，水质未被污染。

（3）固体

①高铁铝土矿中的硅制备的石英粉、硅酸钙。

②铁制成的羟基氧化铁和氢氧化铁，用于炼铁。

③铝得到的氢氧化铝和氧化铝。

生产过程无废渣排放。

6.4.2　污染治理措施

（1）焙烧烟气

焙烧烟气经旋风、重力、布袋除尘，粉尘返回混料。硫酸铵（硫酸氢铵）焙烧烟气经吸收塔二级吸收，SO_3、NH_3 和水的混合物冷却得到硫酸铵固体，过量 NH_3回收用于除铁、沉铝，尾气经吸收塔进一步净化后排放，满足《工业炉窑大气污染物排放标准》（GB 9078—1996）的要求。

（2）通风除尘

产生粉尘设备均带收尘装置。

扬尘：全厂扬尘点均实行设备密闭罩集气、机械排风、高效布袋除尘器集中除尘，系统除尘效率均在 99.9% 以上。

烟尘：回转窑等烟气除尘系统收集的烟尘全部返回系统再利用。

（3）废水治理

需要水源提供新水，生产用水循环，全厂水循环利用率为 90% 以上。

各工序产生的废水采用不同方法处理，以实现全厂废水"零"排放。蒸浓结晶工序冷凝水循环使用和二次利用。

（4）废渣治理

整个生产过程中，高铁铝土矿中的主要组分硅、铁、铝均制备成产品，无废渣产生。

（5）噪声治理

本工程的噪声主要由机械动力、流体动力产生。工程设计对高噪声设备采取了消声、隔声、基础减振等措施进行处理。

（6）绿化

绿化在防治污染、保护和改善环境方面起到特殊的作用，是环境保护的有机组成部分。绿色植物不仅能美化环境，还具有吸附粉尘、净化空气、减弱噪声、改善小气候等作用。因此在工程设计中对绿化予以了充分重视，通过提高绿化系数改善厂区及附近地区的环境条件，设计厂区绿化占地率不小于20%。

6.5 结语

高铁铝土矿是我国重要的难处理复杂矿石资源，作为我国铝、铁的重要资源储备，其综合利用研究具有长远意义。本工艺火法与湿法相结合，实现了高铁铝土矿中有价组元铝、铁、硅等的分离提取，加工成产品，以及化工原料硫酸铵（硫酸氢铵）和氢氧化钠循环利用。冶炼过程中无废气、废水、废渣的排放，实现了全流程的绿色化，具有推广应用价值。

参考文献

［1］毕诗文，于海燕. 氧化铝生产工艺［M］. 北京：化学工业出版社，2006.

［2］辛海霞. 高铁铝土矿提取有价组元的理论及工艺研究［D］. 沈阳：东北大学，2014.

［3］田丁. 高铁铝土矿综合利用研究［D］. 沈阳：东北大学，2018.

［4］李殿泰，毕诗文，段振瀛，等. 关于广西贵港三水铝石型铝土矿综合利用工艺方案的探讨［J］. 轻金属，1992（9）：6 – 14.

［5］Jones A J, Dye S, Swash P M, et al. A method to concentrate boehmite in bauxite by dissolution of gibbsite and ironoxides［J］. Hydrometallurgy, 2009（97）：80 – 85.

［6］Sayan E, Bayramoglu M. Statistical modelling of sulphuric acid leaching of TiO_2, Fe_2O_3 and Al_2O_3 from red mud［J］. Process Safety and Environmental Protection, 2001, 79（B5）：291 – 296.

［7］赵恒勤，赵新奋，胡四春，等. 我国三水铝石铝土矿的矿物学特征研究［J］. 矿产保护与利用，2008（6）：40 – 44.

［8］陈世益，周芳，罗德宣，等. 广西贵港三水型铝土矿矿石特征及应用研究［J］. 广西地质，1992，5（3）：9 – 15.

［9］Cengeloglu Y, Kir E, Ersoz M. Recovery and concentration of Al（Ⅲ）, Fe（Ⅲ）, Ti（Ⅳ）, and Na（Ⅰ）from red mud［J］. Journal of Colloid and Interface Science, 2001, 244（2）：342 – 346.

[10] 吴建宁，蔡会武，郭红梅，等. 从含铁硫酸铝中除铁[J]. 湿法冶金，2005
(3)：155-158.

[11] 王彩华，崔玉民. 硫酸铝除铁研究概述[J]. 内蒙古石油化工，2010(2)：30-31.

[12] 康文通，李建军，李晓云，等. 低铁硫酸铝生产新工艺研究[J]. 河北科技大学学报，
2001，22(1)：65-67.

[13] 邱竹贤. 有色金属冶金学[M]. 北京：冶金工业出版社，1988.

[14] Paramguru R K, Rath P C, Misra V N. Trends in red mud utilization a review[J]. Mineral
Processing and Extractive Metallurgy Review, 2004, 26(1)：1-29.

[15] 杨重愚. 氧化铝生产工艺学[M]. 北京：冶金工业出版社，1993.

[16] Kahn H, Tassinari M M L, Ratti G. Characterization of bauxite fines aiming to minimize their
ironcontent[J]. Minerals Engineering, 2003, 11：1313-1315.

[17] Roy S. Recovery improvement of fine iron ore particles by multi gravity separation[J]. The
Open Mineral Processing Joumal, 2009, 2(14)：17-30.

[18] 杨重愚. 轻金属冶金学[M]. 北京：冶金工业出版社，2004.

[19] Mishra B, Staley A. Recovery of value added products from red mud[J]. Minerals and
Metallurgical Processing Society for Mining, Metallurgy and Exploration, 2002, 19(2)：87-89.

[20] Liu W C, Yang J K, Xiao B. Review on treatment and utilization of bauxite residues in China
[J]. International Journal of Mineral Processing, 2009, 93：220-231.

[21] 孙娜. 高铁三水铝石型铝土矿中铁铝硅分离的研究[D]. 长沙：中南大学，2008.

[22] Li C, Sun H H, Bai J, et al. Innovative methodology for comprehensive utilization of iron ore
tailings：Part Ⅰ. The recovery of iron from iron ore tailings using magnetic separation after
magnetizing roasting[J]. Journal of Hazardous materials, 2010, 174(1-3)：71-77.

[23] Li C, Sun H H, Bai J, et al. Innovative methodology for comprehensive utilization of iron ore
tailings：Part 2：The residues after iron recovery from iron ore tailings to prepare cementitious
material[J]. Journal of Hazardous Materials, 2010, 174(1-3)：78-83.

[24] 陈怀杰，刘志强，朱薇，等. 贵港式铝土矿综合利用工艺研究[J]. 材料研究与应用，
2012，6(1)：65-68.

[25] Li X B, Xiao W, Liu W, et al. Recovery of alumina and ferric oxide from Bayer red mud rich in
iron by reduction sintering[J]. Nonferrous Metals Society of China, 2009(19)：1342-1347.

[26] Dai T G, Zhou F. Characteristics and significance of minor element geochemistry of Guixian type
gibbsite deposite[J]. Journal of the Central South Institute of Mining and Metallurgy, 1993, 24
(4)：448-453.

[27] Li G H, Sun N, Zeng J H, et al. Reduction roasting and Fe-Al separation of high iron content
gibbsite-type bauxite ores[C]. Light Metals 2010：Proceedings of the technical sessions
presented by the TMS aluminum committee at the TMS 2010 Annual Meeting and Exhibition,
2010：133-137.

[28] Zhao A C, Liu Y, Zhang T A, et al. Thermodynamics study on leaching process of gibbsitic
bauxite by hydrochloric acid[J]. Trans. Nonferrous Met. Soc. China, 2013(23)：266-270.

[29] 李光辉, 董海刚, 肖春梅, 等. 高铁铝土矿的工艺矿物学及铝铁分离技术[J]. 中南大学学报(自然科学版), 2006, 37(2): 235 - 240.

[30] Zhao A C, Liu Y, Zhang T A, et al. Thermodynamics study on leaching process of gibbsitic bauxite by hydrochloric acid[J]. Trans. Nonferrous Met. Soc. China, 2013(23): 266 - 270.

[31] Sohn H Y, Wadsworth M E. 郑蒂基, 译. 提取冶金速率过程[M]. 北京: 冶金工业出版社, 1984.

[32] 李洪桂. 湿法冶金学[M]. 长沙: 中南大学出版社, 2002.

[33] Bazin C, El - Ouassiti K Ouellet V. Sequential leaching for the recovery of alumina from a Canadian clay[J]. Hydrometallurgy, 2007(88): 196 - 201.

[34] Reddy B R, Mishra S K, Banerjee G N. Kinetics of leaching of a gibbsitic bauxite with hydrochloric acid[J]. Hydrometallurgy, 1999(51): 131 - 138.

[35] Mine O, Halil C. Extraction kinetics of alunite in sulfuric acid and hydrochloric acid[J]. Hydrometallurgy, 2005(76): 217 - 224.

[36] Smith P. The processing of high silica bauxites — Review of existing and potential processes [J]. Hydrometallurgy, 2009(98): 162 - 176.

[37] 朱忠平. 高铁三水铝石铝土矿综合利用新工艺的基础研究[D]. 长沙: 中南大学, 2011.

[38] Kiyoura R, Urano K. Mechanism, kinetics, and equilibrium of thermal decomposition of ammonium sulfate[J]. Ind. Eng. Chem. Process. Des. Develop. , 1970(9): 489.

[39] Mahiuddin S, Bando Padhyay S, Baruah J N. A study on the beneficiation of Indian iron ore fines and slime using chemical additives[J]. International Journal of Mineral processing, 1989(11): 285 - 302.

[40] Reddy B R, Mishra S K, Banerjee G N. Kinetics of leaching of a gibbsitic bauxite with hydrochloric acid[J]. Hydrometallurgy, 1999(51): 131 - 138.

[41] Giilfen G, Gulfen M, Aydin A O. Dissolution kinetics of iron from diasporic bauxite in hydrochloric acid solution[J]. Indian Journal of Chemical Technology, 2006, 13(4): 386 - 390.

[42] Reddy B R, Mishra S K, Banerjee G N. Kinetics of leaching of a gibbsitic bauxite with hydrochloric acid[J]. Hydrometallurgy, 1999(51): 131 - 138.

[43] Guo X Y, Shi W T, Li D, et al. Leaching behavior of metals from limonitic laterite ore by high pressure acid leaching[J]. Trans. Nonferrous Met. Soc. China, 2011, 21: 191 - 195.

[44] Abdel - AalE A, Rashad M M. Kinetic study on the leaching of spent nickel oxide catalyst with sulfuric acid[J]. Hydrometallurgy, 2004(74): 189 - 194.

[45] Halikia I. Parameters influencing kinetics of nickel extraction from a Greek laterite during leaching with sulphuric acid atatmosphericpressure[J]. Transactions of the Institute of Mining and Metallurgy, 1991(100): C154 - C164.

[46] Krell A, Blank R, Ma H, et al. Transparent sintered corundum with high hardness and strength [J]. J. Am. Ceram. Soc, 2003(86): 12 - 18.

[47] Karagedov G R, Myz A L. Preparation and sintering pure nanocrystalline a - alumina powder [J]. J. Eur. Ceram. Soc, 2012(32): 219 - 225.

[48] C F Chen, A Wang, L J Fei. Effects of ultrasonic on preparation of alumina powder by wet chemical method[J]. Adv. Sci. Lett, 2011(4): 1249 – 1253.

[49] 陈家镛. 湿法冶金手册[M]. 北京: 冶金工业出版社, 2005.

[50] E A Abdel – Aal, M M Rashad. Kinetic study on the leaching of spent nickel oxide catalyst with sulfuric acid[J]. Hydrometallurgy, 2004(74): 189 – 194.

第7章 高硫铝土矿的绿色化、高附加值综合利用

7.1 概述

7.1.1 资源概况

铝是世界上用量最大的一种有色金属，已成为国家发展的重要战略物资之一，预计到2030年世界铝消费总量将达到5000万t。电解铝的原料是氧化铝，我国氧化铝生产过程中所使用的高品位铝土矿资源有限，国内优质铝土矿的匮乏给我国氧化铝工业的可持续发展带来了严重威胁，已成为我国氧化铝工业发展的瓶颈。一些低品位矿石和高硫低硅的高品位矿石的应用正逐渐受到重视。高硫铝土矿就是其中一种，它一般指硫质量分数大于0.7%的铝土矿，具有以下性质：①随着高硫铝土矿埋藏深度越深，硫含量越高；②矿石的品位较高，其中有三分之二的高硫铝土矿的铝硅比大于7；③高硫铝土矿属于一水硬铝石型铝土矿，常见的含硫矿物有黄铁矿及其异构体(白铁矿和镁橄榄石)或硫酸盐；④硫矿物尺寸分布不均匀，并且与一水硬铝石复杂地嵌入在一起。我国一水硬铝石型高硫铝土矿储量约为5.6亿t，其中高品位高硫铝土矿占57.2%，中低品位高硫铝土矿占42.8%。高硫铝土矿主要分布在河南、贵州、重庆、广西和山东等省、自治区，详细比例如图7-1所示：①贵州南部清镇猫场矿区(红花寨、白浪坝矿段)高硫铝土矿储量为7182.33万t，铝硅比为3~12，含三氧化二铝56%~75%、二氧化硅4%~14%、三氧化二铁1%~6%，而硫质量分数为0.8%~4%；②广西大化原生矿中铝土矿储量为12609.8万t，其中含硫量较高的铝土矿平均品位为64.69%，铝硅比为7~10，而含硫量为1.5%~7%；③山东淄博地区也有储量很大的高硫铝土矿，其中硫质量分数为1.9%~8.33%。可以看出，高硫型铝土矿在中国铝土矿资源占比较大。随着对煤层底铝土矿的进一步勘查，这种铝土矿的比重将越来越大。目前这种铝土矿生产的氧化铝质量存在严重问题，基本弃采或弃用，仅有少量掺用。如果能够开发利用高硫铝土矿生产合格的氧化铝，对中国铝土矿资源的供给和保障将会延长10年。

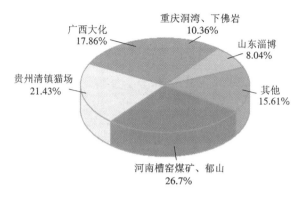

图 7 – 1　我国高硫铝土矿分布情况

7.1.2　铝土矿的应用技术

目前，生产氧化铝的方法主要有：酸法、碱法、酸碱联合法和热法 4 种。由于技术和经济的原因，工业生产几乎都是选择碱法生产氧化铝。一般处理中、低品位铝土矿的工艺技术主要有选矿拜耳法、石灰拜耳法、富矿烧结法、串联法，其工艺是由铝硅比来决定的。拜耳法工艺流程较简单，建厂投资费用低，但需要以高铝低硅的优质铝土矿为原料。烧结法比较适合处理低铝硅比的铝土矿，从而有效地用低品位的铝土矿生产氧化铝，但此法生产出的氧化铝质量较差。联合法是把拜尔法和烧结法结合在一起，兼有两种方法的优点，能取得比单一方法更好的效果，同时可以充分利用中低品位铝矿资源。

（1）选矿拜耳法

选矿拜耳法是指在拜耳法生产流程中运用选矿方法预先将矿物中的一水硬铝石与含硅杂质分离以提高矿石铝硅比的一种生产方法，工艺流程如图 7 – 2 所示。该法的工艺流程是先将铝土矿（铝硅比为 5 ~ 6）经过选矿得到铝硅比为 10 ~ 11 的精矿，与石灰一起加入铝酸钠溶液母液中，在 245 ~ 260℃进行溶出，得到赤泥浆料，然后分离出铝酸钠溶液进行种分，获得 $Al(OH)_3$ 浆液，进而过滤、干燥、焙烧得到 Al_2O_3。选矿拜耳法的特点为：①采用较经济的浮选手段，提高原矿的铝硅比，以满足拜耳法生产的要求。②与混联法流程比较，取消了能耗高的烧结法生产系统。③适宜于处理中低品位的一水硬铝石矿，对含有害组分（如硫等）高的铝土矿更具优势。选矿拜耳法包括物理选矿、化学选矿和生物选矿等方式，其中物理选矿中的浮选法是研究最多、效果最好的一种选矿脱硅方法。

（2）石灰拜耳法

石灰拜耳法技术利用原有拜耳法系统，将石灰添加量提高，使硅主要以水合

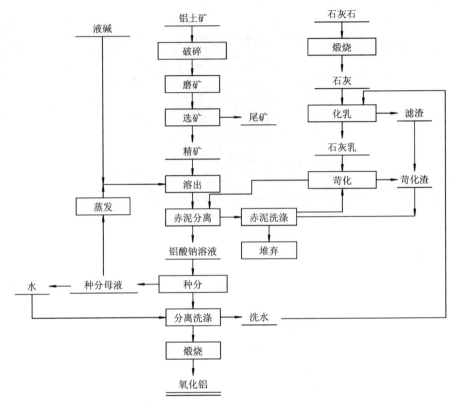

图 7-2   选矿拜耳法工艺流程图

铝硅酸钙形式脱除，经济地处理较低品位的一水硬铝石矿生产氧化铝的方法。

该技术可以大大降低碱耗和成本。石灰拜耳法的特点为：①通过在溶出过程中添加过量石灰，大幅度降低溶出赤泥的钠硅比，使中低品位铝土矿 SiO_2 含量与生产碱耗无直接关系而适宜拜耳法生产。②工艺流程简单，除适当加大石灰烧制和赤泥分离洗涤过程的生产能力外，工艺流程与拜耳法完全相同。③与混联法流程比较，取消了能耗高的烧结法生产系统。④赤泥不需要采用单独的火法处理工艺进行碱的回收，从而大大地降低了氧化铝的生产成本。

（3）富矿烧结法

富矿烧结生产氧化铝的工艺与石灰烧结法的主要不同点在于，该工艺采用二段烧结处理铝硅比 10 以上的铝土矿。一段烧结采用独特的纯碱烧结法，利用纯碱和铝土矿在高温下反应。发生的化学反应为：

$$Na_2CO_3 + Al_2O_3 =\!\!=\!\!= Na_2O \cdot Al_2O_3 + CO_2 \uparrow$$

通过反应使铝土矿中的氧化铝变成可溶性的铝酸钠。铝土矿中的二氧化硅通过反应得到硅铝酸钠。发生的化学反应为：

$$Na_2O \cdot Al_2O_3 + 2SiO_2 = Na_2O \cdot Al_2O_3 \cdot 2SiO_2$$

反应完成后再采用传统碱石灰烧结法进行二段烧结，以回收硅渣中有价的氧化铝和氧化钠，工艺流程如图 7 - 3 所示。该方法可最大限度地提高中的烧结过程熟料的氧化铝含量，降低熟料折合比，从而大幅度提产，并降低单位烧

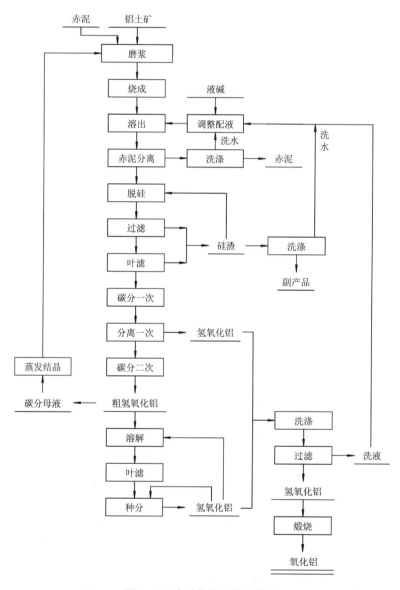

图 7 - 3　富矿烧结工艺流程图

成能耗。富矿烧结法有以下特点：①熟料采用低钙比的不饱和配方，烧成熟料氧化铝质量分数为 38% ~ 46%，传统的烧结法仅为 33% ~ 36%。②熟料采用高 MR 溶出，熟料溶出液苛性比值为 1.35 ~ 1.45，传统的烧结法为 1.14 ~ 1.20。③粗液氧化铝浓度高，为 130 ~ 180 g/L，传统的烧结法为 100 ~ 125 g/L。同传统的碱石灰烧结法比较，富矿烧结生产氧化铝的原料消耗降低 10% ~ 15%，动力、燃料消耗、工艺能耗将降低 20% ~ 25%，产量增加 30%。

（4）串联法

拜耳 - 烧结联合法可充分发挥两法优点，取长补短，利用铝硅比较低的铝土矿，得到更好的经济效果。联合法有多种形式，均以拜耳法为主，而辅以烧结法。按联合法的目的和流程连接方式的不同，又可分为串联法、并联法和混联法三种工艺流程。串联法是用烧结法回收拜耳法赤泥中的 Na_2O 和 Al_2O_3，用于处理拜耳法不能经济利用的三水铝石型铝土矿。扩大了原料资源，减少碱耗，用较廉价的纯碱代替烧碱，而且 Al_2O_3 的回收率也较高，工艺流程如图 7 - 4 所示。其主要优点有：①可处理低品位铝土矿。②总的产品成本可大幅度降低。③矿石的氧化铝

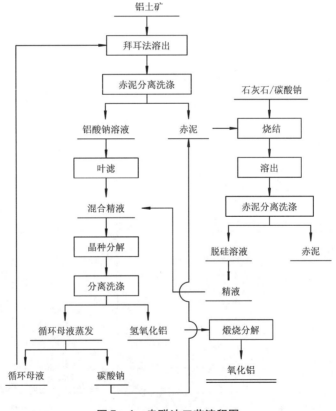

图 7 - 4　串联法工艺流程图

总回收率高、碱耗降低。④可以适当放宽拜耳法的溶出条件和要求。

我国的铝土矿绝大部分属于结晶完善、结构致密且难处理的一水硬铝石型矿，导致我国氧化铝生产主要采用拜耳 – 烧结混联法，甚至是烧结法。传统氧化铝生产和国内对拜耳法与烧结法工艺改进如图 7 – 5 所示。但是现有生产工艺仍存在着能耗高、原料消耗大、污染严重、生产成本高、资源浪费严重等缺陷。

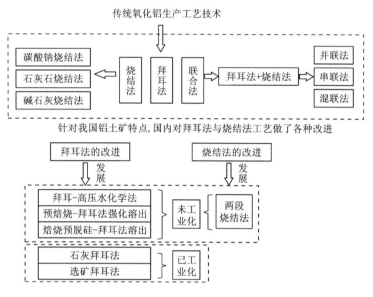

图 7 – 5　氧化铝生产工艺技术

（5）铵盐焙烧活化法

硫酸铵或硫酸氢铵焙烧活化法是一种从非传统的铝资源中提取铝的新方法。该方法通过铵盐与粉煤灰焙烧，将铝、铁、钛等组分转化成可溶于水的硫酸盐，从而实现和硅组分的分离。硫酸铵烧结法处理粉煤灰生产氧化铝（同时副产白炭黑和高铁渣）的工艺流程如图 7 – 6 所示。李来时等采用硫酸浸出来处理粉煤灰，经浸出、重结晶后制得了 $Al_2(SO_4)_3 \cdot 18H_2O$，再经煅烧、碱溶、种分、氢氧化铝煅烧等工序制备出冶金级氧化铝。王佳东等采用常压预脱硅法处理粉煤灰，得到硅酸钠溶液碳分制取白炭黑，再采用碱石灰烧结法处理脱硅粉煤灰提取其中的氧化铝，考察了 $n(CaO)/n(SiO_2)$ 生料配比、$n(Na_2O)/n(Al_2O_3)$、烧结温度、保温时间等条件下对 Al_2O_3 溶出率的影响。结果发现，在合适的条件下，氧化铝的溶出率可达90%以上。王若超等采用 NH_4HSO_4 焙烧粉煤灰提取 Al_2O_3，考察了焙烧温度、物料配比、焙烧时间等因素对粉煤灰中 Al 反应率的影响。NH_4HSO_4 焙烧粉煤灰反应受固体产物层扩散控制，在焙烧温度 400℃、$n(Al_2O_3)/n(NH_4HSO_4)$

配比 8:1、焙烧时间 60 min 的条件下,氧化铝的溶出率达到 90% 以上。隋丽丽等采用硫酸铵焙烧法从粉煤灰中提氧化铝,考察了焙烧时间、焙烧温度和硫酸铵与粉煤灰质量比对氧化铝提取率的影响,在硫酸铵与粉煤灰质量比为 9:1、焙烧温度为 550℃、焙烧时间为 60 min 的条件下,氧化铝的提取率可达到 81%。翟玉春教授课题组对硫酸铵法和硫酸法处理蒙西粉煤灰进行了放大试验,日处理粉煤灰 2 t,氧化铝的提取率均达到 90% 以上,验证了实验室实验参数,并制备了白炭黑产品、纤维硬硅钙石产品和冶金级氧化铝。

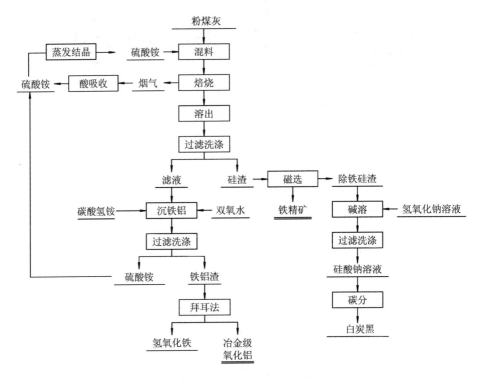

图 7 - 6　硫酸铵烧结法工艺流程图

Park 等利用了 $(NH_4)_2SO_4$ 焙烧法提取粉煤灰中 Al_2O_3,在 $(NH_4)_2SO_4$ 和粉煤灰中的 Al_2O_3 摩尔比为 12:1、焙烧温度 400℃、焙烧时间 2.5 h 的条件下,生成的产物 $NH_4Al(SO_4)_2$ 可以用于制备高纯 Al_2O_3。Wu 等用硫酸铵与粉煤灰烧结提取铝的最佳条件为:焙烧温度 400℃、焙烧时间 3 h。该条件下的铝的提取率大于85%。Doucet 等用廉价可回收的 $(NH_4)_2SO_4$ 焙烧 - 水浸出的方法提取粉煤灰中的铝和钒,铝的提取率最高可达 95%。该提取工艺产生的残渣量少,并且富硅渣可用于制备白炭黑和其他化学品。杨敬杰等以硅、铝组分分步提取利用为理念,设计了以硫酸/硫酸铵混合助剂焙烧 – 水浸工艺，实现粉煤灰中的 Si、Al 组分分离。最优反应条件为：混合助剂中 H_2SO_4 和（NH_4）$_2SO_4$ 的摩尔比为 1:1.5，400℃ 焙烧 2 h，浸取温度 80℃，溶出时间 1 h，液固比 20 mL/g。该条件下的铝的提取率为 84.7%。许德华等提出用 NH_4HSO_4 和 H_2SO_4 的混合介质提取高铝粉煤灰中的铝，工艺流程包括压力浸出、过滤和洗涤、冷却结晶、煅烧。最佳提铝条件为：NH_4HSO_4 和 H_2SO_4 的摩尔比为 1:1，酸度为 15 mol/L，液固比为 10:4。该条件下的铝的提取率为 87.8%。该方法的反应温度比普通烧结温度低，使用 NH_4HSO_4 和 H_2SO_4 的混合溶液比单独用硫酸浸出，腐蚀程度要小。生成的中间产物 $NH_4Al(SO_4)_2$ 溶解度小，冷却降温即可析出，避免挥发浓缩的过程，节约了能源。

7.1.3　高硫铝土矿脱硫研究现状

高硫铝土矿中的硫主要以黄铁矿及其异构体白铁矿和胶黄铁矿形式存在，此外还有石膏、磁黄铁矿、陨硫铁及铜和锌的硫化物、硫酸盐和基铁矾等含硫矿物。在氧化铝生产流程中，当硫含量达到一定程度后，将会给生产带来极大危害，甚至使生产无法正常进行。综合氧化铝生产过程中硫的危害有以下几点：①腐蚀设备，在金属表面生成铁硫化物。FeS 结构疏松、黏附力弱，Fe_3O_4 结构不稳定，使钝化发生延迟，重新溶解于溶液中而对钢片没有保护作用。②氧化铝产品的品位因杂质铁的含量升高而下降。③铝酸钠溶液中 Na_2SO_4 的存在不利于晶种分解，降低晶种分解率，且它的影响在分解初期较强，含量越高越不利于提高晶种分解率。④含硫矿物在溶出过程与氢氧化钠反应生成硫酸钠，增加碱耗。⑤硫酸盐在蒸发过程中以复盐碳钠矾（$Na_2CO_3 \cdot Na_2SO_4$）析出，易使蒸发设备结疤，传热效果降低。⑥溶液中含硫离子的升高也会造成氧化铝溶出率降低，影响正常氧化铝生产。因此，拜耳法要求矿石中的硫质量分数低于 0.3%。

目前，国内外铝土矿脱硫方法主要有铝土矿预焙烧脱硫、浮选脱硫、生物浸出脱硫、电解脱硫、湿式氧化脱硫、除尘脱硫、添加剂脱硫、分解母液冷冻结晶脱硫、蒸发 – 时效 – 分离法脱硫、烧结生料加煤脱硫等。这些方法都有各自的优缺点，但普遍存在除硫效率低，生产成本昂贵，脱硫工艺复杂等原因，大多没有实现工业化生产，这使得高硫铝土矿的有效利用受到了极大的限制。

1）黄铁矿的溶出反应

由于高硫铝土矿中的硫大部分是以黄铁矿形态存在，所以目前对黄铁矿溶出过程中的化学行为研究较多。铝土矿中的黄铁矿会与碱液发生反应生成 Fe_2O_3、Fe_3O_4 和不同价态的硫，并且随着溶出温度及碱浓度的升高反应加剧，使碱耗增加。发生的主要化学反应如下：

$$8FeS_2 + 30NaOH === 4Fe_2O_3 + 14Na_2S + Na_2S_2O_3 + 15H_2O$$
$$6FeS_2 + 22NaOH === 2Fe_3O_4 + 10Na_2S + Na_2S_2O_3 + 11H_2O$$

$$FeS_2 + 2NaOH \Longrightarrow Fe(OH)_2 + Na_2S_2$$

$$FeS_2 + 2NaOH + 2H_2O \Longrightarrow Na_2[FeS_2(OH)_2] \cdot 2H_2O$$

$$Fe_2O_3 + 2Na_2S + 5H_2O \Longrightarrow Na_2[FeS_2(OH)_2] \cdot 2H_2O + Fe(OH)_2 + 2NaOH$$

$$Fe(OH)_2 + Na_2S_2 + 2H_2O \Longrightarrow Na_2[FeS_2(OH)_2] \cdot 2H_2O$$

$$3Na_2S_2O_3 + 6NaOH \Longrightarrow 2Na_2S + 4Na_2SO_3 + 3H_2O$$

$$Na_2S_2O_3 + 2NaOH \Longrightarrow Na_2S + Na_2SO_4 + H_2O$$

2)硫对拜耳法溶出过程的危害

拜耳法溶出过程中不同价态的硫的存在对实际生产过程中的溶出、沉降、蒸发等工序均会产生不利的影响。羟基硫代铁酸钠的生成会加剧高压釜合金钢的腐蚀，使铝酸钠溶液中含硫、铁化合物，导致结晶焙烧后最终生成的氧化铝产品的铁含量超标而不合格。同时含硫矿物在溶出过程中与氢氧化钠反应，增加碱耗。硫酸钠会导致蒸发设备结疤，传热效果降低。碱溶过程中生成的氧化铁、磁铁矿、亚硫酸钠和硫酸钠等化合物也会影响赤泥的沉降。

3)高硫铝土矿脱硫研究进展

高硫铝土矿生产氧化铝的过程一直伴随着脱硫的研究，根据脱硫过程发生在溶出前还是在溶出过程中，可将脱硫工艺分为溶出前对矿石的预处理脱硫和从铝酸钠溶液中脱硫两种方式。

（1）预处理脱硫

①浮选脱硫。

浮选法是根据矿物表面物理、化学性质的差异从水的悬浮体（矿浆）中浮出固体矿物的选矿过程。最先研究高硫铝土矿浮选脱硫的是苏联乌拉尔工学院，对含硫量为2%的铝土矿进行浮选脱硫，得到的铝土矿精矿含硫量低于0.41%，氧化铝回收率为99.17%。王晓民等对我国一水硬铝石型高硫铝土矿采用乙黄药作为捕收剂，松油醇为起泡剂，在pH=12的条件下将铝土矿的含硫量由2.08%降低到0.65%，符合拜耳法氧化铝生产，氧化铝的回收率可达91.46%。陈文汩等以丁基黄药和戊基黄药为组合捕收剂，以六偏磷酸钠为抑制剂，硫化钠和硫酸铜为组合活化剂，对高硫铝土矿进行反浮选除硫，取得了硫质量分数为0.44%、铝土矿产率为96%的实验结果。杨国彬等采用浮选工艺对贵州某高硫高硅一水硬铝石型铝土矿进行了脱硫脱硅试验。原矿经过反浮选脱硫和正浮选脱硅的流程处理，可获得 Al_2O_3 质量分数为65.55%、硫质量分数为0.45%、铝硅比为9.44的铝土矿精矿，该矿达到拜耳法溶出要求。杨卓等采用反浮选工艺对贵州某高品位一水硬铝石型高硫铝土矿行了脱硫试验研究。以碳酸钠为矿浆pH调整剂，硫酸铜为活化剂，改性淀粉为抑制剂，丁基黄药为捕收剂，松油醇为起泡剂，经浮选试验，获得了氧化铝质量分数为72.06%、硫质量分数为0.27%的精矿产品。何伯泉等利用电位调控浮选法对硫化矿进行浮选，相比传统黄药类捕收剂的泡沫浮选分离法，该方法具有更高的选择性，能节省大量的药剂费用，并减小浮选药剂对后续氧化铝溶出工艺的影响。

浮选方法对高硫铝土矿脱硫具有一定的脱硫效果，但受到药剂成本高、工艺流程复杂的限制。所以高效的浮选药剂、简化的工艺流程是浮选法工业化应用首先要解决的关键问题。

②预焙烧脱硫。

预焙烧脱硫是指在拜耳法生产氧化铝前，将高硫铝土矿在一定温度下进行焙烧，使含硫的矿物氧化分解，生成的二氧化硫进入烟气，利用石灰进行吸收，从而达到脱除高硫铝土矿中硫的目的。胡晓莲等分别对以黄铁矿为主的河南 A 矿和以硫酸盐为主的河南 B 矿进行焙烧。A 矿脱硫率在 $300\sim500℃$ 时明显上升，在 $500\sim700℃$ 时变化不大，700℃后又有所上升，1000℃ 焙烧 75 min 时脱硫率可达 80% 左右。B 矿脱硫率随温度的升高呈现逐渐上升的趋势，1000℃ 焙烧 70 min 后脱硫率接近 100%。吕国志等分别采用马弗炉、旋转管式炉和流态化技术对高硫铝土矿进行预焙烧。在焙烧温度 750℃、焙烧时间 30 min 的相同条件下，采用马弗炉和旋转管式炉焙烧效果相差较小。采用流化床锅炉焙烧要求预处理温度较高，时间较短，即要求焙烧温度 800℃，焙烧时间 10 min，并且此条件下的流态化焙烧矿溶出效果最好。

经过焙烧预处理后，矿石表面孔隙和裂纹明显增加，表面结构得以改善，可有效降低硫含量，同时会提高赤泥沉降性能，这对溶出过程是有利的。但预焙烧法成本较高，且逸出的 SO_2 污染环境。

③微波焙烧脱硫。

由于硫化物吸收微波的特性较好，一水硬铝石的吸波能力较差，张念炳等采用微波炉和马弗炉对高硫铝土矿进行焙烧。与马弗炉焙烧相比，微波焙烧的优点在于，达到相同的脱硫效果所需的焙烧温度低、时间短。但微波脱硫仅限实验室研究，并没有实现应用，因为实际生产过程中处理的矿石量很大，微波加热效果不明显，且生产成本较高。但微波焙烧在处理矿石量少，制备含硫量低的氧化铝方面是较为理想的脱硫方法。

④微生物菌种脱硫。

微生物菌种脱硫，其原理是利用微生物的自身特性，对特定的金属矿物具有氧化或吸附的效果，使有价金属元素与杂质分离。目前主要集中在处理铜、铅、锌等硫化矿，而针对高硫铝土矿的研究还较少。周吉奎等从高硫煤矿中分离出三种氧化亚铁硫杆菌，用它们对重庆某高硫铝土矿石进行生物氧化浸出脱硫试验，脱硫率均超过 74%，使矿石中硫的质量分数由浸出前的 3.83% 降低到 0.69%，达到拜耳法生产氧化铝的要求。

微生物浸矿技术脱硫率较高，工艺成本低，因而具有重要的研究价值。但寻找到特定的菌种和浸出工作前均须做大量的实验研究。此外，菌种培育周期长、成活率低，极大地限制了微生物浸出技术的大规模应用。

2）溶出过程中脱硫

①氧化剂蒸发脱硫。

通过添加氧化剂，将铝酸钠溶液中的低价硫离子氧化成 SO_4^{2-} 的形态，在蒸发工序中，SO_4^{2-} 以复盐碳钠矾（$Na_2CO_3 \cdot 2Na_2SO_4$）的形式析出而达到除硫的目的。苏联早在 20 世纪 80 年代就使用硝酸钠脱除高硫铝土矿中的硫、铁化合物，当硝酸钠添加量为 5～25 g/L 时，溶液中 S^{2-} 的脱除率为 25%～65%，$S_2O_3^{2-}$ 的脱除率为 25%～72%。彭欣等添加 0.5%～1.5% 的硝酸钠，在溶出温度 260℃、时间 60 min 的条件下可以将 S^{2-} 全部去除，但对 $S_2O_3^{2-}$ 的去除效果并不理想。刘战伟等分别添加硝酸钠、双氧水和通入氧气这一工序进行高硫铝土矿溶出脱硫研究。硝酸钠不能完全氧化 $S_2O_3^{2-}$，但双氧水和通入氧气可以将 $S_2O_3^{2-}$ 除净。刘诗华等研究了湿式氧化法脱除拜耳液中 S^{2-} 的工艺。溶出过程中通入空气，氧化温度越高、时间越长时，氧气添加量越多，氧化反应越充分，可将溶出矿浆中的 S^{2-}、$S_2O_3^{2-}$、SO_3^{2-} 最终氧化成 SO_4^{2-}，硫的脱除率可达到 85%。

氧化剂蒸发脱硫方法，尽管添加固体氧化剂投资成本低，操作简单，但引入了新的杂质离子，使氧化铝生产体系更加复杂。氧气氧化投资成本高，且 $S_2O_3^{2-}$ 在中间过程中生成量较大，会促使金属铁氧化，导致钢材设备严重腐蚀。

②沉淀法脱硫。

沉淀法脱硫是将 S^{2-} 生成各种形式的沉淀进行除硫，分为硫化物沉淀法和硫酸钡沉淀法。有人用 Zn、CuO、$Zn(CH_2COOH)_2$、$Cd(CH_2COOH)_2$ 等作为脱硫剂，都取得了较好的净化效果。该方法工艺简单，脱硫效果好，但由于脱硫试剂价格高，而且对加入量有较高的要求，且添加了 Zn 或其他杂质，将导致氧化铝生产体系变得更加复杂，因此硫化物沉淀法脱硫还处于研究阶段。硫酸钡沉淀法是向铝酸钠溶液中添加氧化钡、氢氧化钡或者铝酸钡，使溶液中的 SO_4^{2-} 与 Ba^{2+} 反应生成 $BaSO_4$ 沉淀，同时还能脱除溶液中的 CO_3^{2-}、SiO_3^{2-} 等杂质离子。何润德等以热力学分析为基础，在种分母液中添加氢氧化钡除硫，但 $Ba(OH)_2$ 价格较高，导致除硫费用高，同时会使铝酸钠溶液的苛性比（α_k）升高。何璞睿等研究在铝酸钠溶液中加入铝酸钡，使溶液中的 SO_4^{2-} 以 $BaSO_4$ 沉淀形式进入赤泥而完全脱硫。胡四春等使铝酸钠溶液中的 SO_4^{2-}、CO_3^{2-}、Si_3^{2-} 都转化为沉淀，脱硫、脱碳和脱硅同时进行，除硫效果较好，工艺相对简单。但该方法只是单纯地脱除 SO_4^{2-}，并不能脱除高硫铝土矿中所有的硫，特别是黄铁矿中的硫，所以该方法的实用性仍值得探讨。

③石灰法脱硫。

国内有大量在铝酸钠溶液中添加石灰脱硫的研究。罗玉长等提出添加石灰脱硫的实质是 $Ca(OH)_2$ 在铝酸钠溶液中与 Na_2SO_4 相互作用生成水合硫铝酸钙（$3CaO \cdot Al_2O_3 \cdot CaSO_4 \cdot 12H_2O$）随赤泥排走。张念炳等探讨了石灰添加量、溶出温度、苛性碱浓度和溶出时间对氧化铝、硫的溶出率的影响，硫的溶出率仅为 7.05%，氧化铝溶出率不低于 81%。但石灰脱硫工艺的不足使溶出过程中生成的 $3CaO \cdot Al_2O_3 \cdot CaSO_4 \cdot 12H_2O$ 会造成氧化铝的损失，导致 Al_2O_3 溶出率降低，另外此方法只能脱除溶液中的 SO_4^{2-}，对其他形态的硫离子并没有明显的脱除效果。

从我国氧化铝工业发展速度和我国铝土矿储量现状来看，使用高硫铝土矿作为氧化铝生产原料已经成为必然趋势。由于高硫铝土矿相比其他传统铝土矿，矿相结构复杂、硫含量高、铝硅比偏低，一水硬铝石浸出困难，现有工艺无法满足要求。因此，开发浸出率高、造价低、耗能少、排放低、产品附加值高的新工艺、新技术是高硫铝土矿资源综合利用的重要发展方向。

如果解决了高硫铝土矿用于氧化铝生产中的脱硫问题，将大大缓解我国铝工业发展的供矿危机，对利用我国丰富的高硫铝土矿生产氧化铝具有重要的现实意义。

7.2　硫酸法清洁、高效综合利用高硫铝土矿

7.2.1　原料分析

国内某矿区高硫铝土矿的化学成分分析见表 7-1，物相和微观形貌分析见图 7-7。

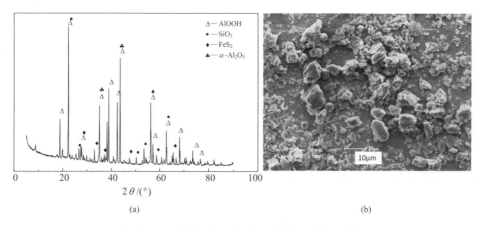

(a)　　　　　　　　　　　　　(b)

图 7-7　高硫铝土矿的 XRD 图谱和 SEM 谱图

表 7 – 1　高硫铝土矿的化学组成　　　　　　　　%

Al₂O₃	SiO₂	Fe₂O₃	TiO₂	S
64.22	10.50	5.03	3.11	3.74

从表 7 – 1 可以看出原料中主要含有铝、硅、铁、硫、钛等，具有高铝、中硅、高硫、低铁的特征，铝硅比（A/S）为 6.12，属于中等品位铝土矿，这些组分占矿物组分的 86% 左右。

铝土矿中的铝主要以一水硬铝石（AlOOH）形式存在，还有黄铁矿（FeS_2）、二氧化硅（SiO_2）、α – 氧化铝（α – Al_2O_3）。高硫铝土矿经破碎磨细后为不规则颗粒。

7.2.2　硫酸法工艺流程

将干燥后破碎磨细的高硫铝土矿与浓硫酸混合焙烧，铝土矿中的铝、铁与硫酸反应生成可溶性硫酸盐，二氧化硅不与硫酸反应。焙烧烟气经吸收除尘后冷凝制酸，返回混料，循环使用。焙烧熟料经水溶出后，铝、铁进入溶液中，二氧化硅进入滤渣中，初步实现了铝、铁与硅的分离。溶液中的铝、铁的性质相近，且铁的浓度低，不易分离，采用碳酸氢铵调控 pH，使铝、铁同时进入沉淀。对沉淀混合物进行碱溶，铝以铝酸钠的形式进入溶液中，通过碳分法制备氧化铝；氢氧化铁不溶于碱，过滤分离，煅烧后得到氧化铁。沉淀后的溶液经蒸发结晶分离得到硫酸铵。碱溶二氧化硅得到硅酸钠溶液，向硅酸钠溶液中加入石灰乳制备硅酸钙。工艺流程如图 7 – 8 所示。

7.2.3　工艺介绍

1）干燥磨细

将高硫铝土矿干燥后的物料破碎、磨细至 80 μm 以下。

2）混料

将磨细的高硫铝土矿与浓硫酸混合。按铝土矿中铝、铁与硫酸完全反应所消耗的硫酸的物质的量计为 1，硫酸过量 10%，混合均匀。

3）焙烧

将混好的物料在 300 ~ 450℃焙烧，保温 2 ~ 3 h。焙烧产生的烟气 SO_3 用硫酸吸收，吸收后得到的硫酸返回混料工序循环使用。发生的主要化学反应为：

$$2AlOOH + 3H_2SO_4 \Longrightarrow Al_2(SO_4)_3 + 4H_2O$$

$$4FeS_2 + 6H_2SO_4 + 11O_2 \Longrightarrow 2Fe_2(SO_4)_3 + 8SO_2 \uparrow + 6H_2O$$

$$H_2SO_4 \Longrightarrow SO_3 \uparrow + H_2O \uparrow$$

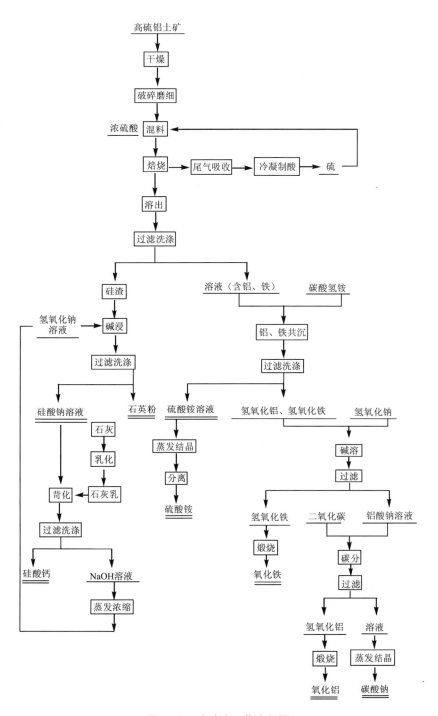

图 7-8　硫酸法工艺流程图

4）溶出过滤

将焙烧熟料加水溶出。溶出过滤液固比为 6∶1，溶出温度 80～95℃，溶出时间 30 min。溶出后过滤，滤渣主要为二氧化硅，洗涤后送碱浸工序，深加工制备硅酸钙。

5）铝铁共沉

保持溶液温度在 50℃以上，向溶出液中加入碳酸氢铵调控溶液 pH 保持在 6.0，搅拌 60 min，生成氢氧化铁和氢氧化铝。过滤、洗涤干燥。滤液为精制硫酸铵溶液。发生的主要化学反应为：

$$Fe_2(SO_4)_3 + 6NH_4HCO_3 \Longrightarrow 2Fe(OH)_3\downarrow + 3(NH_4)_2SO_4 + 6CO_2\uparrow$$
$$Al_2(SO_4)_3 + 6NH_4HCO_3 \Longrightarrow 2Al(OH)_3\downarrow + 3(NH_4)_2SO_4 + 6CO_2\uparrow$$

6）碱溶

将铁铝沉淀物与碱液按摩尔比 3.5∶1 混合。控制碱浸温度 95℃，碱浸时间 30 min。过滤得到滤液为四羟基合铝酸钠溶液，滤渣为氢氧化铁。发生的主要化学反应为：

$$Al(OH)_3 + NaOH \Longrightarrow Na[Al(OH)_4]$$

7）碳分、煅烧制备氧化铝

在 50℃下将二氧化碳气体通入（2 L/min）一定量铝酸钠溶液中，搅拌 60 min，过滤得到氢氧化铝。煅烧氢氧化铝，得到氧化铝。碱液循环利用，富集的碳酸钠溶液结晶可做产品也可经苛化得到氢氧化钠。发生的主要化学反应有：

$$2NaAl(OH)_4 + CO_2 \Longrightarrow 2Al(OH)_3 + Na_2CO_3 + H_2O$$
$$2Al(OH)_3 \Longrightarrow Al_2O_3 + 3H_2O\uparrow$$

8）种分

向铝酸钠溶液中加入氢氧化铝晶种，保持温度在 60～65℃进行种分。种分后过滤得到的氢氧化铝一部分为产品，另一部分用作晶种。过滤所得母液蒸发浓缩返回碱溶。发生的主要化学反应为：

$$NaAl(OH)_4 \Longrightarrow Al(OH)_3\downarrow + NaOH$$

9）煅烧

将氢氧化铝在 1200～1300℃煅烧，得到氧化铝。发生的主要化学反应为：

$$2Al(OH)_3 \Longrightarrow Al_2O_3 + 3H_2O\uparrow$$

10）碱浸

用氢氧化钠溶液浸出二氧化硅渣，二氧化硅与碱反应生成硅酸钠。反应结束后过滤，滤液为硅酸钠溶液，滤渣为石英粉。发生的主要化学反应为：

$$SiO_2 + 2NaOH \longrightarrow Na_2SiO_3 + H_2O$$

11）乳化

将石灰石煅烧，得到二氧化碳和活性石灰。将煅烧得到的活性石灰加水乳化、过筛，得到活性石灰乳。二氧化碳气体送碳分工序，碳分铝酸钠溶液制备氢氧化铝，发生的主要反应有：

$$CaCO_3 \!=\!=\!= CaO + CO_2 \uparrow$$
$$CaO + H_2O \!=\!=\!= Ca(OH)_2$$

12) 苛化

将氢氧化钙乳液加入碳酸钠溶液中反应，反应结束后过滤，得到碳酸钙产品和氢氧化钠溶液。氢氧化钠溶液返回浸出硅渣，循环利用。发生的主要化学反应为：

$$Ca(OH)_2 + Na_2CO_3 \!=\!=\!= CaCO_3 \downarrow + 2NaOH$$

13) 制备硅酸钙

将活性石灰乳加入硅酸钠溶液中，反应得到硅酸钙和氢氧化钠溶液。发生的主要化学反应为：

$$Na_2SiO_3 + Ca(OH)_2 \!=\!=\!= CaSiO_3 \downarrow + 2NaOH$$

将浆料过滤分离、洗涤，滤渣为硅酸钙产品，滤液为氢氧化钠溶液。返回碱溶，循环利用。

7.2.4 主要设备

硫酸法工艺的主要设备见表 7-2。

表 7-2 硫酸法工艺主要设备表

工序名称	设备名称	备注
磨矿工序	回转干燥窑	干法
	煤气发生炉	干法
	颚式破碎机	干法
	粉磨机	干法
混料工序	犁刀双辊混料机	
焙烧工序	回转焙烧窑	
	除尘器	
	烟气冷凝制酸系统	
溶出工序	溶出槽	耐酸、连续
	带式过滤机	连续

续表 7 - 2

工序名称	设备名称	备注
沉铁、铝工序	沉铁槽	耐酸、加热
	高位槽	
	板框过滤机	非连续
碱溶工序	高位槽	
	浆化槽	耐酸
	板框过滤机	非连续
碱浸工序	浸出槽	耐碱、加热
	水平带式过滤机	连续
碳分工序	二级碳分塔	耐碱、加热
	CO_2 供气系统	
	带式过滤机	连续
石灰石煅烧工序	石灰石煅烧炉	
	烟气冷却系统	
	烟气净化回收系统	
乳化工序	石灰乳化机	耐碱
苛化工序	苛化槽	
	平盘过滤机	连续
储液区	酸式储液槽	
	碱式储液槽	
蒸发结晶工序	五效循环蒸发器	
	冷凝水塔	
种分工序	种分槽	
	旋流器	
	晶种混合槽	
	圆盘过滤机	连续

7.2.5 设备连接图

硫酸法工艺的设备连接图如图 7 - 9 所示。

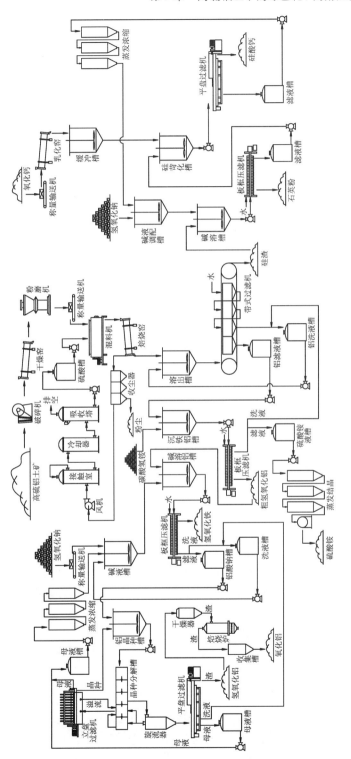

图 7 - 9　硫酸法工艺设备连接图

7.3 硫酸铵法清洁、高效综合利用高硫铝土矿

7.3.1 原料分析

同 7.2.1。

7.3.2 硫酸铵法工艺流程

将干燥、破碎磨细的高硫铝土矿与硫酸铵混合焙烧，铝土矿中的铝、铁与硫酸铵反应生成可溶性硫酸盐，二氧化硅不与硫酸铵反应。焙烧烟气经除尘后硫酸吸收制取硫酸铵，返回混料，循环使用。焙烧熟料经水溶出，铝、铁进入溶液中，二氧化硅进入滤渣，初步实现了铝、铁与硅的分离。溶液中的铝、铁的性质相近，且铁的浓度低，不易分离，采用碳酸氢铵调控 pH，使铝、铁同时进入沉淀。对沉淀混合物进行碱溶，铝以铝酸钠的形式进入溶液中，通过碳分或种分制备氧化铝；氢氧化铁不溶于碱，过滤分离，煅烧后得到氧化铁。沉淀后的溶液经蒸发结晶分离得到硫酸铵，硫酸铵循环利用。碱溶二氧化硅得到硅酸钠溶液，向硅酸钠溶液中加入石灰乳制备硅酸钙和氢氧化钠溶液，氢氧化钠循环利用。工艺流程如图 7 – 10 所示。

7.3.3 工艺介绍

1) 干燥磨细

将高硫铝土矿干燥后的物料破碎、磨细至 80 μm 以下。

2) 混料

将磨细的高硫铝土矿与硫酸铵混合。铝土矿中铝、铁与硫酸铵完全反应所消耗的硫酸铵的物质的量计为 1，硫酸铵过量 10% ~ 15%，混合均匀。

3) 焙烧

将混好的物料在 400 ~ 550℃ 焙烧，保温 2 ~ 3 h。焙烧产生的烟气 NH_3 用硫酸吸收，吸收后得到的硫酸铵返回混料工序循环使用。发生的主要化学反应为：

$$(NH_4)_2SO_4 \Longrightarrow NH_4HSO_4 + NH_3 \uparrow$$

$$Al_2O_3 + 3NH_4HSO_4 \Longrightarrow Al_2(SO_4)_3 + 3NH_3 \uparrow + 3H_2O \uparrow$$

$$Fe_2O_3 + 3NH_4HSO_4 \Longrightarrow Fe_2(SO_4)_3 + 3NH_3 \uparrow + 3H_2O \uparrow$$

$$Al_2O_3 + 4NH_4HSO_4 \Longrightarrow 2NH_4Al(SO_4)_2 + 2NH_3 \uparrow + 3H_2O \uparrow$$

$$Fe_2O_3 + 4NH_4HSO_4 \Longrightarrow 2NH_4Fe(SO_4)_2 + 2NH_3 \uparrow + 3H_2O \uparrow$$

$$NH_4HSO_4 \Longrightarrow H_2SO_4 + NH_3 \uparrow$$

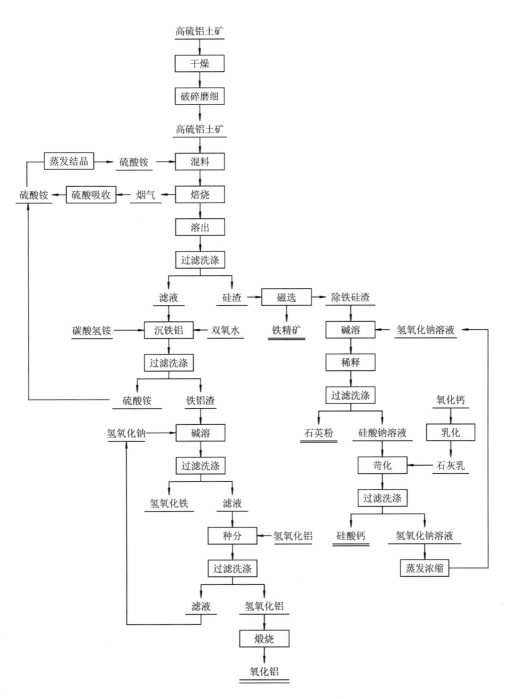

图 7-10　硫酸氢铵法工艺流程图

4）溶出过滤

将焙烧熟料加水溶出。液固比 6∶1，溶出温度 80～95℃，溶出时间 30 min。溶出后过滤，滤渣主要为二氧化硅，洗涤后送碱浸工序，深加工制备硅酸钙。

5）铝铁共沉

保持溶液温度在 50℃ 以上，向溶出液中加入碳酸氢铵调控溶液 pH 保持在 6.0，搅拌 60 min，生成氢氧化铁和氢氧化铝。将溶液过滤、洗涤干燥。滤液为精制硫酸铵溶液。发生的主要化学反应为：

$$Fe_2(SO_4)_3 + 6NH_4HCO_3 = 2Fe(OH)_3\downarrow + 3(NH_4)_2SO_4 + 6CO_2\uparrow$$
$$Al_2(SO_4)_3 + 6NH_4HCO_3 = 2Al(OH)_3\downarrow + 3(NH_4)_2SO_4 + 6CO_2\uparrow$$

6）碱溶

将铁铝沉淀物与碱液按摩尔比 3.5∶1 混合。控制碱浸温度为 95℃，碱浸时间 30 min。过滤得到滤液为四羟基合铝酸钠溶液，滤渣为氢氧化铁。发生的主要化学反应为：

$$Al(OH)_3 + NaOH = Na[Al(OH)_4]$$

7）碳分、煅烧制备氧化铝

50℃ 下将 CO_2 气体通入铝酸钠溶液中，搅拌 60 min，过滤得到氢氧化铝，煅烧氢氧化铝，得到氧化铝。碱液循环利用，富集的碳酸钠溶液结晶可做产品也可经苛化得到氢氧化钠。发生的主要化学反应有：

$$2NaAl(OH)_4 + CO_2 = 2Al(OH)_3 + Na_2CO_3 + H_2O$$
$$2Al(OH)_3 = Al_2O_3 + 3H_2O\uparrow$$

8）种分、煅烧制备氧化铝

向铝酸钠溶液中加入氢氧化铝晶种，保持温度在 60～65℃ 进行种分。种分后过滤得到的氢氧化铝一部分为产品，另一部分用作晶种。过滤所得母液蒸发浓缩返回碱溶。发生的主要化学反应为：

$$NaAl(OH)_4 = Al(OH)_3\downarrow + NaOH$$

9）煅烧

将氢氧化铝在 1200～1300℃ 煅烧，得到氧化铝。发生的主要化学反应为：

$$2Al(OH)_3 = Al_2O_3 + 3H_2O\uparrow$$

10）碱浸

用氢氧化钠溶液浸出二氧化硅渣，二氧化硅与碱反应生成硅酸钠。反应结束后过滤，滤液为硅酸钠溶液，滤渣为石英粉。发生的主要化学反应为：

$$SiO_2 + 2NaOH \longrightarrow Na_2SiO_3 + H_2O$$

11）乳化

将石灰石煅烧，得到二氧化碳和活性石灰。将煅烧得到的活性石灰加水乳化、过筛，得到活性石灰乳。二氧化碳气体送碳分工序，碳分铝酸钠溶液制备氢

氧化铝,发生的主要反应有:

$$CaCO_3 \xlongequal{\quad} CaO + CO_2 \uparrow$$

$$CaO + H_2O \xlongequal{\quad} Ca(OH)_2$$

12)苛化

将氢氧化钙乳液加入碳酸钠溶液中反应,反应结束后过滤,得到碳酸钙产品和氢氧化钠溶液。氢氧化钠溶液返回浸出硅渣,循环利用。发生的主要化学反应为:

$$Ca(OH)_2 + Na_2CO_3 \xlongequal{\quad} CaCO_3 \downarrow + 2NaOH$$

13)制备硅酸钙

将活性石灰乳加入硅酸钠溶液中,反应得到硅酸钙和氢氧化钠溶液。发生的主要化学反应为:

$$Na_2SiO_3 + Ca(OH)_2 \xlongequal{\quad} CaSiO_3 \downarrow + 2NaOH$$

浆料过滤分离、洗涤,滤渣为硅酸钙产品。滤液为氢氧化钠溶液,返回碱溶,循环利用。

7.3.4　主要设备

硫酸铵法工艺的主要设备见表 7-3。

表 7-3　硫酸铵法工艺的主要设备

工序名称	设备名称	备注
磨矿工序	回转干燥窑	干法
	煤气发生炉	干法
	颚式破碎机	干法
	粉磨机	干法
混料工序	犁刀双辊混料机	
焙烧工序	回转焙烧窑	
	除尘器	
	烟气冷凝吸收系统	
溶出工序	溶出槽	耐酸、连续
	带式过滤机	连续

续表 7 – 3

工序名称	设备名称	备注
沉铁、铝工序	沉铁槽	耐酸、加热
	高位槽	
	板框过滤机	非连续
碱溶工序	高位槽	
	浆化槽	耐酸
	板框过滤机	非连续
碱浸工序	浸出槽	耐碱、加热
	水平带式过滤机	连续
碳分工序	二级碳分塔	耐碱、加热
	CO_2 供气系统	
	带式过滤机	连续
石灰石煅烧工序	石灰石煅烧炉	
	烟气冷却系统	
	烟气净化回收系统	
乳化工序	石灰乳化机	耐碱
苛化工序	苛化槽	
	平盘过滤机	连续
储液区	酸式储液槽	
	碱式储液槽	
蒸发结晶工序	五效循环蒸发器	
	冷凝水塔	
种分工序	种分槽	
	旋流器	
	晶种混合槽	
	圆盘过滤机	连续

7.3.5 设备连接图

硫酸铵法工艺的设备连接图如图 7 – 11 所示。

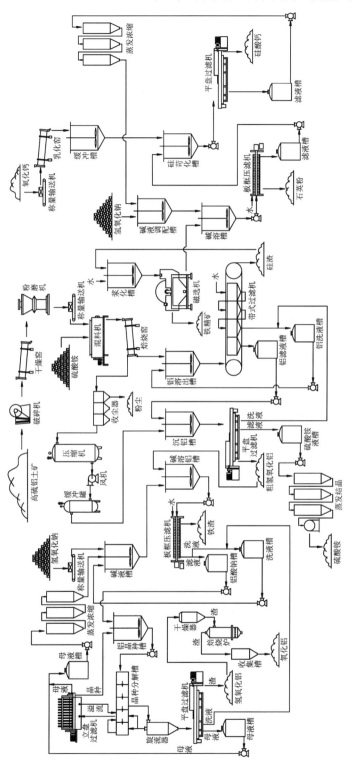

图 7-11 硫酸铵法工艺设备连接图

7.4 产品

硫酸法和硫酸铵法处理高硫铝土矿得到的主要产品有氧化铝、硅酸钙、氧化铁、硫酸铵和碳酸钠。

7.4.1 氧化铝

对碳分法得到的氢氧化铝进行煅烧,对煅烧后的产物进行 X 射线衍射分析,结果如图 7-12 所示。由图可知,煅烧产物氧化铝结晶度好。

煅烧得到的氧化铝 SEM 检测结果分析如图 7-13 所示。制备的氧化铝粉末中粒径在 30 μm 以下的占 99.4%,在 44 μm 以下的占 100%。

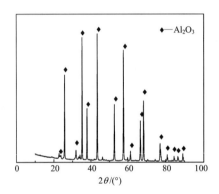

图 7-12 煅烧产物的 XRD 图谱

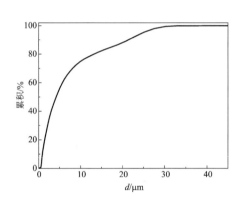

图 7-13 氧化铝产品粒度分析

7.4.2 硅酸钙

硅酸钙粉体的 SEM 照片见图 7-14,表 7-4 为其成分分析结果。硅酸钙主要用作建筑材料、保温材料、耐火材料、涂料的体质颜料及载体。

表 7-4 硅酸钙的成分 %

SiO$_2$	CaO	Fe$_2$O$_3$	Al$_2$O$_3$	Na$_2$O
45.35	42.27	0.24	0.28	0.07

图 7 - 14　硅酸钙粉体 SEM 照片

7.4.3　氧化铁

氢氧化铁煅烧样品 X 射线衍射表征结果如图 7 – 15 所示。煅烧得到的产物为 α – Fe_2O_3 煅烧至 650℃时，氢氧化铁已经完全分解。

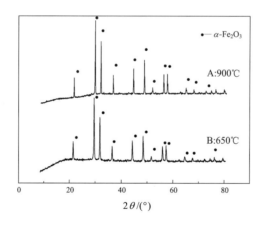

图 7 – 15　不同煅烧温度产物 XRD 图谱

7.5 环境保护

7.5.1 主要污染源和主要污染物

（1）烟气粉尘

①焙烧窑烟气中的主要污染物：粉尘和 SO_3、SO_2。

②燃气锅炉中的主要污染物：粉尘和 CO_2。

③高硫铝土矿储存、破碎、筛分、磨制、皮带输送转接点等产生的物料粉尘。

（2）水

①生产废水：生产过程水循环使用，无废水排放。

②生产排水为软水制备工艺排水，水质未被污染。

（3）固体

①高硫铝土矿中的硅制备的石英粉、硅酸钙。

②铁制成的氢氧化铁，用于炼铁。

③铝得到的氢氧化铝和氧化铝。

生产过程无废渣排放。

7.5.2 污染治理措施

（1）焙烧烟气

焙烧烟气经旋风、重力、布袋除尘，粉尘返回混料。硫酸焙烧烟气经吸收塔二级吸收，SO_3、SO_2 和水的混合物经酸吸收塔制备硫酸，循环利用，尾气经吸收塔进一步净化后排放，满足《工业炉窑大气污染物排放标准》（GB 9078—1996）的要求。

（2）通风除尘

产生粉尘设备均带收尘装置。

扬尘：全厂扬尘点均实行设备密闭罩集气、机械排风、高效布袋除尘器集中除尘，系统除尘效率均在 99.9% 以上。

烟尘：回转窑等烟气除尘系统收集的烟尘全部返回系统再利用。

（3）废水治理

需要水源提供新水，生产用水循环，全厂水循环利用率为 90% 以上。

各工序产生的废水采用不同方法处理，以实现全厂废水"零"排放。蒸浓结晶工序冷凝水循环使用和二次利用。

（4）废渣治理

整个生产过程中，高铁铝土矿中的主要组分硅、铁、铝均制备成产品，无废渣产生。

（5）噪声治理

本工程的噪声主要由机械动力、流体动力产生。工程设计对高噪声设备采取消声、隔声、基础减振等措施进行处理。

（6）绿化

绿化在防治污染、保护和改善环境方面起到特殊的作用，是环境保护的有机组成部分。绿色植物不仅能美化环境，还具有吸附粉尘、净化空气、减弱噪声、改善小气候等作用。因此在工程设计中对绿化予以了充分重视，通过提高绿化系数改善厂区及附近地区的环境条件，设计厂区绿化占地率不小于20%。

7.6　结语

高硫铝土矿是我国重要的铝土矿储备资源，但目前在氧化铝生产上并没有得到大规模的利用，主要原因是脱硫工艺复杂，除硫效率低，生产成本昂贵，并且碱法生产工艺对铝土矿的品位要求较高，而铝的提取率往往不高，不能使有价组元得到充分利用，同时会产生大量的赤泥，长期占用耕地，污染环境，这些都不符合可持续发展的战略思想。因此寻求绿色化氧化铝生产新工艺是氧化铝工业发展的方向。为了实现高硫铝土矿资源的绿色化综合利用，本课题针对高硫铝土矿的特点，采用铝土矿-硫酸焙烧法和硫酸铵焙烧法提取铝土矿中有价组元铝、铁、硅。工艺过程中使用的化工原料硫酸、硫酸铵和氢氧化钠均可循环利用或制成产品，且无废气、废水、废渣的排放，实现了全流程的绿色化及资源利用的最大化，具有推广应用价值。

参考文献

[1] 张浩钰. 中国铝资源需求预测与保障性分析[J]. 西部资源, 2018(1)：189-197.

[2] 彭欣, 金立业. 高硫铝土矿生产氧化铝的开发与应用[J]. 轻金属, 2010(11)：14-17.

[3] 吴许建. 高硫铝土矿流态化焙烧脱硫过程的研究[D]. 辽宁：东北大学, 2010.

[4] Liu W C, Yang J K, Bo X. Review on treatment and utilization of bauxite residues in China[J]. Int. J. Mineral Processing, 2009, 93(3)：220-231.

[5] 李博. 选矿捕收剂对铝酸钠溶液晶种分解的影响[D]. 沈阳：东北大学, 2006.

[6] 温金德. 富矿烧结生产氧化铝研究[D]. 沈阳：东北大学, 2003.

[7] Wu S Y, Xu P, Chen J, et al. Effect of temperature on phase and alumina extraction efficiency of the product from sintering coal fly ash with ammonium sulfate[J]. Chinese Journal of Chemical

Engineering, 2014, 22(11 – 12): 1363 – 1367.

[8] Wang R C, Zhai Y C, Ning Z Q. Thermodynamics and kinetics of alumina extraction from fly ash using an ammonium hydrogen sulfate roasting method [J]. International Journal of Minerals Metallurgy and Materials, 2014, 21(2): 144 – 149.

[9] Wang R C, Zhai Y C, Wu X W, et al. Extraction of alumina from fly ash by ammonium hydrogen sulfate roasting technology[J]. Trans. Nonferrous Met. Soc. China, 2014, 24(5): 1596 – 1603.

[10] 许德华. 高铝粉煤灰 NH_4HSO_4/H_2SO_4 法提取氧化铝基础研究[D]. 北京: 中国科学院大学, 2017.

[11] 林斌斌. 铝土矿酸法溶出及溶出液制备活性氧化铝的研究[D]. 上海: 华东理工大学, 2014.

[12] 张念炳, 白晨光, 黎志英, 等. 高硫铝土矿中含硫矿物赋存状态及脱硫效率研究[J]. 电子显微学报, 2009, 28(3): 229 – 234.

[13] 胡晓莲. 高硫铝土矿中硫在溶出过程中的行为及除硫工艺研究[D]. 长沙: 中南大学, 2011.

[14] 郑立聪, 谢克强, 刘战伟, 等. 一水硬铝石型高硫铝土矿脱硫研究进展[J]. 材料导报, 2017, 31(5): 84 – 93.

[15] 刘华龙. 贵州某高硫铝土矿焙烧脱硫后的预脱硅和沉降性能研究[J]. 湿法冶金, 2015, 34(4): 308 – 311.

[16] 张贤珍, 林海, 孙德四. 直接/间接接触模式下1株硅酸盐细菌铝土矿脱硅研究[J]. 功能材料, 2013, 44(17): 2460 – 2464.

[17] 陈文汨, 谢巧玲, 胡小莲, 等. 高硫铝土矿反浮选除硫试验研究[J]. 矿冶工程, 2008, 28(3): 34 – 37.

[18] Hu X L, Chen W M, Xie Q L. Sulfur phase and sulfur removal in high sulfur – containing bauxite [J]. Trans Nonferrous Metals Soc China, 2011, 21(7): 1641 – 1647.

[19] 胡晓莲, 陈文汨, 谢巧玲. 高硫铝土矿氧化焙烧脱硫研究[J]. 中南大学学报(自然科学版), 2010, 41(3): 852 – 858.

[20] 吕国志, 张廷安, 鲍丽, 等. 高硫铝土矿流化焙烧脱硫及对溶出性能的影响[J]. 矿冶工程, 2008, 28(6): 58 – 61.

[21] 吕国志, 张廷安, 鲍丽, 等. 高硫铝土矿的焙烧预处理及焙烧矿的溶出性能[J]. 中国有色金属学报, 2009, 19(9): 1684 – 1689.

[22] 何润德, 胡四春, 黎志英, 等. 用高硫型铝土矿生产氧化铝过程中湿法除硫方法讨论[J]. 湿法冶金, 2004, 23(2): 66 – 68.

[23] 张金山, 耿郑州, 赵俊梅, 等. 有机络合法去除硫酸铝溶液中铁离子的试验研究[J]. 矿产综合利用, 2014(1): 79 – 80.

[24] 魏党生. 高铁铝土矿综合利用工艺研究[J]. 有色金属(选矿部分), 2008(6): 14 – 18.

[25] 袁明亮, 汪艳梅, 胡岳华. 铝土矿尾除钛和铁及其采用表面改性[J]. 中国有色金属学报, 2007, 17(12): 2059 – 2064.

[26] 孙娜. 高铁三水铝石型铝土矿中铁铝硅分离的研究[D]. 长沙: 中南大学, 2010.

[27] 吴成友，余红发. 用叔胺 N235 从硫酸铝溶液中萃取除铁[J]. 湿法冶金，2012，31
　　(3)：160 – 164.

[28] 宋凯. 铝土矿硫酸法溶出及除杂研究[D]. 贵阳：贵州师范大学，2017.

[29] 刘康，薛济来，朱骏，等. 粉煤灰硫酸焙烧熟料溶出液的除铁过程研究[J]. 中南大学学报
　　(自然科学版)，2016，47(10)：3295 – 3301.

[30] 肖冲，金会心，郑晓倩. 高压水化法下高钛铝土矿的溶出性能[J]. 有色金属(冶炼部分)，
　　2018(1)：25 – 28.

[31] 李辉. 高铁钛复杂型铝土矿溶出性能试验研究[D]. 贵阳：贵州大学，2015.

[32] Xiong Y, Li Y X, Ren F Q, et al. Optimization of Mo(Ⅵ) selective separation by eriocheir
　　sinesis crab shells gel[J]. Industrial Engineering Chemistry Research, 2014, 53(2)：847 – 854.

[33] Xiong Y, Xu J, Shan W J, et al. A new approach for rhenium(Ⅶ) recovery by using modified
　　brown algae laminaria japonica adsorbent[J]. Bioresource Technology, 2013, 127：464 – 472.

[34] 刘佳囡，贾志良，翟玉春，等. 铝土矿硫酸焙烧与水浸提取铝铁[J]. 过程工程学报，2014，
　　14(5)：797 – 801.

[35] 滕飞. 低品位铝土矿绿色化综合利用的研究[D]. 沈阳：东北大学，2011.

[36] 辛海霞. 高铁铝土矿提取有价组元的理论及工艺研究[D]. 沈阳：东北大学，2014.

[37] 毕诗文，于海燕. 氧化铝生产工艺[M]. 北京：化学工业出版社，2006.

[38] 王静，童小翠，许永，等. 不同沉淀剂制备纳米氧化铝粉的研究[J]. 无机盐工业，2011，43
　　(6)：14 – 16.

[39] 蔡卫权，余小锋. 高比表面大中孔拟薄水铝石和 γ – Al₂O₃的制备研究[J]. 化学进展，2007，
　　19(9)：1322 – 1330.

[40] 王捷. 氧化铝生产工艺[M]. 北京：冶金工艺出版社，2006.

[41] 辛海霞，吴艳，刘少名，等. 高铁铝土矿与硫酸氢铵混合焙烧工艺[J]. 中国有色金属学报，
　　2014，24(3)：808 – 813.

[42] 吴玉胜，李来时. 一种高效综合利用高铁铝土矿的方法，CN102515223B[P]. 2014.

[43] Shi J F, Wang Z X, Hu Q Y, et al. Recovery of nickel and cobalt from nickel laterite ore by
　　sulfation roasting method using ammonium bisulfate[J]. Chinese Journal of Nonferrous Metals,
　　2013, 23(2)：510 – 515.

[44] 宋力，朱建君，刘启祥，等. 无水硫酸铝铵在氩气中的热分解动力学研究[J]. 化学世界，
　　2011，52(6)：342 – 345.

[45] 范芸珠，曹发海. 硫酸铵热分解反应动力学研究[J]. 高校化学工程学报，2011，25
　　(2)：341 – 346.

[46] Kenawy I M M, Khalifa M E, Hassanien M M, et al. Application of mixed micelle – mediated
　　extraction for selective separation and determination of Ti (Ⅳ) in geological and water samples
　　[J]. Microchemical Journal, 2016(124)：149 – 154.

[47] Barman M K, Srivastava B, Chatterjee M, et al. Solid – phase extraction, separation and
　　preconcentration of titanium(Ⅳ) with SSG – V10 from some other toxic cations：A molecular
　　interpretation supported by DFT[J]. RSC Advances, 2014, 4(64)：33923 – 33934.

[48] Shipway A N, Katz E, Willner I. Nanoparticle arrays on surfaces for electronic, optical, and sensor applications[J]. Chemphyschem, 2015, 1(1): 18 –52.

[49] Baillon F, Provost E, Fürst W. Study of titanium (Ⅳ) speciation in sulphuric acid solutions by FT – Raman spectrometry[J]. Journal of Molecular Liquids, 2008, 143(1): 8 – 12.

[50] Rishwaya M J, Ndlovu S. Purification of coal fly ash leach liquor by solvent extraction: Identification of influential factors using design of experiments[J]. International Journal of Mineral Processing, 2017(164): 11 –20.

第 8 章　粉煤灰制备分子筛的高附加值综合利用

8.1　概述

8.1.1　资源概况

粉煤灰是煤经高温燃烧后形成的一种类似火山灰质的混合物。燃煤电厂将煤磨成 100 μm 以下的煤粉，煤粉用预热空气喷入炉膛呈悬浮状态燃烧，产生混有大量不燃物的高温烟气，经收尘装置捕集得到粉煤灰。

煤粉灰在炉膛燃烧时，其中汽化温度低的物质先从矿物与固体炭连接的缝隙间逸出，使煤粉变成多孔型炭粒。此时煤粉的颗粒状态基本保持原煤粉的形态，但因多孔型使其表面积增大。随着温度的升高，多孔型炭粒中的有机质燃烧，而其中的矿物开始脱水、分解、氧化变成无机氧化物。此时的煤粉颗粒变成多孔玻璃体，其形态与多孔型炭粒基本相同。随着燃烧的继续进行，多孔玻璃体逐渐融化收缩而形成颗粒，其孔隙率越来越小，圆度越来越高，粒径越来越小，最终由多孔玻璃体转变为密度较高、粒径较小的密实球体，颗粒比表面积减小到最小。不同粒度和密度灰粒的化学和物理性质显著不同。最后形成的粉煤灰分为飞灰和炉底灰，形成过程见图 8 - 1。飞灰是进入烟道气灰尘中最细的部分，炉底灰是分离出来的比较粗的颗粒，也称炉渣。

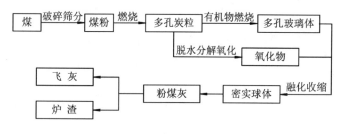

图 8 - 1　粉煤灰的形成过程

我国是世界第一产煤和耗煤大国，煤炭是我国当前和今后相当长时间的主要能源。在一次能源探明总量中煤占 90%。虽然我国大力发展水电、核电、风电，但是燃煤发电仍占主导地位。而燃煤发电必然产生大量粉煤灰。

我国燃煤电厂排放的粉煤灰总量在逐年增加，1995 年粉煤灰排放量达1.25 亿 t，2000 年约为 1.5 亿 t，2014 年全国粉煤灰排放量达到 4.5 亿 t，每年粉煤灰排放量以 2000 万~3000 万 t 的数量增长。在东南部沿海发达地区粉煤灰的就地利用率为 85% 以上，但在中西部地区特别是产煤大省山西、内蒙古等地，粉煤灰利用率极低，不到 3%，排放的粉煤灰堆放掩埋挤占农田或荒地，仅此一项，年占地就达 50 多万亩，不仅占用土地，还带来飞尘和水污染，给我国的国民经济建设及生态环境造成巨大的压力。

粉煤灰是人工二次资源，富含二氧化硅和氧化铝，二者质量分数之和在 85% 以上。粉煤灰粒度小、均匀，无须矿山开采即可用作原料。因此，开展绿色化、高附加值综合利用粉煤灰的新工艺技术研究具有重要意义。

8.1.2 粉煤灰利用技术

1）粉煤灰普通利用技术

粉煤灰普通利用主要有 4 个方向：一是应用于建筑材料和道路工程；二是用作吸附剂和絮凝剂等，应用于化工和环保；三是在农业方面，用作复合肥、土壤改良剂等；四是作为填筑材料，用于矿井回填、坝和码头填筑。

据统计，我国以外世界各国的粉煤灰产出及利用情况如表 8-1 所示。

表 8-1 世界各国的粉煤灰产出及利用情况

国名	英国	德国	法国	荷兰	美国	日本
粉煤灰排出量/(10^4 t·a^{-1})	1400	450	560	50	5800	230
粉煤灰利用量/(10^4 t·a^{-1})	550	240	310	50	1350	70
粉煤灰利用量/%	40	55	55	100	23	30
粉煤灰利用项目/(10^4 t·a^{-1})						
(1)水泥工业						
水泥原料			40		40	10
水泥混合材	10	15	80	10	50	20
(2)混凝土工业						
混凝土掺和料	15	100	40		100	15
混凝土制品掺和料	70					5

续表 8 – 1

国名	英国	德国	法国	荷兰	美国	日本
水泥砂浆	15	40	40	4	150	
（3）建材工业						
砌块、砖	65	30	1	15	100	2
轻骨料	40	5			40	
（4）土木工程						
道路	190	40	50	10	135	
填煤坑、填土	50		40		125	
（5）其他	100	10	10	1	240	18
（6）贮藏	100	100	70		360	
（7）填筑、废弃	800	110	180		4400	160

（1）在建筑材料和道路工程方面的应用

粉煤灰在建筑材料方面的用量大，占粉煤灰利用率的 35% 左右，主要制品有：粉煤灰水泥、粉煤灰混凝土、粉煤灰墙体材料、粉煤灰微晶玻璃、生产轻集料、粉煤灰泡沫玻璃、水泥粉煤灰膨胀珍珠岩混凝土保温砌块、大掺量粉煤灰防水隔热材料、混凝土轻质隔墙板、粉煤灰陶粒等。在道路工程方面粉煤灰用作路基填料。

（2）在污水治理方面的应用

粉煤灰处理废水的机理主要是吸附作用。粉煤灰的吸附作用主要有物理吸附和化学吸附。物理吸附由粉煤灰的多孔性与比表面积决定，比表面积越大，吸附效果越好。未燃炭粒对物理吸附也产生重要影响。化学吸附是指粉煤灰中存在大量的铝、铁、硅等活性基团，能与吸附物质通过化学键发生结合，形成离子交换。粉煤灰含有多孔玻璃体、多孔炭粒，呈多孔性蜂窝状组织，比表面积较大，具有活性基团，具有较高的吸附活性。除此之外，粉煤灰中的一些成分还能与废水中的有害物质作用使其絮凝沉淀，与粉煤灰构成吸附絮凝沉淀协同作用。粉煤灰的吸附性能与活性炭相似，对分子量大的污染物吸附效果较好，这是因为分子量大的分子间引力强，物理吸附更易进行，所以粉煤灰对造纸、印染、电镀、油类等以大分子污染物为主的废水表现出较好的吸附性能。

粉煤灰对生活污水和城市污水中 COD 有较好的去除作用，吸附去除率为 86%，BOD 的去除率可达 70%，对色度的去除率可达 90% 以上，效果优于生物接触氧化法，而且可以节约用水量，减少废水排放量。粉煤灰进行焙烧、碱性溶出等方法改性后，对工业废水中铬、铅、铜、镉等重金属离子具有较好的吸附作用，去除率为97.5%以上。

（3）在农业方面的应用

粉煤灰在农业方面的应用主要有填坑造地、贮灰场种植、做土壤改良剂和制作复混肥、磁化肥等。粉煤灰对洼地、塌陷地、山谷以及烧砖毁田造成的坑洼地都可以填充造田，填充后覆土造田最好，不覆土也可以。有些农作物可以在粉煤灰上生长，这对我国人多地少的国情很有意义。粉煤灰作为土地改良剂主要是对土壤产生物理性质的影响。如改善土壤结构，降低容重，增加孔隙率，提高地温，缩小膨胀率，特别是对改善黏质土壤的物理性质具有很好的效果。

（4）在填筑方面的应用

粉煤灰在工程上作为填筑物料使用，使用量大，是直接利用的一种重要途径。主要有：粉煤灰综合回填、洼地回填、矿井回填、小坝和码头的填筑等。近年来，回填用粉煤灰的兴起大大减轻了电厂在粉煤灰存放方面的压力，并使许多灰场的使用年限得以延长，保证了电厂的稳定生产。利用粉煤灰回填，一次用量大，且不需要任何技术、方法简单。粉煤灰回填后因其具有一定的水化活性，提高了保水稳定性。

2）粉煤灰精细化利用

粉煤灰主要含有铝和硅，此外还有少量的铁、钛、镓、铟、锗，通过合适的方法将其分离，做到物尽其用，达到精细化利用。

（1）回收铁和微珠

高铁粉煤灰中 Fe_2O_3 的质量分数最高可达40%，是一种可观的铁矿资源。由于燃煤炉的高温燃烧，加上 C 和 CO 的还原作用，粉煤灰中的铁化合物部分已还原成磁性氧化铁（Fe_3O_4）和铁粉。因此，可以直接利用干磁选或湿磁选得到高品位铁精矿。

微珠是煤粉在1350~1500℃高温区域燃烧成熔融状态，并经高压气流雾化后，靠自身的表面张力凝聚而成的。排灰时遇冷变成空心球体，其粒度一般为0.25~150 μm，个别也有300 μm。根据珠壁厚度不同，可分为漂珠和沉珠两种，漂珠可利用浮选法回收，沉珠可利用重力分选法回收。

（2）利用粉煤灰制备活性炭

部分粉煤灰中含有10%~20%的未燃尽的炭粒，可作为制备活性炭的基础原料。粉煤灰经浮选后，只要其中灰分小于15%，就可以制备较好的活性炭。活性炭强度达87%、水容量101.9%、吸碘值725 mg/g、亚甲基蓝吸附值139 mg/g、比表面1035 m²/g，可用于有机溶剂的回收、空气与水的净化及做催化剂的载体。

（3）金属和非金属的利用

粉煤灰中的主要成分为二氧化硅和氧化铝，可以从粉煤灰中提取二氧化硅和氧化铝，其中二氧化硅可以制备成白炭黑和硅酸钙。白炭黑又称水合二氧化硅，是一种重要的化工原料；硅酸钙是一种保温隔热材料。氧化铝是电解铝的主要原料。活性氧化铝则是一种重要的化工产品，是具有吸附性、催化性的多孔大表面物质，广泛用作炼油、化肥、石油、橡胶等化学工业的吸附剂、干燥剂、催化剂。此外，也可以利用粉煤灰制备聚硅酸铝铁和聚合氯化铝等产品。

除了二氧化硅和氧化铝外，粉煤灰还有许多金属，如：钛、镓、镁、锗、矾、铟等，它们都有提取的价值和意义，尤其是铟、镓、锗等稀有金属。

（4）制备微晶玻璃

用 CaO 脱硫的粉煤灰的化学成分属于 $CaO - Al_2O_3 - SiO_2$ 体系，其化学组成范围为：SiO_2 40%～55%；Al_2O_3 10%～17%；CaO 12%～17%；MgO 2%～10%；Fe_2O_3 2%～5%；微晶玻璃也基本上基于该体系。粉煤灰中的 SiO_2、Al_2O_3 可作为微晶玻璃的主要成分，MgO 可以改变玻璃的性能，Fe_2O_3 对玻璃的颜色会产生不良的影响。但是对于微晶玻璃来说，铁对微晶玻璃的成核和晶化是一种有益的成分，可以促进 $MgFe_2O_4$ 的形成，从而有利于晶体的生长。以粉煤灰为主要原料的微晶玻璃具有良好的机械性能、热学性能和抗化学腐蚀性能，可广泛用作建筑装饰材料。

3）利用粉煤灰制备白炭黑

经焙烧处理后的粉煤灰与氟化钙和一定浓度的浓硫酸在加热条件下反应，反应放出 SiF_4 气体，气体净化后通入一定浓度的乙醇水溶液中水解，控制水解速度和搅拌强度，过滤得到的沉淀经洗涤、烘干，得白炭黑产品。其工艺流程见图 8 - 2。

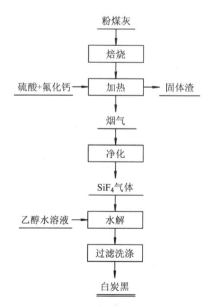

图 8 - 2　粉煤灰制备白炭黑工艺流程图

发生的主要化学反应为：

$$SiO_2 + 2CaF + 2H_2SO_4 \Longrightarrow SiF_4 + 2CaSO_4 \downarrow + 2H_2O$$

$$3SiF_4 + (n+2)H_2O \Longrightarrow SiO_2 \cdot nH_2O \downarrow + 2H_2SiF_6$$

4）利用粉煤灰制备氧化铝

目前，从粉煤灰中提取氧化铝的有碱法和酸法两种工艺。

碱法工艺有石灰石烧结法、碱石灰烧结法和预脱硅碱石灰烧结法。波兰格罗索维茨厂采用石灰石烧结法处理粉煤灰（氧化铝质量分数大于30%）提取氧化铝工艺，建设了年产30万~35万t水泥和5.5万t氢氧化铝的生产线，在1990年左右停止运行。大唐国际发电股份有限公司采用加压预脱硅碱石灰烧结法处理粉煤灰提取氧化铝工艺，建设了一条设计能力年产24万t氧化铝的生产线，但生产尚未顺畅。蒙西高新技术集团采用石灰石烧结法生产氧化铝工艺，计划建设年产40万t氧化铝的项目，产生的硅渣需要配套320万t以上的水泥厂消化，该项目已停止进行。

酸法处理粉煤灰提取氧化铝技术有硫酸浸出工艺和盐酸浸出工艺。神华集团建设了一条盐酸浸出年产3000t氧化铝的试验线，于2011年10月开始试车，但该工艺对设备的材质要求极高。

酸法中最有影响的是DAL法（直接酸浸出法 direct acid leaching），DAL法的特点是尽可能使整个粉煤灰资源变成各种产品，而不考虑金属的提取率。后来又有人提出了HCl和HF混合浸出的工艺路线，在90℃浸出1h的条件下获得94%的铝浸出率。

酸法中还有煅烧/稀酸过滤法（即calsinter法）。将粉煤灰与石灰在高温炉中进行焙烧，然后将烧成物用稀盐酸进行浸取、过滤，再用溶剂萃取法从滤液中除去钛和铁杂质，而除杂液中的铝以铵矾的形式沉淀出来，再将沉淀进行煅烧，即可得到氧化铝。

在国外，从粉煤灰中提取氧化铝的研究从20世纪80年代开始增多。近年来，人们对从粉煤灰提取氧化铝进行了深入研究，已经提出很多种方法，如酸溶沉淀法、盐－苏打烧结法、煅烧冷却法等。虽然方法众多，但还是属于碱法、酸法或者是酸碱联合法。

1）石灰石烧结法提取粉煤灰中的氧化铝

用石灰石烧结法生产氧化铝，熟料烧成的目的是使粉煤灰中的铝与石灰石中的钙相结合，生成能够溶于碳酸钠溶液的铝酸钙和不溶于碳酸钠溶液的硅酸二钙，在溶出工序中实现硅铝分离的目的。其工艺流程见图8－3。

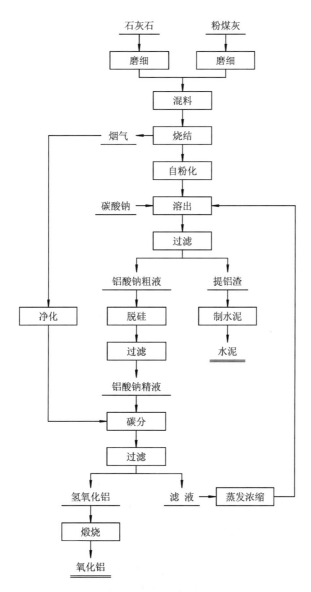

图 8-3　石灰石烧结法提取粉煤灰中的氧化铝

石灰石烧结法工艺发生的主要化学反应为：

$$7[3Al_2O_3 \cdot 2SiO_2] + 64CaO = 3[12CaO \cdot 7Al_2O_3] + 14[2CaO \cdot SiO_2]$$

$$3Al_2O_3 \cdot 2SiO_2 + 7CaO = 3[CaO \cdot Al_2O_3] + 2[2CaO \cdot SiO_2]$$

$$12CaO \cdot 7Al_2O_3 + 12Na_2CO_3 + 5H_2O = 14NaAlO_2 + 12CaCO_3 + 10NaOH$$

$$CaO \cdot Al_2O_3 + Na_2CO_3 \Longrightarrow 2NaAlO_2 + CaCO_3$$
$$2NaAlO_2 + CO_2 + 3H_2O \Longrightarrow 2Al(OH)_3 + Na_2CO_3$$
$$2Al(OH)_3 \Longrightarrow Al_2O_3 + 3H_2O \uparrow$$

熟料中的 $2CaO \cdot SiO_2$ 在冷却过程中发生晶型转化。当熟料冷却到 675℃ 以下，$\beta - 2CaO \cdot SiO_2$ 迅速转变为 $\gamma - 2CaO \cdot SiO_2$，且体积膨胀，密度降低，自粉化成细粉。熟料中的铝酸钙被碳酸钠溶液浸出，形成铝酸钠溶液和硅酸二钙、碳酸钙渣。过滤后得到硅钙渣和铝酸钠溶液粗液。粗液再经脱硅、碳分、过滤得到氢氧化铝，最后经煅烧得氧化铝产品。

石灰石烧结法是按粉煤灰中的二氧化硅的量配石灰石，二氧化硅含量越高，配入的石灰石量就越大，外排的硅钙渣就越多。每生产 1 t 氧化铝，要产生 12 ~ 14 t 硅钙渣。如果不能用其生产水泥，会造成大量的固体废弃物污染。但生产水泥，会因水泥销售半径受到制约。

(2)碱石灰烧结法提取粉煤灰中的氧化铝

碱石灰烧结法的目的是使粉煤灰中的氧化铝转变为易溶的铝酸钠，氧化铁转变为易水解的铁酸钠，氧化硅转变为不溶的硅酸二钙，实现硅铝分离。烧结熟料经破碎、湿磨溶出、分离、脱硅、碳分等工艺得到氢氧化铝，最后煅烧得氧化铝产品。工艺流程见图 8 - 4。

碱石灰烧结工艺发生的主要化学反应为：

$$Al_2O_3 + Na_2CO_3 \Longrightarrow 2NaAlO_2 + CO_2$$
$$SiO_2 + 2CaO \Longrightarrow 2CaO \cdot SiO_2$$
$$2NaAlO_2 + CO_2 + 3H_2O \Longrightarrow 2Al(OH)_3 + Na_2CO_3$$
$$2Al(OH)_3 \Longrightarrow Al_2O_3 + 3H_2O \uparrow$$

碱石灰与石灰石烧结法相同，也是按粉煤灰中的二氧化硅的量配石灰石，二氧化硅含量越高，配入的石灰石量就越大，外排的硅钙渣就越多。每生产 1 t 氧化铝，要产生 10 ~ 12 t 硅酸二钙渣。如果不能用其生产水泥，会造成大量的固体废弃物污染，但生产水泥，会因其销售半径受到制约。但碱石灰与石灰石烧结法相比，能耗和渣量有所降低。

(3)高压预脱硅 + 碱石灰烧结法提取粉煤灰中氧化铝

高压预脱硅 + 碱石灰烧结法的目的是先利用高压碱溶脱出粉煤灰中部分二氧化硅，提高粉煤灰中铝硅比，再利用碱石灰烧结使粉煤灰中的氧化铝转变为易溶的铝酸钠，氧化铁转变为易水解的铁酸钠，氧化硅转变为不溶的硅酸二钙，实现硅铝分离。烧结熟料经破碎、湿磨溶出、分离、脱硅、碳分等工艺得到氢氧化铝，最后煅烧得氧化铝产品。工艺流程见图 8 - 5。

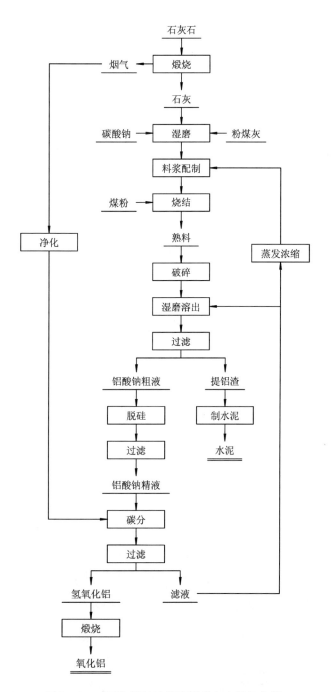

图 8-4　碱石灰烧结法提取粉煤灰中的氧化铝

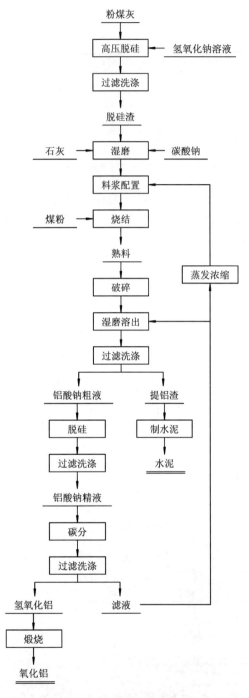

图 8-5　高压预脱硅 + 碱石灰烧结法提取粉煤灰中的氧化铝

高压预脱硅 + 碱石灰烧结工艺发生的主要化学反应为：

$$SiO_2 + 2NaOH =\!\!=\!\!= Na_2SiO_3 + H_2O$$

$$Al_2O_3 + Na_2CO_3 =\!\!=\!\!= 2NaAlO_2 + CO_2$$

$$SiO_2 + 2CaO =\!\!=\!\!= 2CaO \cdot SiO_2$$

$$2NaAlO_2 + CO_2 + 3H_2O =\!\!=\!\!= 2Al(OH)_3 + Na_2CO_3$$

$$2Al(OH)_3 =\!\!=\!\!= Al_2O_3 + 3H_2O$$

但高压预脱硅 + 碱石灰烧结法提取氧化铝，预脱硅只能减少粉煤灰中玻璃态二氧化硅，铝硅比提高不大，且对粉煤灰的物相和成分要求严格，不是各种粉煤灰都适合。由于二氧化硅的量减少，使提铝过程中加入的石灰石量减少，与石灰石烧结法和碱石灰烧结法相比，减少了硅钙渣的外排量。但生产 1 t 氧化铝，仍要产生 6~7 t 的硅钙渣。同时高压预脱硅反应设备复杂，造价高昂，生产操作成本高，限制了其大规模应用。

4）氟氨助溶酸浸法提取粉煤灰中的氧化铝

氟氨助溶酸浸法是利用粉煤灰与酸性氟化铵水溶液作用，直接破坏 SiO_2—Al_2O_3 键的网状结构，氟化铵与二氧化硅生成氟硅酸铵，再向氟硅酸铵溶液中通入过量氨沉淀二氧化硅，实现硅铝分离。工艺流程见图 8-6。

氟氨助溶酸浸法是按粉煤灰处理量加入氟氨助剂，每处理 1 t 粉煤灰需要 2 t 氟氨助剂，辅助用量较大，且氟化物的引入易造成二次污染。

主要化学反应为：

$$SiO_2 + 6NH_4F =\!\!=\!\!= (NH_4)_2SiF_6 + 4NH_3 + 2H_2O$$

$$(NH_4)_2SiF_6 + 4NH_3 + (n+2)H_2O =\!\!=\!\!= 6NH_4F + SiO_2 \cdot nH_2O$$

用硫酸浸出：

$$Al_2O_3 + 3H_2SO_4 =\!\!=\!\!= Al_2(SO_4)_3 + 3H_2O$$

用盐酸浸出：

$$Al_2O_3 + 6HCl =\!\!=\!\!= 2AlCl_3 + 3H_2O$$

$$Al_2O_3 + 2NaOH =\!\!=\!\!= 2NaAlO_2 + H_2O$$

$$2NaAlO_2 + CO_2 + 3H_2O =\!\!=\!\!= 2Al(OH)_3 + Na_2CO_3$$

$$2Al(OH)_3 =\!\!=\!\!= Al_2O_3 + 3H_2O$$

5）利用粉煤灰制备白炭黑、氧化铝和硅酸钙

综合利用粉煤灰提取氧化铝和氧化硅的工艺主要有硫酸法、硫酸铵法工艺。

（1）硫酸法工艺

硫酸法是利用硫酸焙烧或浸出粉煤灰中的氧化铝，破坏莫来石矿相，反应生成硫酸铝和不与硫酸反应的二氧化硅，经水溶过滤实现铝硅分离。调节硫酸铝溶液的 pH 使铁铝沉淀，再用氢氧化钠溶液溶出铁铝沉淀，得到氢氧化铁和铝酸钠溶液。铝酸钠溶液经加入氢氧化铝晶种种分得到氢氧化铝，经煅烧得到氧化铝。

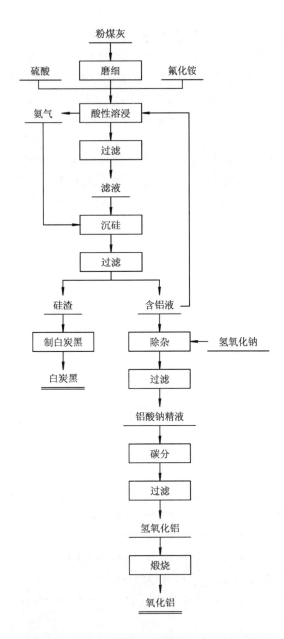

图8-6 氟氨助溶酸浸法提取粉煤灰中的氧化铝

硅渣用氢氧化钠溶液浸出，经过滤得到硅酸钠溶液和石英粉。硅酸钠溶液碳分制备白炭黑，也可与石灰作用制备硅酸钙。其工艺流程见图 8-7。

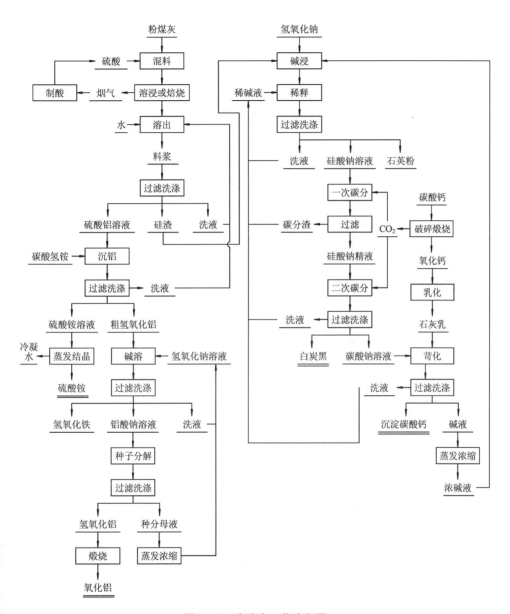

图 8-7　硫酸法工艺流程图

主要化学反应有：

$$Al_2O_3 + 3H_2SO_4 =\!\!=\!\!= Al_2(SO_4)_3 + 3H_2O \uparrow$$

$$Fe_2O_3 + 3H_2SO_4 =\!\!=\!\!= Fe_2(SO_4)_3 + 3H_2O \uparrow$$

$$CaO + H_2SO_4 =\!\!=\!\!= CaSO_4 + H_2O \uparrow$$

$$H_2SO_4 =\!\!=\!\!= SO_3 \uparrow + H_2O \uparrow$$

$$Al(OH)_3 + NaOH =\!\!=\!\!= NaAlO_2 + 2H_2O$$

$$NaAl(OH)_4 =\!\!=\!\!= Al(OH)_3 \downarrow + NaOH$$

$$2Al(OH)_3 =\!\!=\!\!= Al_2O_3 + 3H_2O \uparrow$$

$$SiO_2 + 2NaOH =\!\!=\!\!= Na_2SiO_3 + H_2O$$

$$Na_2SiO_3 + CO_2 =\!\!=\!\!= Na_2CO_3 + SiO_2 \downarrow$$

$$Na_2CO_3 + Ca(OH)_2 =\!\!=\!\!= 2NaOH + CaCO_3 \downarrow$$

（2）预脱硅法工艺

预脱硅法是利用氢氧化钠浸出粉煤灰，粉煤灰中的二氧化硅与氢氧化钠反应生成可溶性的硅酸钠，过滤得到硅酸钠溶液和脱硅渣。硅酸钠溶液用石灰乳苛化制备硅酸钙，也可以碳分制备白炭黑。提硅渣与硫酸铵混合焙烧作用，脱硅渣中的氧化铝和氧化铁与硫酸铵反应生成可溶性的硫酸铝铵、硫酸铁铵、硫酸铝、硫酸铁。调整溶液 pH 使铁铝沉淀，再用氢氧化钠溶液溶出铁铝沉淀，分离铁铝，得到氢氧化铁固体和铝酸钠溶液。铝酸钠溶液通过种分得到氢氧化铝，煅烧制备氧化铝。其工艺流程图见图 8-8。

预脱硅过程发生的主要反应有：

$$SiO_2 + 2NaOH =\!\!=\!\!= Na_2SiO_3 + H_2O$$

$$Na_2SiO_3 + Ca(OH)_2 =\!\!=\!\!= CaSiO_3 \downarrow + 2NaOH$$

焙烧过程发生的主要化学反应为：

$$Al_2O_3 + 3(NH_4)_2SO_4 =\!\!=\!\!= Al_2(SO_4)_3 + 6NH_3 \uparrow + 3H_2O \uparrow$$

$$Fe_2O_3 + 3(NH_4)_2SO_4 =\!\!=\!\!= Fe_2(SO_4)_3 + 6NH_3 \uparrow + 3H_2O \uparrow$$

$$Al_2O_3 + 4(NH_4)_2SO_4 =\!\!=\!\!= 2NH_4Al(SO_4)_2 + 6NH_3 \uparrow + 3H_2O \uparrow$$

$$Fe_2O_3 + 4(NH_4)_2SO_4 =\!\!=\!\!= 2NH_4Fe(SO_4)_2 + 6NH_3 \uparrow + 3H_2O \uparrow$$

$$CaO + (NH_4)_2SO_4 =\!\!=\!\!= CaSO_4 + 2NH_3 \uparrow + H_2O \uparrow$$

$$(NH_4)_2SO_4 =\!\!=\!\!= SO_3 \uparrow + 2NH_3 \uparrow + H_2O \uparrow$$

沉铝铁过程发生的主要化学反应为：

$$Al_2(SO_4)_3 + 6NH_3 + 6H_2O =\!\!=\!\!= 2Al(OH)_3 \downarrow + 3(NH_4)_2SO_4$$

$$Fe_2(SO_4)_3 + 6NH_3 + 6H_2O =\!\!=\!\!= 2Fe(OH)_3 \downarrow + 3(NH_4)_2SO_4$$

$$NH_4Fe(SO_4)_2 + 3NH_3 + 3H_2O =\!\!=\!\!= Fe(OH)_3 \downarrow + 2(NH_4)_2SO_4$$

$$NH_4Al(SO_4)_2 + 3NH_3 + 3H_2O =\!\!=\!\!= Al(OH)_3 \downarrow + 2(NH_4)_2SO_4$$

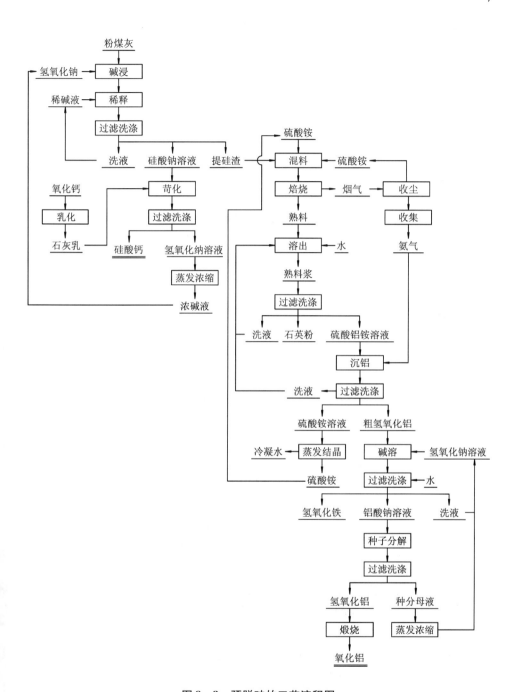

图 8-8　预脱硅的工艺流程图

碱溶、种分过程发生的主要化学反应为:

$$Al(OH)_3 + NaOH =\!=\!= NaAlO_2 + 2H_2O$$
$$NaAl(OH)_4 =\!=\!= Al(OH)_3 \downarrow + NaOH$$
$$2Al(OH)_3 =\!=\!= Al_2O_3 + 3H_2O \uparrow$$

(3)硫酸铵法工艺

硫酸铵法是利用硫酸铵低温焙烧粉煤灰,粉煤灰中的氧化铝和氧化铁与硫酸铵反应生成可溶性硫酸盐,二氧化硅不参加反应。焙烧烟气除尘后降温冷却得到硫酸铵,返回混料。焙烧熟料水溶过滤得到硫酸盐溶液和硅渣。用氨或铵盐调节溶液的 pH 沉淀铁铝。用氢氧化钠溶液碱溶铁铝沉淀,分离铁铝,得到氢氧化铁和铝酸钠溶液。铝酸钠溶液种分得到氢氧化铝,煅烧得到氧化铝。硅渣用氢氧化钠溶液浸出,硅渣中的二氧化硅生成可溶性的硅酸钠,过滤得到硅酸钠溶液和石英粉,硅酸钠溶液碳分制备白炭黑,也可与石灰乳反应制备硅酸钙。其工艺流程图见图 8-9。

焙烧过程发生的主要化学反应为:

$$Al_2O_3 + 3(NH_4)_2SO_4 =\!=\!= Al_2(SO_4)_3 + 6NH_3 \uparrow + 3H_2O \uparrow$$
$$Fe_2O_3 + 3(NH_4)_2SO_4 =\!=\!= Fe_2(SO_4)_3 + 6NH_3 \uparrow + 3H_2O \uparrow$$
$$Al_2O_3 + 4(NH_4)_2SO_4 =\!=\!= 2NH_4Al(SO_4)_2 + 6NH_3 \uparrow + 3H_2O \uparrow$$
$$Fe_2O_3 + 4(NH_4)_2SO_4 =\!=\!= 2NH_4Fe(SO_4)_2 + 6NH_3 \uparrow + 3H_2O \uparrow$$
$$CaO + (NH_4)_2SO_4 =\!=\!= CaSO_4 + 2NH_3 \uparrow + H_2O \uparrow$$
$$(NH_4)_2SO_4 =\!=\!= SO_3 \uparrow + 2NH_3 \uparrow + H_2O \uparrow$$

沉铝铁过程发生的主要化学反应为:

$$Al_2(SO_4)_3 + 6NH_3 + 6H_2O =\!=\!= 2Al(OH)_3 \downarrow + 3(NH_4)_2SO_4$$
$$NH_4Al(SO_4)_2 + 3NH_3 + 3H_2O =\!=\!= Al(OH)_3 \downarrow + 2(NH_4)_2SO_4$$

碱溶种分过程发生的主要化学反应为:

$$Al(OH)_3 + NaOH =\!=\!= NaAlO_2 + 2H_2O$$
$$NaAl(OH)_4 =\!=\!= Al(OH)_3 \downarrow + NaOH$$
$$2Al(OH)_3 =\!=\!= Al_2O_3 + 3H_2O \uparrow$$

硅渣利用过程发生的主要化学反应为:

$$SiO_2 + 2NaOH =\!=\!= Na_2SiO_3 + H_2O$$
$$2NaOH + CO_2 =\!=\!= Na_2CO_3 + H_2O$$
$$Na_2SiO_3 + CO_2 =\!=\!= Na_2CO_3 + SiO_2 \downarrow$$
$$Na_2CO_3 + Ca(OH)_2 =\!=\!= CaCO_3 \downarrow + 2NaOH$$

6)利用粉煤灰合成沸石分子筛

沸石是一种结晶铝硅酸盐,由于其结构中分布着均匀的孔道和空腔而有较大的比表面积,拥有催化、吸附等性能。由于化学组成和结构不同,沸石分子筛有

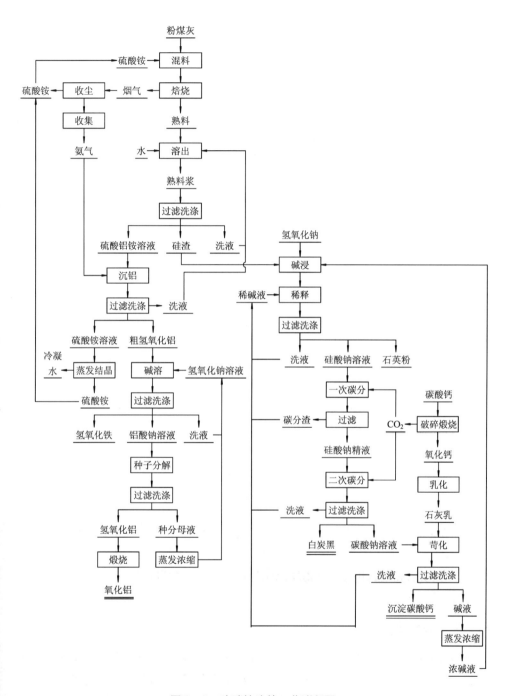

图 8-9　硫酸铵法的工艺流程图

很多种。沸石分子筛的最基本结构单元由硅氧四面体和铝氧四面体所组成结构元，在每个硅原子周围都有四个氧原子，形成四面体配位，硅原子位于四面体的中心。四面体通过氧原子相互连接而形成链状或环状，可以进一步构成三度空间立体骨架。

沸石分子筛由于具有特殊的结构和性质，已普遍应用于环保、食品工业、生物工程、石油化工等。具体表现在优良的吸附性能、离子交换性能、催化性能。Kristin Schumann 等利用合成的 13X 型分子筛作为吸附剂，对 CO_2 和 N_2 进行吸附测量。汪威等采用离子交换法制备一系列铜离子改性的 13X 型分子筛，考察其对硫醇的吸附效果，证明改性后的 13X 型分子筛的孔径和孔容积都有增加。Koek 等用炭黑作为介孔模板剂，合成了 Fe/ZSM－5 型分子筛，该分子筛在合成苯酚过程中有良好的催化性能。

粉煤灰合成沸石主要采用两种方法：直接转化法和两步转化法。直接转化法有原位水热反应法和碱融－水热反应法两种。原位水热反应法是利用粉煤灰直接和碱溶液在150℃、反应 5 h 合成沸石；碱融－水热反应法是利用粉煤灰与碱在800℃、反应 1 h 后，则得碱融粉煤灰熟料。这样粉煤灰中主要物相莫来石和石英转化成了硅酸盐物质，然后加入一定量的水利用水热法合成沸石。以上两种方法所合成的沸石产物中含有未反应的莫来石、石英以及无定形物质，导致沸石的纯度不高。Norihiro 等研究水热环境下粉煤灰在碱液中溶解的 Si^{4+} 和 Al^{3+} 的量和合成的分子筛的类型，研究了分子筛的晶化机理及在水热体系中碱溶液的作用。水热合成包括原位水热、传统水热、两步合成法。水热法可使硅氧键和铝氧键在一定温度和压力下重新排列，结晶晶化成沸石分子缔，因此是一种较为常用的方法。

两步转化法是利用粉煤灰与碱反应溶解其中的硅，用所得硅溶液作为合成沸石的硅源，当溶液中的 Si 浓度达到所需浓度时开始过滤提取含硅清液，通过向含硅清液添加铝源调节硅铝比，这样合成的沸石纯度高。

随着研究的不断深入，又逐步出现了微波辅助合成和晶种合成等方法。

8.2 粉煤灰制备分子筛的高附加值综合利用

8.2.1 原料分析

燃煤发电厂的主要炉型有链条炉、煤粉炉、沸腾炉三种，其中心温度分别为1350±50℃、1450±50℃、1720±50℃。大部分燃煤电厂的炉温均达到灰分的熔点以上，属于液相熔融反应。只有少数燃煤电厂炉温低于灰分的熔点，属于固液相反应。粉煤灰的熔融物经急速冷却后大部分形成玻璃体，一部分形成磁铁矿、石英、莫来石等晶体矿物。通常粉煤灰中的玻璃体是主要物相，但有时的晶体物质的含量也比较高，主要晶体相物质为莫来石、石英、赤铁矿、磁铁矿、铝酸三钙、黄长石、默硅镁钙石、方镁石、石灰等，在所有晶体相物质中莫来石含量最多。

表 8-2 给出了高铝粉煤灰的化学组成，这种粉煤灰中二氧化硅和氧化铝质量分数都较高，两者总量大于 90%。铁、钙、钛、镁、锰等组元，共占粉煤灰总量的 8% 左右。

表 8-2　某电厂粉煤灰化学组成　　　　　　　　　　　%

Al_2O_3	SiO_2	Fe_2O_3	CaO	TiO_2	MgO
35.12~48.66	40.00~55.65	0.51~3.02	0.31~1.26	0.86~1.65	0.18~0.45

粉煤灰的粒度及物理性质见表 8-3 和图 8-10。

表 8-3　粉煤灰的物理性能

性能	松装密度 ρ_a /(g·cm^{-3})	振实密度 ρ_p /(g·cm^{-3})	压缩度	均齐度	休止角 /(°)	崩溃角 /(°)	平板角 /(°)
参数	0.8033	1.015	21.2	15.38	33.4	31.6	51

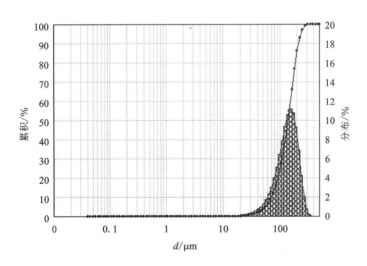

图 8-10　粉煤灰的粒度分布曲线

粉煤灰的中位径 $D_{50}=138.08$ μm，体积平均径 $D[4,3]=140.87$ μm。粒径分布范围宽，在 0.2 至 350 μm 之间，150~350 μm 的大颗粒所占比例大，达 45%。

图 8 - 11 是粉煤灰的 XRD 图谱。从图 8 - 11 可以看出，粉煤灰中矿相似莫来石和石英为主，Ca、Mg 以硅酸盐形式存在，Fe 主要以 Fe_2O_3 形式存在。玻璃相在粉煤灰中占有很大比例。图 8 - 11 中 $10° \sim 25°$ 的区域出现比较宽大的衍射峰，表明存在玻璃相。

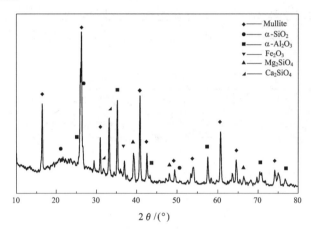

图 8 - 11　粉煤灰的 XRD 图谱

粉煤灰的微观形貌如图 8 - 12 所示。根据粉煤灰的形成过程，粉煤灰中的多孔玻璃体逐渐熔融收缩而形成颗粒，其孔隙率不断降低，圆度不断提高，粒径不断变小，最终由多孔玻璃转变为密度较高、粒径较小的密实球体，颗粒比表面积下降到最小。不同粒度和密度的颗粒，其化学成分和矿相不同，小颗粒一般比大颗粒更具玻璃形态和化学活性。

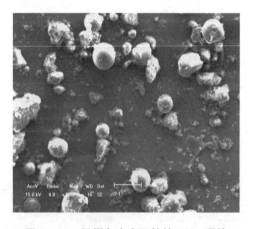

图 8 - 12　粉煤灰中小颗粒的 SEM 照片

8.2.2　化工原料

粉煤灰制备分子筛的高附加值综合利用中所用的化工原料主要有硫酸铵、硫酸、氢氧化钠等。

（1）硫酸：工业级。

（2）氢氧化钠：工业级。

（3）硫酸铵：工业级。

8.2.3　粉煤灰制备分子筛工艺流程

　　将粉煤灰磨细后用硫酸铵焙烧,铝和铁生成可溶的硫酸盐进入溶液,经水溶出后得到硫酸铝溶液和滤渣。滤渣主要为二氧化硅,与氢氧化钠混合焙烧,二氧化硅与氢氧化钠反应生成硅酸钠。经水溶后过滤得到硅酸钠溶液和滤渣。滤渣回收(主要为石英粉)做建材。向硫酸铝溶液中加入碳酸氢铵,得到铁铝渣和硫酸铵溶液,硫酸铵溶液返回循环利用。碱溶铁铝渣得到氢氧化铁沉淀和铝酸钠溶液。按配比将硅酸钠溶液和铝酸钠溶液加入反应釜,陈化后反应,待反应结束过滤得到氢氧化钠溶液和滤饼,滤饼烘干即得分子筛。具体工艺流程如图 8 - 13 所示。

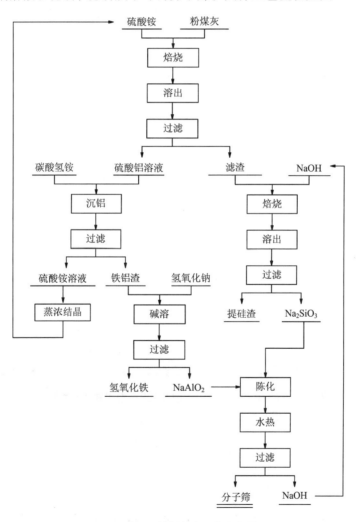

图 8 - 13　硫酸铵法工艺流程图

8.2.4　工序介绍

1）混料

将粉煤灰磨细至粒度小于 80 μm。将磨细后的粉煤灰与硫酸铵混合，粉煤灰与硫酸铵的比例为：粉煤灰中的氧化铝按与硫酸铵完全反应所消耗的硫酸铵物质的量计为 1，硫酸铵过量 10%～20%。

2）焙烧

将混好物料在 400～600℃焙烧，保温 1～2 h。发生的主要化学反应有：

$$Al_2O_3 + 3(NH_4)_2SO_4 = Al_2(SO_4)_3 + 6NH_3\uparrow + 3H_2O\uparrow$$
$$Fe_2O_3 + 3(NH_4)_2SO_4 = Fe_2(SO_4)_3 + 6NH_3\uparrow + 3H_2O\uparrow$$
$$Al_2O_3 + 4(NH_4)_2SO_4 = 2NH_4Al(SO_4)_2 + 6NH_3\uparrow + 3H_2O\uparrow$$
$$Fe_2O_3 + 4(NH_4)_2SO_4 = 2NH_4Fe(SO_4)_2 + 6NH_3\uparrow + 3H_2O\uparrow$$
$$Al_2O_3 + 3NH_4HSO_4 = Al_2(SO_4)_3 + 3NH_3\uparrow + 3H_2O\uparrow$$
$$Fe_2O_3 + 3NH_4HSO_4 = Fe_2(SO_4)_3 + 3NH_3\uparrow + 3H_2O\uparrow$$
$$Al_2O_3 + 4NH_4HSO_4 = 2NH_4Al(SO_4)_2 + 2NH_3\uparrow + 3H_2O\uparrow$$
$$Fe_2O_3 + 4NH_4HSO_4 = 2NH_4Fe(SO_4)_2 + 2NH_3\uparrow + 3H_2O\uparrow$$
$$(NH_4)_2SO_4 = SO_3\uparrow + 2NH_3\uparrow + H_2O\uparrow$$

焙烧尾气冷凝吸收过程发生的反应为：

$$2NH_3 + H_2O + SO_3 = (NH_4)_2SO_4$$
$$2NH_3 + H_2SO_4 = (NH_4)_2SO_4$$

焙烧烟气中的 SO_3、NH_3 和 H_2O，降温冷却得到硫酸铵晶体，返回混料；过量的 NH_3 回收用于除铁、沉铝。排放的尾气达到国家环保标准。

3）溶出过滤

焙烧熟料趁热加水溶出，溶出液固比为 4:1，溶出温度 60～80℃，溶出时间 1 h。将熟料溶出后的浆液过滤，得到提铝渣和溶出液。硅渣主要为二氧化硅。

4）混料

将提铝渣与氢氧化钠混合，提铝渣与氢氧化钠的比例为：提铝渣中的二氧化硅按与氢氧化钠完全反应生成硅酸钠所消耗的氢氧化钠物质的量计为 1，氢氧化钠过量 10%～20%。

5）焙烧

将混好物料在 400～500℃焙烧，保温 1～2 h。发生的主要化学反应有：

$$SiO_2 + 2NaOH = Na_2SiO_3 + H_2O$$

6）溶出过滤

焙烧熟料趁热加水溶出，溶出液固比为 4:1，溶出温度 60～80℃，溶出时间 1 h。将熟料溶出后的浆液过滤，得到提硅渣和溶出液。硅渣主要为石英。

7）沉铁铝

保持溶液温度在 40℃以下，向溶出液中加入双氧水将二价铁离子氧化成三价铁离子。保持溶液温度在 40℃以上，向滤液中加入氨或碳酸氢铵，调控溶液的 pH，使铁铝生成沉淀，过滤后羟基氧化铁作为炼铁原料。滤液主要含硫酸铝。发生的主要化学反应为：

$$Al_2(SO_4)_3 + 6NH_4HCO_3 =\!=\!= 2Al(OH)_3\downarrow + 3(NH_4)_2SO_4 + 6CO_2\uparrow$$
$$Fe_2(SO_4)_3 + 6NH_4HCO_3 =\!=\!= 2Fe(OH)_3\downarrow + 3(NH_4)_2SO_4 + 6CO_2\uparrow$$
$$Fe_2(SO_4)_3 + 6NH_4OH =\!=\!= 2Fe(OH)_3\downarrow + 3(NH_4)_2SO_4$$

8）碱溶

在 50～90℃将粗氢氧化铝加碱溶出，溶出后固液分离。滤液为铝酸钠溶液，滤渣为氢氧化铁，干燥用作炼铁原料。发生的主要化学反应为：

$$Al(OH)_3 + NaOH =\!=\!= NaAlO_2 + 2H_2O$$

9）陈化、反应

将铝酸钠溶液和硅酸钠溶液按比例混合均匀，并可加入晶种导向剂，陈化 5～10 h，将陈化后的浆液加入反应釜，在反应釜中反应 10～24 h，反应结束后过滤分离。滤液为氢氧化钠溶液，返回提硅。滤饼烘干/煅烧后即得分子筛。发生的主要化学反应有：

$$12NaAlO_2 + 12Na_2SiO_3 + 12H_2O =\!=\!= Na_{12}Al_{12}Si_{12}O_{48}\downarrow + 24NaOH$$

8.2.5　主要设备

粉煤灰制备分子筛所用的主要设备见表 8-3。

表 8-3　硫酸法工艺主要设备

工序名称	设备名称	备注
磨矿工序	粉磨机	干法
混料工序	犁刀双辊混料机	
焙烧工序	回转焙烧窑	
	除尘器	
	烟气净化回收系统	
溶出工序	溶出槽	耐酸、连续
	带式过滤机	连续

续表 8 – 3

工序名称	设备名称	备注
混料工序	犁刀双辊混料机	
焙烧工序	回转焙烧窑	
	除尘器	
溶出工序	烟气净化回收系统	
	溶出槽	耐酸、连续
	带式过滤机	连续
沉铁铝工序	沉铁槽	耐酸、加热
	高位槽	
	板框过滤机	非连续
碱溶工序	高位槽	
	沉铝槽	耐酸
	板框过滤机	非连续
储液区	碱式储液槽	
蒸发结晶工序	五效循环蒸发器	
	冷凝水塔	
水热工序	陈化槽	
	高位槽	
	水热釜	
	晶种混合槽	
	圆盘过滤机	连续

8.2.6 设备连接图

硫酸铵法工艺的设备连接如图 8 – 14 所示。

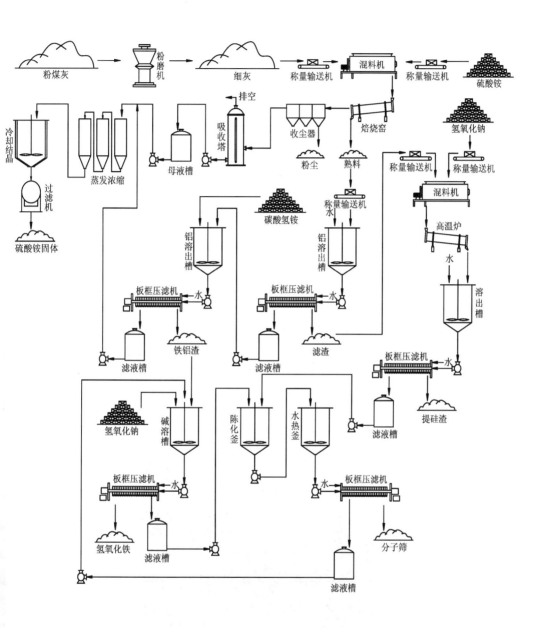

图 8 - 14　硫酸铵法工艺设备连接图

8.3　产品

粉煤灰制备分子筛高附加值综合利用的主要产品为分子筛和氢氧化铁。

8.3.1　分子筛

图 8 - 15 为分子筛的 XRD 图谱和 SEM 照片。分子筛晶型良好，结晶度高。粉体为规则的方形和球形颗粒、粒度均匀。

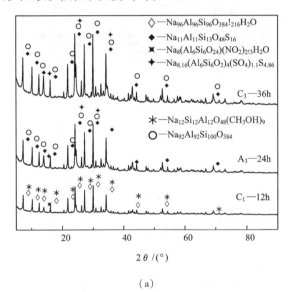

（a）

（b）

图 8 - 15　白炭黑的 XRD 图谱（a）和 SEM 照片（b）

8.3.2　氢氧化铁

图 8 - 16 为氢氧化铁产品的 SEM 照片，氢氧化铁为类球形颗粒状粉体，有团聚。表 8 - 4 为氢氧化铁产品成分分析结果，可用于炼铁。

图 8 - 16　氢氧化铁产品的 SEM 照片

表 8 - 4　氢氧化铁的化学成分分析　　　　　　　　　　　　　　　　　　　　%

Fe_2O_3	Al_2O_3	Na_2O
73.61	0.12	0.14

8.4　环境保护

8.4.1　主要污染源和主要污染物

（1）烟气

①硫酸铵法工艺焙烧烟气中的主要污染物是粉尘和 NH_3、SO_3。

②粉煤灰的输送、混料工序产生的粉尘。

③石灰石煅烧产生的粉尘和 CO_2。

（2）水

①生产过程水循环使用，无废水排放。

②生产排水为软水制备工艺排水，水质未被污染。

（3）固体

①粉煤灰中的硅和铝制备的分子筛产品。

②硫酸铵溶液蒸浓结晶得到的硫酸铵产品。

生产过程无污染废渣排放。

8.4.2 污染治理措施

（1）焙烧烟气

硫酸铵焙烧烟气产生 NH_3、SO_3 冷却得到硫酸铵固体，过量 NH_3 回收用于沉铝。满足《工业炉窑大气污染物排放标准》（GB 9078—1996）的要求。

（2）通风除尘

产生粉尘设备均带收尘装置。

扬尘：全厂扬尘点均实行设备密闭罩集气、机械排风、高效布袋除尘器集中除尘，系统除尘效率均在99.9%以上。

烟尘：回转窑等烟气除尘系统收集的烟尘全部返回系统再利用。

（3）废水治理

需要水源提供新水，生产用水循环，全厂水循环利用率为90%以上。

各工序产生的废水采用不同方法处理，以实现全厂废水"零"排放。蒸浓结晶工序冷凝水循环使用和二次利用。

（4）废渣治理

整个生产过程中，粉煤灰的主要组分硅、铁、铝均制备成产品，无废渣产生。

（5）噪声治理

本工程的噪声主要由机械动力、流体动力产生。工程设计对高噪声设备采取消声、隔声、基础减振等措施进行处理。

（6）绿化

绿化在防治污染、保护和改善环境方面起到特殊的作用，是环境保护的有机组成部分。绿色植物不仅能美化环境，还具有吸附粉尘、净化空气、减弱噪声、改善小气候等作用。因此在工程设计中对绿化予以了充分重视，通过提高绿化系数改善厂区及附近地区的环境条件，设计厂区绿化占地率不小于20%。

在厂前区及空地等处进行重点绿化，选择树型美观、装饰性强、观赏价值高的乔木与灌木，再适当配以花坛、水池、绿篱、草坪等；在厂区道路两侧种植行道树，同时加配乔木、灌木与花草；在围墙内、外都种以乔木；其他空地植以草坪，形成立体绿化体系。

8.5　结语

粉煤灰制备分子筛是将粉煤灰中的有价组元铝、硅、铁都分离提取制成分子筛、氢氧化铁产品。所用的化工原料循环利用或制成产品。没有废渣、废水、废气排放，对环境友好。为粉煤灰的合理利用打开了新的路径，具有推广应用价值。

参考文献

[1] 王明华,肖行诚,许森,等. 原料配比对 Y 型分子筛成型抗压强度及吸附性能的影响[J]. 材料与冶金学报,2017,16(4):299-304.

[2] 王明华,孔垂宇,杨阿敏,等. 由粉煤灰提钙铁后的尾渣制备 13X 型沸石分子筛的研究[J]. 材料与冶金学报,2015,14(1):58-61.

[3] 宫振宇,王明华,王凤栾,等. 用粉煤灰在不同条件下合成 A 型分子筛[J]. 材料与冶金学报,2012,11(2):111-115.

[4] 王佳东,申晓毅,翟玉春. 碱溶法提取粉煤灰中的氧化硅[J]. 轻金属,2008(12):23-25.

[5] 王佳东,翟玉春,申晓毅. 碱石灰烧结法从脱硅粉煤灰中提取氧化铝[J]. 轻金属,2009(6):14-16.

[6] 翟玉春,吴艳,李来时,等. 一种由低铝硅比的含铝矿物制备氧化铝的方法[P]. CN200710010917.X,2008-01-09.

[7] 李来时,翟玉春,刘瑛瑛,王佳东. 六方水合铁酸钙的合成及其脱硅[J]. 中国有色金属学报,2006,16(7):1306-1310.

[8] 宫振宇,王明华,凌江华,等. 由粉煤灰制备的分子筛静态水吸附性能测定[J]. 材料与冶金学报,2012,11(3):228-233.

[9] 宫振宇,王明华,王凤栾,等. 用粉煤灰在不同条件下合成 A 型分子筛[J]. 材料与冶金学报,2012,11(2):111-115.

[10] 王明华,孔垂宇,杨阿敏,等. 由粉煤灰提钙铁后的尾渣制备 13X 型沸石分子筛的研究[J]. 材料与冶金学报,2015,14(1):58-61.

[11] 徐芳芳. 由粉煤灰制备 Y 型沸石分子筛的研究[D]. 沈阳:东北大学,2014.

[12] 吴连凤. 粉煤灰制备分子筛及性能研究[D]. 沈阳:东北大学,2013.

[13] 宫振宇. 粉煤灰制备分子筛的研究[D]. 沈阳:东北大学,2012.

[14] 王渺. 粉煤灰制备 Y 型分子筛及性能研究[D]. 沈阳:东北大学,2015.

[15] 陈孟伯,陈舸. 煤矿区粉煤灰的差异及利用[J]. 煤炭科学技术,2006,34(7):72-75.

[16] 边炳鑫,解强,赵由才. 煤系固体废物资源化技术[M]. 北京:化学工业出版社,2005.

[17] 王福元,吴正严. 粉煤灰利用手册[M]. 北京:中国电力出版社,2004.

[18] 李湘洲. 我国粉煤灰综合利用现状与趋势[J]. 吉林建材,2004,6:22-24.

[19] Yanzhong L, Changjun L, Zhaokun L, et al. Phosphate removal from aqueous solutions using raw and activated red mud and fly ash[J]. Journal of Hazardous Materials, 2006, 137(1): 374 – 383.

[20] 聂锐, 张炎治. 21 世纪中国能源发展战略选择[J]. 中国国土资源经济, 2006(5): 7 – 11.

[21] 王立刚. 粉煤灰的环境危害与利用[J]. 中国矿业, 2001(4): 27 – 28, 37.

[22] TayfunCicek, Mehmet Tanriverdi. Lime based steam autoclaved fly ashbricks[J]. Construction and Building Materials, 2006(28): 1 – 6.

[23] 何水清, 李素贞. 粉煤灰加气混凝土砌块生产工艺及应用[J]. 粉煤灰, 2004(2): 37 – 39.

[24] McCarthy M J, Dhir R K. Development of high volume fly ash cements for use in concreteconstruction[J]. Fuel, 2005, 84(11): 1423 – 1432.

[25] 崔翠微, 齐笑雪. 粉煤灰在混凝土工程中的应用浅析[J]. 建筑科技开发, 2005, 32(8): 66 – 68.

[26] 胡明玉, 朱晓敏, 雷斌, 等. 大掺量粉煤灰水泥研究及其在工程中的应用[J]. 南昌大学学报, 2004, 26(1): 34 – 39.

[27] Ha T H, Muralidharan S, Jeong – Hyo Bae, et al. Effect of unburnt carbon on the corrosion performance of fly ash cement mortar[J]. Construction and Building Materials, 2005, 19(7): 509 – 515.

[28] 马井娟, 张春鹏, 袁少华. 粉煤灰在大体积混凝土中的应用[J]. 低温建筑, 2006, 3: 155 – 156.

[29] 梁小平, 苏成德. 粉煤灰综合利用现状及发展趋势[J]. 河北理工学院学报, 2005, 27(3): 148 – 150.

[30] 徐国想, 范丽花, 李学宇, 等. 粉煤灰沸石合成及应用研究[J]. 化工矿物与加工, 2006(9): 32 – 34.

[31] Hui K S, Chao C Y H. Effects of step – change of synthesis temperature on synthesis of zeolite 4A from coal fly ash[J]. Microporous and Mesoporous Materials, 2006, 88(1 – 3): 145 – 151.

[32] Vernon S, Somerset, Leslie F, et al. Alkaline hydrothermal zeolites synthesized from high SiO_2 and Al_2O_3 co – disposal fly ash filtrates[J]. Fuel, 2005, 84(18): 2324 – 2329.

[33] Peng F, Liang K M, Hu An min. Nano – crystal glass-ceramics obtained from high alumina coal flyash[J]. Fuel, 2005, 84(4): 341 – 346.

[34] Cheng T W, Chen Y S. Characterisation of glass ceramics made from incinerator flyash[J]. Ceramics International, 2004, 30(3): 343 – 349.

[35] 王平, 李辽沙. 粉煤灰制备白炭黑的探索性研究[J]. 中国资源综合利用, 2004(7): 25 – 27.

[36] 桂强, 方荣利, 阳勇福. 生态化利用粉煤灰制备纳米氢氧化铝[J]. 粉煤灰, 2004(2): 20 – 22.

[37] Matjie R H, Bunt J R, Heerden V. Extraction of alumina from coal fly ash generated from a selected low rank bituminous South African coal[J]. Minerals Engineering, 2005, 18(3): 299 – 310.

[38] 王文静, 韩作振, 程建光, 等. 酸法提取粉煤灰中氧化铝的工艺研究[J]. 能源环境保护, 2003, 17(4): 17 – 19, 47.

第 9 章　高钛渣的清洁、高效综合利用

9.1　概述

9.1.1　资源概况

钛原子的外层价电子层结构为 $3d^2 4s^2$，原子结构比较稳定。由于含钛矿床比较分散，长期被列为稀有元素。而实际上钛元素并不稀有，几乎遍布世界各地，钛的金属元素含量居第 7 位，仅次于铝、铁、钙、钠、钾和镁。钛在矿物中主要以二氧化钛、钛酸盐、钛硅酸盐形式存在。现已发现的二氧化钛质量分数大于 1% 的矿物有 100 多种，但有工业价值的只有十几种，主要包括钛铁矿、金红石、钛磁铁矿、白钛矿、锐钛矿、红钛矿、钙钛矿、锰钛矿和钛铁晶石等。在工业生产中广泛应用的钛矿石主要有以下几种：

1) 钛铁矿

钛铁矿中所含的主要物质通常是指偏钛酸亚铁($FeTiO_3$)，由于钛铁矿是一种复杂的氧化物矿，即使经过精选，其中也会含有数十种元素。对于钛铁矿原矿品位一般要求含二氧化钛 10%~40% 才有工业价值。目前全世界钛铁矿年产量大约为 8000 万 t，约占含钛矿石总量的 23%~33%，国外总储量约为 20 亿 t。对于全世界来说，钛铁矿储量多的国家主要是加拿大、挪威、南非等。我国的钛铁矿资源比较丰富，主要是以钛铁岩矿为主，部分是砂矿。钛铁岩矿主要产自四川、云南和河北；砂矿主要产自广东和海南等地。钛铁矿是所有钛矿物中开采量最大，硫酸法生产钛白应用最广泛的矿石。

2) 金红石

金红石性质稳定，是分布最广的砂矿矿物之一。一般金红石原矿中二氧化钛的质量分数为 2%~4%，主要含有 FeO、Al_2O_3、CaO、MgO、SiO_2 等。经过精选后的金红石，其二氧化钛的质量分数可达到 95%，甚至达到 99%，主要应用于氯化法生产钛白。近年来，随着氯化法的发展，金红石的勘查、开发、选矿、处理日益引起人们的注意。世界上金红石储量最多的国家是巴西、澳大利亚和南非等。我国金红石矿较少，主要分布在湖北和山西，以及广西、广东、海南等。因为硫酸不能使金红石转化为可溶性硫酸盐，所以硫酸法生产钛白一般不以金红石为原

料,金红石主要应用于氯化法钛白的生产工艺。由于天然金红石矿石资源的稀缺,各公司纷纷致力于生产人造金红石或高钛渣来代替天然金红石矿。

3)富钛料

近些年来,由于天然金红石资源逐渐枯竭,价格昂贵,钛铁矿中二氧化钛品位较低,富钛料的生产成为热点。富钛料是指将钛铁矿富集,获得二氧化钛含量较高的原料,富钛料按最终产物可分为高钛渣和人造金红石。钛渣是用电炉冶炼钛铁矿制取的产品,二氧化钛质量分数大于90%的钛渣主要作为氯化法生产钛白的原料,二氧化钛质量分数小于90%的钛渣是硫酸法生产钛白的优质原料;人造金红石主要应用于氯化法生产钛白。

富钛料的生产工艺可分为火法工艺和湿法工艺。火法包括电炉熔炼法、选择氯化法、等离子熔炼法、微波－热等离子体生产活性富钛料等方法;湿法包括部分还原－盐酸浸出法、部分还原－硫酸浸出法、还原锈蚀法、还原－磨选法以及其他的化学分离法等。

近年来,国内外对富钛料的制造方法进行了更广泛、更深入的研究,包括对现有方法的改进和新方法的研究,取得了许多进展,目前工业上获得应用的方法主要有:电炉熔炼法、还原锈蚀法和酸浸出法。

(1)电炉熔炼法

这种方法是使用还原剂,将钛铁矿中的铁氧化物还原成金属铁分离出去的选择性除铁,从而富集钛的火法冶金过程,生产工艺流程见图9－1。其主要工艺是以无烟煤或石焦油作为还原剂,与钛铁矿经过配料、干燥预热、制团后,加入矿热电弧炉,在1870～2070K的高温条件下进行熔炼,产物为凝聚态的金属铁和钛渣。利用生铁与钛渣的比重和磁性差别,将钛氧化物与铁分离,从而得到含二氧化钛72%～95%的钛渣和副产品生铁。

(2)还原锈蚀法

Becher法在我国称为"还原－锈蚀法",它是澳大利亚CSIRO研究成功的一种特有的制造人造金红石的方法。它是以风化的高品位钛铁矿为原料[$w(TiO_2) \geq 54\%$],以廉价的褐煤为还原剂和燃料,在回转窑中于1100～1180℃高温下将钛铁矿中的铁氧化物还原为金属铁,还原料在冷却筒中在缺氧的保护气氛下冷却至80℃以下出窑的方法。还原钛铁矿在含有少量盐酸或氯化铵的水溶液中,用空气将矿中金属铁"锈蚀"为水合氧化铁;然后用旋流分离器将赤泥从二氧化钛富集物中分离出来。

(3)酸浸出法

将钛铁矿进行氧化焙烧、还原焙烧,再用盐酸或硫酸浸取,经过过滤、洗涤、灼烧制得人造金红石,其工艺流程见图9－2。

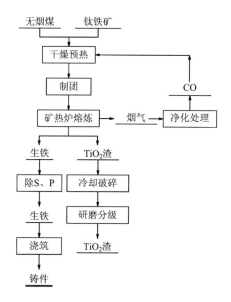

图 9-1　生产二氧化钛渣工艺流程

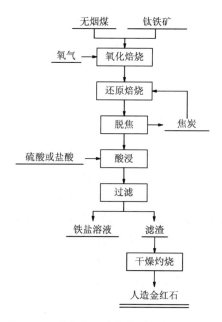

图 9-2　酸浸法制取人造金红石工艺流程

20 世纪 70 年代初由美国 Benilite 公司研究成功的盐酸循环浸出法,简称为 BCA 法。它是以风化的高品位钛铁矿砂矿(TiO_2 54%~65%)为原料,以重油为还原剂和燃料,在回转窑中于 870℃将钛铁矿中的 Fe^{3+} 还原为 Fe^{2+}(这种还原称为弱还原),在冷却筒中还原料在缺氧的保护气氛下冷却至 80℃以下出窑。在旋转的加压浸出球中用 18%~20% 盐酸于 140℃浸出还原钛铁矿中的铁等可溶性杂质。浸出物经过滤、洗涤,于 870℃煅烧成产品。浸出母液含有残留盐酸和浸出的铁等氯化物,先预浓缩除去大约 1/4 的水分,然后采用喷雾焙烧法回收盐酸,再生盐酸返回浸出工序使用。

澳大利亚 Austpac 资源公司将其做了改进,成为 TSR 法。工艺流程是钛铁矿 - 精选 - 强氧化 - 弱还原 - 流态化常压浸出 - 固液分离 - 烘干煅烧 - 磁选 - 焙烧,浸出母液回收循环使用。TSR 法已完成工业试验和可行性评估,这种方法可用于处理许多低品位钛矿,产品人造金红石品位为 96% 以上。加拿大 QIT 公司以钛铁矿(TiO_2 36.6%,$FeO + Fe_2O_3$ 52.7%)为原料,经高温磁化焙烧、磁选获得磁选精矿,再经电炉熔炼获得含二氧化钛 80% 的钛渣。

北京矿冶研究总院和重钢集团研究了钛铁矿细磨 - 多级逆流浸出的工艺,可得到二氧化钛品位大于 94% 的人造金红石产品。

9.1.2 工艺技术

当今工业生产钛白的方法主要有硫酸法和氯化法。硫酸法工艺操作简单,投资成本低,但是存在着废酸难处理的问题。氯化法和硫酸法相比较,具有产品质量高、工艺流程短、操作连续化自动化、氯气可循环使用、三废少等优点。正是这些优点促使氯化法飞速发展,1985 年氯化法仅占钛白产量的 35%,到了 1994 年就超过了硫酸法,占钛白产量的 54%。二氧化钛是一种两性化合物,也有探索应用碱法制备二氧化钛的研究。

1)硫酸法生产钛白

硫酸法生产钛白的工艺多种多样,但是真正在生产中实践过的只有以下几类:①液相法。整个反应在液相中进行,使用 55%~65% 的硫酸浸出,直接得到钛液。②固相法。使用浓硫酸,反应温度高,反应剧烈,得到产物为固相,再用水浸出,得到钛液。③两相法。将含钛矿石和 65%~80% 硫酸混合加热,反应主产物以沉淀形式析出,用水浸取后,生成悬浮液。④加压法。使用 20%~50% 浓度的硫酸,反应温度在 180~300℃,在耐高压设备的条件下,得到固相产物,再经过浸出得到钛液。

硫酸法制备二氧化钛的流程可分为五大步骤:原矿准备、硫酸盐溶液的制备、偏钛酸的制备、偏钛酸的煅烧、二氧化钛的后处理。硫酸法生产颜料钛白工艺流程见图 9 - 3 所示。

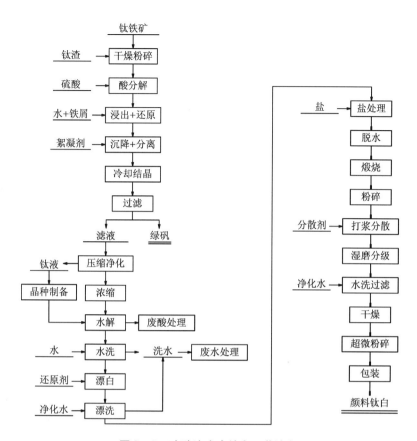

图 9－3　硫酸法生产钛白工艺流程

①原料采用钛铁矿或钛渣，分三步准备：首先是干燥，脱去原料中所含水分；接着进行磁选，利用钛铁矿中各矿分的比磁化系数的差异分离掉钛铁矿中的有害杂质；最后是磨矿，采用球磨机将其磨成粉末。

②钛的硫酸盐溶液的制备：包括钛铁矿的酸解，以及钛液的沉降、结晶、分离、过滤和浓缩等工序。硫酸酸解就是用热的浓硫酸和钛铁矿反应，将其中的钛和铁等组分转化为可溶性硫酸盐溶液，并用还原剂将溶液中的硫酸高铁还原成硫酸亚铁。其他杂质，如 MgO、CaO、Al_2O_3、MnO 等也和硫酸反应生成相应的硫酸盐。接着将钛液进行净化，以除去其中的不溶性悬浮杂质和部分硫酸亚铁。硫酸亚铁的分离是利用它在不同温度的溶解度差异，采用冷冻结晶的方法，从而得到纯净的钛的硫酸盐溶液。为了符合工艺的要求，有时还需要进行浓缩。

③水解是一个关键步骤。偏钛酸是由钛的硫酸盐溶液加热水解而生成的。为了促进水解反应，并使得到的偏钛酸颗粒符合要求，必须在水解钛液中预先培养

出或加入一定数量的符合要求的晶种，以确保得到符合要求的产品。由于水解反应是在较高的酸度下进行的，因此大部分杂质硫酸盐仍以溶解状态留在母液中。所以水洗的任务是将偏钛酸与母液分离，用水清洗以除尽母液所含可溶性杂质。经过水洗而仍残留在偏钛酸中的最后一部分杂质，则以漂洗除去，再进行第二次水洗。

④水合二氧化钛的煅烧。采用高温处理，脱除水分和二氧化硫，生成二氧化钛，不同温度下煅烧可以得到不同晶型的二氧化钛产品。

⑤二氧化钛的后处理是按照不同用途对煅烧所得二氧化钛进行各种处理。后处理包括粉碎、分级、无机和有机的表面包膜处理、过滤、水洗、干燥、超微粉碎和计量包装等，从而制得表面性质好、分散性高的二氧化钛成品。

⑥废气处理

硫酸法钛白生产工艺中所产生的废(气、烟、水)副产物比较多。因此，生产工艺必须包括废副产物处理。德国拜耳公司钛白厂的无公害废料处理流程如图9-4所示。先利用400℃高温尾气为将废酸预蒸发，进行第一步浓缩；再利用

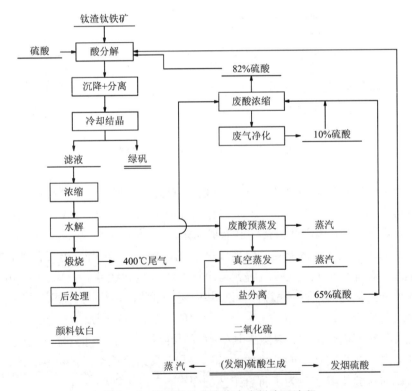

图9-4 硫酸法钛白生产中废料治理流程

水蒸气真空蒸发，浓缩得到 65% 的硫酸；此后用工艺过程中的废热进行废酸预蒸发。

2）氯化法生产钛白

氯化法是将含钛物料经过高温氯化制成粗四氯化钛，再用蒸馏纯化出四氯化钛，再加入氧将其氧化，最后得到纯净的二氧化钛。对它的研究始于 20 世纪 30 年代的德国，于五六十年代在美国和英国逐渐成熟。适用的原料为天然金红石、人造金红石，或含金红石、白钛石和钛铁矿等。

氯化法制备二氧化钛的工艺路线，主要由三个部分组成：氯化、氧化和后处理。主要分为以下几个步骤：

①准备原料。主要的原料有石焦油和富钛料（如天然金红石、人造金红石、高钛渣）。

②制备 $TiCl_4$。将精选后的金红石型钛矿与适量的碳质材料碾磨粉碎、挤压成型，进行焦化处理后再与氯气反应，采用沸腾氯化得到四氯化钛高温烟气。

③去除固体杂质。通过冷却除去四氯化钛烟气中的氧化铁、三氯化铝等低凝固点杂质。

④粗四氯化钛的冷凝。粗四氯化钛形成烟气在冷凝系统中冷凝，成为液态的四氯化钛。

⑤氧化。将精制四氯化钛氧化得到二氧化钛产品。

⑥氯气的回收循环再利用。为降低生产成本和环保，氯气进行回收，循环再利用。

⑦后处理。二氧化钛表面处理、过滤和干燥、超微粉碎、产品包装。氯化法生产钛白的工艺流程见图 9－5。

⑧废料处理。氯化法钛白生产工艺中的废料处理过程主要包括以下几步：

第一步，氯化尾气处理：先把产生的酸性气体通过水洗生成稀盐酸，净化处理后可作为副产品直接外售或者作为后处理的包膜剂使用。可用反应过程中产生的 $FeCl_2$ 溶液吸收尾气中的 Cl_2。第二步，洗涤后的氯化尾气含有高浓度 CO，通过焚烧后的高温烟气蒸发废水，将尾气中有机硫 COS 转化为无机硫 SO_2，为后续的完全脱硫提供条件。第三步，氯化废渣处理后的滤液中富含 Cl^-，通过蒸发处理氯化废水，既能得到副产物氯化钙晶体，又可大大减少排放废水中 Cl^- 的含量。

氯化法工艺先进，具有三废少、副产品容易处理等优点，倍受人们的青睐。氯化法需要使用富钛料，一般使用金红石矿。但天然金红石资源逐渐枯竭，为了满足工业生产的需要，将品位较低的钛铁矿资源进行富集，得到高品位的富钛料－钛渣或人造金红石。

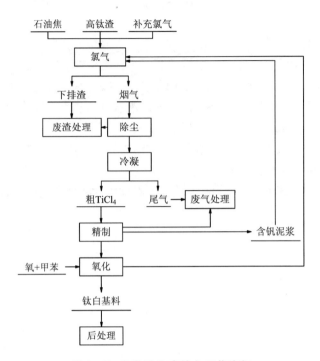

图 9 – 5   氯化法生产钛白工艺流程

3）碱法制备二氧化钛

碱法制备二氧化钛是将钛渣和烧碱反应，得到固相中间产物，进行水洗；将水洗后的固相产物加入稀硫酸，生成硫酸氧钛溶液；钛液水解生成偏钛酸经过高温煅烧得到二氧化钛产品；得到的碱液可以循环使用，其主要工艺流程见图 9 – 6。

反应在不锈钢反应装置中进行，需要温度计、机械搅拌器和回流冷凝器。在加热搅拌的条件下，先将氢氧化钠放入反应装置中，当温度达到 500℃时，将钛渣加入反应器中，继续搅拌 1 h；之后，将产物用水浸出，获得中间固体产物；固体中间产物在 50℃用稀硫酸溶液溶解 4 h，水解沉淀得到偏钛酸；偏钛酸过滤、洗涤，去除杂质后进行煅烧得到二氧化钛产品。

其主要反应如下：

$$2Ti_3O_5 + 12NaOH =\!\!= 6Na_2TiO_3 + 6H_2O$$

$$Na_2TiO_3 + (x+y)H_2O =\!\!= xNa_2O \cdot TiO_2 \cdot yH_2O + (2-2x)NaOH$$

$$xNa_2O \cdot TiO_2 \cdot yH_2O + (x+1)H_2SO_4 =\!\!= TiOSO_4 + xNa_2SO_4 + (x+y+1)H_2O$$

$$TiOSO_4 + 2H_2O =\!\!= H_2TiO_3 + H_2SO_4$$

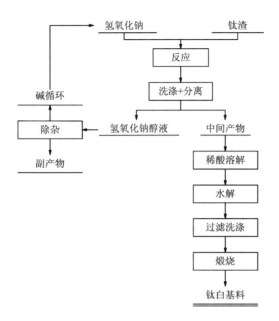

图 9 - 6　碱法制备二氧化钛工艺流程

9.2　硫酸法清洁、高效综合利用高钛渣

9.2.1　原料分析

采用德国 SPECTRO XEPOSX 荧光分析仪对钛渣的化学成分进行分析，结果如表 9 - 1 所示。钛渣的主要成分是二氧化钛，其质量分数为 48.65%；其次是硅、铝、镁、钙、铁等元素，共占钛渣总量的 50% 左右。

表 9 - 1　钛渣的主要化学组成　　　　　　　　　　　　　　%

TiO_2	Al_2O_3	Fe_2O_3	SiO_2	MgO	CaO	MnO
48.65	14.30	5.30	17.55	7.50	5.71	0.99

钛渣的 X 射线衍射分析见图 9 - 7。由图可知，钛渣的主要物相为固溶镁和复杂的硅酸盐相 $Al_2Ca(SiO_4)_2$。

图 9 - 8 为钛渣经过破碎、研磨和喷金处理后的 SEM 照片，可以看出钛渣表观结构致密、表面粗糙、形状不规则。

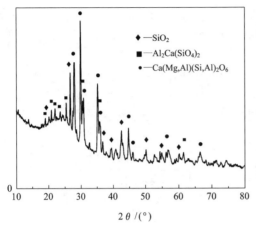

图 9 – 7　钛渣的 XRD 图谱

图 9 – 8　钛渣的 SEM 照片

钛渣的 EDS 能谱图见图 9 – 9。从图中可以看出矿石中含有 Ti、Al、Si、Mg、Ca、O 元素。除氧离子外几乎无其他阴离子，因此各金属元素均以氧化物或硅酸盐的形式存在。

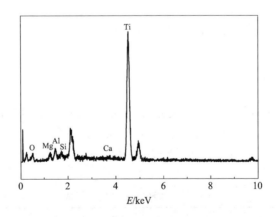

图 9 – 9　钛渣的 EDS 能谱图

9.2.2　化工原料

焙烧法处理高钛渣使用的化工原料主要有浓硫酸、硫酸氢铵、碳酸氢铵、氢氧化钠、活性氧化钙、二氧化碳。

①浓硫酸：工业级。

②硫酸氢铵：工业级。

③碳酸氢铵：工业级。

④氢氧化钠：工业级。

⑤活性氧化钙：工业级。

⑥二氧化碳：工业级。

9.2.3 硫酸法工艺流程

二氧化钛、氧化铁和氧化铝与浓硫酸反应，生产可溶性盐，用水溶出进入到溶液中。而二氧化硅不与浓硫酸反应，也不溶于水，过滤后进入滤渣中。

钛的硫酸盐加热水解得到偏钛酸，以沉淀的形式析出。溶液中剩下的硫酸铝，调节溶液的 pH，铝以 $Al(OH)_3$ 的形式沉淀，再碱溶、碳分，制备 $Al(OH)_3$。

滤渣中的二氧化硅与碱反应，得到硅酸钠，苛化制备硅酸钙。

钛渣综合利用的工艺流程图见图 9-10。

9.2.4 工艺介绍

1）干燥磨细

将高钛渣干燥后破碎、球磨，原料粒度控制在约 80 μm。

2）混料

将磨细的高钛渣与浓硫酸按比例混合均匀。

3）焙烧

酸矿比为（1.6~2.2）:1，将混好的物料在 300~400℃焙烧 1~2 h，焙烧产生的烟气经除尘后用硫酸吸收制成硫酸，返回混料，循环使用。发生的主要化学反应为：

$$TiO_2 + H_2SO_4 \stackrel{}{=\!=\!=} TiOSO_4 + H_2O \uparrow$$
$$TiO_2 + 2H_2SO_4 \stackrel{}{=\!=\!=} Ti(SO_4)_2 + 2H_2O \uparrow$$
$$CaO + H_2SO_4 \stackrel{}{=\!=\!=} CaSO_4 + H_2O \uparrow$$
$$MgO + H_2SO_4 \stackrel{}{=\!=\!=} MgSO_4 + H_2O \uparrow$$
$$Fe_2O_3 + 3H_2SO_4 \stackrel{}{=\!=\!=} Fe_2(SO_4)_3 + 3H_2O \uparrow$$
$$Al_2O_3 + 3H_2SO_4 \stackrel{}{=\!=\!=} Al_2(SO_4)_3 + 3H_2O \uparrow$$

4）溶出

液固比 3:1，溶出温度 60~80℃，边搅拌边溶出，溶出时间 1 h。

5）水解

焙烧熟料溶出后得到硫酸氧钛溶液。

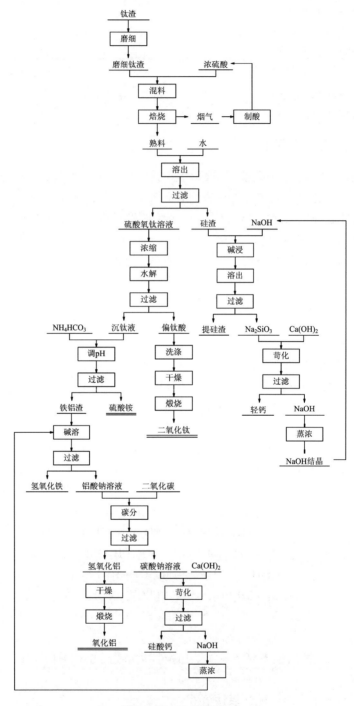

图 9 – 10　工艺流程图

　　硫酸氧钛溶液水解指标见表 9 – 2。钛铁浓度比、F 和 $\rho(Ti^{3+})/(g \cdot L^{-1})$，将溶出液浓缩到符合硫酸氧钛溶液的水解条件进行水解。

表 9 – 2　硫酸氧钛溶液水解指标分析

项目	$\rho(TiO_2)/(g \cdot L^{-1})$	铁钛浓度比	pH	F	$\rho(Ti^{3+})/(g \cdot L^{-1})$
指标	80	0.20	0.50	0.63	0.50

　　硫酸氧钛溶液水解的化学反应如下：

$$Ti(SO_4)_2 + H_2O \Longrightarrow TiOSO_4 + H_2SO_4$$
$$TiOSO_4 + 2H_2O \Longrightarrow H_2TiO_3 + H_2SO_4$$

　　硫酸氧钛溶液水解时间 1～2 h，水解温度为 100℃，得到偏钛酸沉淀，经酸洗、水洗、干燥，得到偏钛酸粉体。

6）煅烧

　　将偏钛酸煅烧得到二氧化钛产品。煅烧过程的主要化学反应为：

$$H_2TiO_3 \Longrightarrow TiO_2 + H_2O \uparrow$$

　　图 9 – 11 为偏钛酸的差热热重曲线图，从 DTG 曲线可以看出，在 50～110℃，490～550℃，950～1000℃ 三个温度范围内有明显的失重。从 DTA 曲线可以看出，在 102.4℃ 有强吸热峰，在 492℃ 和 586℃ 有弱吸热峰，在 753.5℃ 有弱放热峰。可以推测在 50～110℃ 内的强吸热过程为偏钛酸失水过程；从 492℃ 开始到 586℃

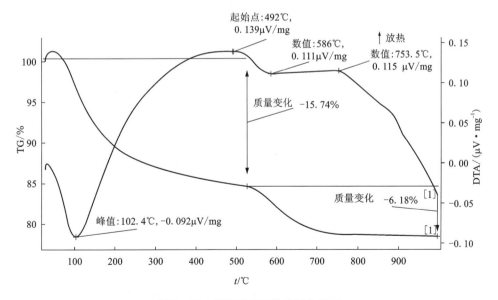

图 9 – 11　偏钛酸的差热热重曲线图

的峰值表明,在此温度下二氧化钛发生晶型转变,转变为锐钛矿型;753℃的峰值说明,在此温度下二氧化钛的晶型开始往金红石型转化。

为了制备出不同晶型的二氧化钛产品,根据偏钛酸的差热热重曲线图,将偏钛酸在不同的温度煅烧。将偏钛酸在500℃煅烧2 h,得到锐钛矿型二氧化钛。将偏钛酸在900℃煅烧2 h,得到金红石型二氧化钛。

7)提铝制备氧化铝产品

此过程主要包括沉铝、碱溶、碳分和煅烧。

(1)沉铝

保持溶液温度在60℃,将NH_4HCO_3加入溶液中,控制pH为6,沉铝。其化学反应为:

$$NH_4HCO_3 =\!=\!= NH_4^+ + OH^- + CO_2 \uparrow$$
$$Al^{3+} + 3OH^- =\!=\!= Al(OH)_3 \downarrow$$

(2)碱溶

利用氢氧化钠将氢氧化铝溶解,碱溶温度70℃,加碱量1:4,碱溶时间30 min,化学反应为:

$$Al(OH)_3 + NaOH =\!=\!= NaAlO_2 + 2H_2O$$

(3)碳分

常温、常压条件下向溶液中通入二氧化碳,至溶液pH为8。其化学反应为:

$$2NaAlO_2 + CO_2 + 3H_2O =\!=\!= 2Al(OH)_3 + Na_2CO_3$$

(4)煅烧

在1200℃将$Al(OH)_3$煅烧2 h得到氧化铝产品。煅烧过程的主要化学反应:

$$2Al(OH)_3 =\!=\!= Al_2O_3 + 3H_2O \uparrow$$

8)硅渣的处理

滤渣中二氧化硅的质量分数为65%左右。

(1)碱溶

碱溶过程发生的主要化学反应为:

$$SiO_2 + 2NaOH =\!=\!= Na_2SiO_3 + H_2O$$

NaOH与硅渣的质量比3:1、液固比4.5:1、温度190℃、时间60 min碱溶,之后固液分离,滤液为硅酸钠溶液。

(2)钙化

钙化过程发生的主要化学反应为:

$$Na_2SiO_3 + Ca(OH)_2 =\!=\!= CaSiO_3 \downarrow + 2NaOH$$

向硅酸钠溶液中按比例$n(CaO):n(Na_2SiO_3) = 1:1$加入石灰乳溶液,100℃恒温45 min,边反应边搅拌。反应结束后过滤分离,滤渣为硅酸钙产品,滤液为氢氧化钠溶液。

9.2.5　主要设备

硫酸法工艺的主要设备见表 9 - 3。

表 9 - 3　硫酸法工艺主要设备表

工序名称	设备名称	备注
磨矿工序	回转干燥窑	干法
	煤气发生炉	干法
	颚式破碎机	干法
	粉磨机	干法
混料工序	犁刀双辊混料机	
焙烧工序	回转焙烧窑	
	除尘器	
	烟气冷凝制酸系统	
溶出工序	溶出槽	耐酸、连续
	带式过滤机	连续
水解工序	水解槽	耐酸、加热
	高位槽	
	五效循环蒸发器	五效循环蒸发器
	冷凝水塔	冷凝水塔
煅烧工序	回转窑	
	除尘系统	
沉铁、铝工序	沉铁槽	耐酸、加热
	高位槽	
	板框过滤机	非连续
碱溶工序	高位槽	
	浆化槽	耐酸
	板框过滤机	非连续

续表 9－3

工序名称	设备名称	备注
碱浸工序	浸出槽	耐碱、加热
	水平带式过滤机	连续
碳分工序	二级碳分塔	耐碱、加热
	CO_2 供气系统	
	带式过滤机	连续
石灰石煅烧工序	石灰石煅烧炉	
	烟气冷却系统	
	烟气净化回收系统	
乳化工序	石灰乳化机	耐碱
苛化工序	苛化槽	
	平盘过滤机	连续
储液区	酸式储液槽	
	碱式储液槽	
蒸发结晶工序	五效循环蒸发器	
	冷凝水塔	
种分工序	种分槽	
	旋流器	
	晶种混合槽	
	圆盘过滤机	连续

9.2.6 设备连接图

硫酸法工艺的设备连接如图 9－12 所示。

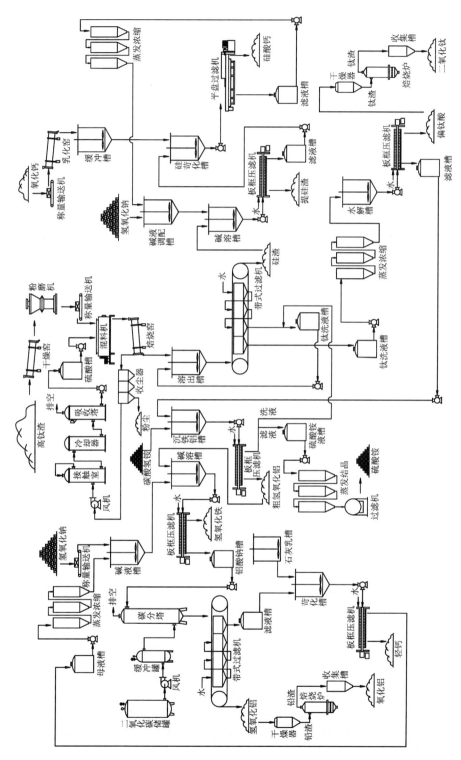

图 9 - 12　硫酸法工艺设备连接图

9.3 硫酸氢铵清洁、高效综合利用高钛渣

9.3.1 原料分析

见9.2.1的内容。

9.3.2 化工原料

焙烧法处理高钛渣使用的化工原料主要有浓硫酸、硫酸氢铵、碳酸氢铵、氢氧化钠、活性氧化钙，二氧化碳。①浓硫酸：工业级；②硫酸氢铵：工业级；③碳酸氢铵：工业级；④氢氧化钠：工业级；⑤活性氧化钙：工业级；⑥二氧化碳：工业级。

9.3.3 硫酸氢铵法工艺流程

二氧化钛、氧化铁和氧化铝与硫酸氢铵反应，生产可溶性盐，用水溶出进入到溶液中。而二氧化硅不与硫酸氢铵反应，也不溶于水，过滤后进入到滤渣中。

钛的硫酸盐加热水解得到偏钛酸，以沉淀的形式析出。溶液中剩下硫酸铝，调节溶液的 pH，铝以 $Al(OH)_3$ 的形式沉淀，再碱溶、碳分，制备 $Al(OH)_3$。硫酸氢铵回收返回焙烧高钛渣。

滤渣中的二氧化硅与碱反应，得到硅酸钠，苛化制备硅酸钙。

钛渣综合利用的工艺流程见图 9-13。

9.3.4 工艺介绍

(1)干燥磨细

将高钛渣干燥后破碎、球磨，原料粒度控制在约 80 μm。

(2)混料

将磨细的高钛渣与硫酸氢铵按比例混合均匀。

(3)焙烧

铵矿比(1.6~2.2):1，将混好的物料在 300~400℃焙烧 1~2 h，焙烧产生的烟气经除尘后用硫酸吸收制成硫酸氢铵，返回混料，循环使用。发生的主要化学反应为：

$$TiO_2 + NH_4HSO_4 \Longrightarrow TiOSO_4 + NH_3 \uparrow + H_2O \uparrow$$

$$TiO_2 + 2NH_4HSO_4 \Longrightarrow Ti(SO_4)_2 + 2NH_3 \uparrow + 2H_2O \uparrow$$

$$CaO + NH_4HSO_4 \Longrightarrow CaSO_4 + NH_3 \uparrow + H_2O \uparrow$$

$$MgO + NH_4HSO_4 \Longrightarrow MgSO_4 + NH_3 \uparrow + H_2O \uparrow$$

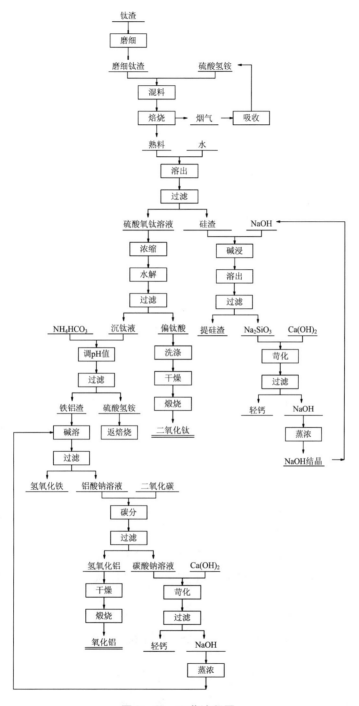

图 9-13　工艺流程图

$$Fe_2O_3 + 3NH_4HSO_4 == Fe_2(SO_4)_3 + 3NH_3\uparrow + 3H_2O\uparrow$$
$$Al_2O_3 + 3NH_4HSO_4 == Al_2(SO_4)_3 + 3NH_3\uparrow + 3H_2O\uparrow$$

（4）溶出

按液固比 3:1，溶出温度 60~80℃，边搅拌边溶出，溶出时间 1 h。

（5）水解

焙烧熟料溶出后得到硫酸氧钛溶液。将溶出液浓缩到符合硫酸氧钛溶液的水解条件进行水解。

硫酸氧钛溶液水解的化学反应如下：

$$Ti(SO_4)_2 + H_2O == TiOSO_4 + H_2SO_4$$
$$TiOSO_4 + 2H_2O == H_2TiO_3 + H_2SO_4$$

硫酸氧钛溶液水解时间为 1~2 h，水解温度为 100℃，得到偏钛酸沉淀，酸洗、水洗、干燥，得到偏钛酸粉体。

（6）煅烧

将偏钛酸煅烧得到二氧化钛产品。煅烧过程的主要化学反应为：

$$H_2TiO_3 == TiO_2 + H_2O\uparrow$$

将偏钛酸在不同的温度煅烧制备出不同晶型的二氧化钛产品。将偏钛酸在 500℃煅烧 2 h，得到锐钛矿型二氧化钛。将偏钛酸在 900℃煅烧 2 h，得到金红石型二氧化钛。

（7）提铝制备氧化铝产品

这个过程主要包括沉铝、碱溶、碳分和煅烧。

①沉铝：保持溶液温度在 60℃，将 NH_4HCO_3 加入溶液中，控制 pH 为 6，沉铝。其化学反应为：

$$NH_4HCO_3 == NH_4^+ + OH^- + CO_2\uparrow$$
$$Al^{3+} + 3OH^- == Al(OH)_3\downarrow$$

②碱溶：利用氢氧化钠将氢氧化铝溶解，碱溶温度为 70℃，加碱量 1:4，碱溶 30 min。其化学反应为：

$$Al(OH)_3 + NaOH == NaAlO_2 + 2H_2O$$

③碳分：常温、常压条件下向溶液中通入二氧化碳，至溶液 pH 为 8。其化学反应为：

$$2NaAlO_2 + CO_2 + 3H_2O == 2Al(OH)_3 + Na_2CO_3$$

④煅烧：在 1200℃将 $Al(OH)_3$ 煅烧 2 h 得到氧化铝产品。煅烧过程的主要化学反应为：

$$2Al(OH)_3 == Al_2O_3 + 3H_2O\uparrow$$

（8）硅渣的处理

滤渣中二氧化硅的质量分数为 65%左右。

①碱溶：

碱溶过程发生的主要化学反应为：

$$SiO_2 + 2NaOH \Longrightarrow Na_2SiO_3 + H_2O$$

在 NaOH 与硅渣的质量比为 3∶1、液固比为 4.5∶1、温度为 190℃、时间为 60 min 的条件下碱溶，之后固液分离，滤液为硅酸钠溶液。

②钙化：

钙化过程发生的主要化学反应为：

$$Na_2SiO_3 + Ca(OH)_2 \Longrightarrow CaSiO_3 \downarrow + 2NaOH$$

向硅酸钠溶液中按比例 $n(CaO)∶n(Na_2SiO_3) = 1∶1$ 加入石灰乳溶液，100℃恒温 45 min，边反应边搅拌。反应完成后过滤分离，滤渣为硅酸钙产品，滤液为氢氧化钠溶液。

9.3.5　主要设备

硫酸氢铵法工艺的主要设备见表 9 - 4。

表 9 - 4　硫酸氢铵法主要设备表

工序名称	设备名称	备注
磨矿工序	回转干燥窑	干法
	煤气发生炉	干法
	颚式破碎机	干法
	粉磨机	干法
混料工序	犁刀双辊混料机	
焙烧工序	回转焙烧窑	
	除尘器	
	烟气冷凝制酸系统	
溶出工序	溶出槽	耐酸、连续
	带式过滤机	连续
水解工序	水解槽	耐酸、加热
	高位槽	
	五效循环蒸发器	
	冷凝水塔	
煅烧工序	回转窑	
	除尘系统	

表 9 – 4

工序名称	设备名称	备注
沉铁、铝工序	沉铁槽	耐酸、加热
	高位槽	
	板框过滤机	非连续
碱溶工序	高位槽	
	浆化槽	耐酸
	板框过滤机	非连续
碱浸工序	浸出槽	耐碱、加热
	水平带式过滤机	连续
碳分工序	二级碳分塔	耐碱、加热
	CO_2 供气系统	
	带式过滤机	连续
石灰石煅烧工序	石灰石煅烧炉	
	烟气冷却系统	
	烟气净化回收系统	
乳化工序	石灰乳化机	耐碱
苛化工序	苛化槽	
	平盘过滤机	连续
储液区	酸式储液槽	
	碱式储液槽	
蒸发结晶工序	五效循环蒸发器	
	冷凝水塔	
种分工序	种分槽	
	旋流器	
	晶种混合槽	
	圆盘过滤机	连续

9.3.6 设备连接图

硫酸氢铵法工艺的设备连接如图 9 – 14 所示。

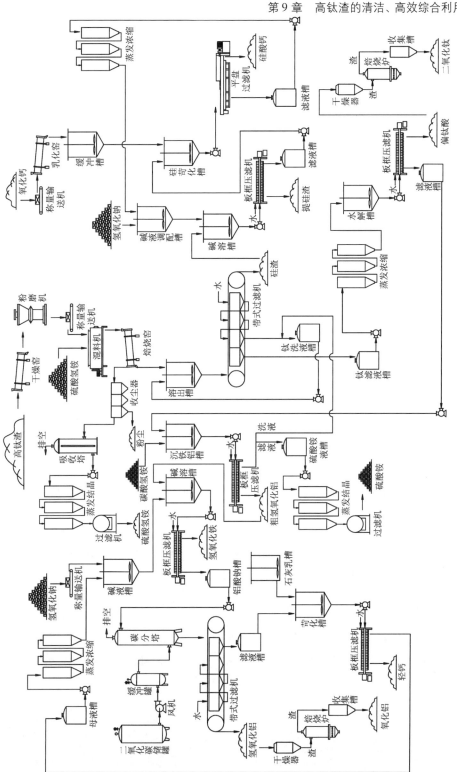

图 9-14 硫酸法工艺设备连接图

9.4 产品分析

焙烧法处理高钛渣得到的主要产品有二氧化钛、氧化铝和硅酸钙。

9.4.1 二氧化钛

将偏钛酸在 500℃煅烧 2 h，得到二氧化钛产品。对其做 X 衍射分析，如图 9-15 所示，可知此条件下煅烧制备的二氧化钛产品为锐钛矿型。

将偏钛酸在 900℃煅烧 2 h，得到二氧化钛产品。对其做 X 衍射分析，如图 9-16 所示，可知制备出的二氧化钛为金红石型。

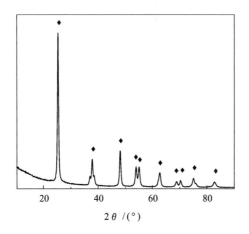

图 9-15 锐钛矿型二氧化钛 XRD 图谱

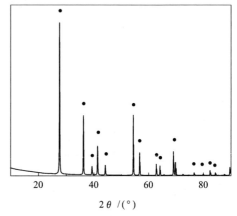

图 9-16 金红石型二氧化钛的 XRD 图谱

图 9-17 为锐钛矿型二氧化钛经喷金处理后的扫描电镜照片；图 9-18 为金红石型二氧化钛经喷金处理后的扫描电镜照片。对该产品做成分分析，测定杂质 Fe 的质量分数是 0.03%，杂质质量分数极低。

9.4.2 氧化铝

煅烧过程中，$Al(OH)_3$ 在高温环境下脱水得到产品。对其做 X 射线衍射分析如图 9-19 所示，可知制备出的氧化铝为 $\alpha - Al_2O_3$，并对该产品做成分分析，结果见表 9-5。

图 9-17 锐钛型二氧化钛的 SEM 照片　　图 9-18 金红石型二氧化钛的 SEM 照片

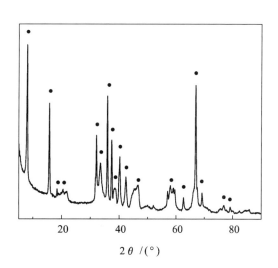

2θ /(°)

图 9-19 氧化铝的 XRD 图

表 9-5 氧化铝产品的化学成分　　　　　　　　%

Al_2O_3	Fe_2O_3	Na_2O	CaO	TiO_2	MgO
99.30	0.14	0.04	0.12	0.11	0.29

对制备出的 α - Al$_2$O$_3$ 做 SEM 分析，结果如图 9 - 20 所示。可见该产品多数呈方块状，菱角较分明。

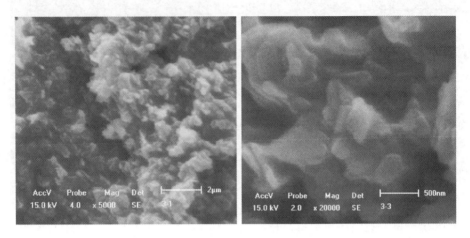

图 9 - 20　氧化铝的 SEM 照片

9.4.3　硅酸钙

将硅酸钙产品洗涤后烘干，得到硅酸钙粉体。对该产品做成分分析，结果见表 9 - 6。其 X 射线衍射分析见图 9 - 21。图 9 - 22 为 CaSiO$_3$ 的 SEM 照片。

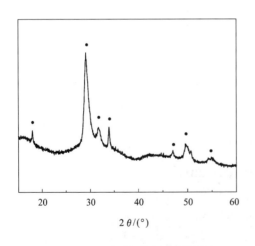

图 9 - 21　硅酸钙的 XRD 图谱

图 9 - 22　硅酸钙的 SEM 照片

表 9-6　硅酸钙的化学成分　　　　　　　　　　　　　　　%

SiO_2	CaO	Fe_2O_3	Al_2O_3	Na_2O	其他
47.12	44.36	0.23	0.25	0.04	8.00

9.5　环境保护

9.5.1　主要污染源和主要污染物

（1）烟气粉尘

①高钛渣混料工序产生的粉尘。

②硫酸焙烧烟气中的主要污染物是粉尘、SO_3 和 H_2O；硫酸氢铵焙烧烟气中的主要污染物是粉尘、NH_3、SO_3 和 H_2O。

③碳酸钙煅烧时的主要染物是粉尘和 CO_2。

④产品干燥煅烧时产生的水蒸气。

（2）水

①生产过程水循环使用，无废水排放。

②生产排水为软水制备工艺排水，水质未被污染。

（3）固体废弃物

①高钛渣中的钛制备的二氧化钛产品。

②高钛渣中的铝制备的氧化铝产品。

③高钛渣中的硅制备的硅酸钙产品。

④氢氧化钠溶液蒸浓结晶得到氢氧化钠，循环使用。

⑤硫酸铵溶液蒸浓结晶得到的硫酸铵。

⑥碳酸钠溶液蒸浓结晶得到碳酸钠，循环使用。

⑦碳酸钙溶液蒸浓结晶得到碳酸钙，煅烧得到氧化钙和二氧化碳，循环使用。

生产过程基本无污染废渣排放。

9.5.2　污染治理措施

（1）焙烧烟气

焙烧烟气经旋风、重力、布袋除尘，粉尘返回混料。硫酸焙烧烟气经吸收塔二级吸收，SO_3 和水的混合物经酸吸收塔制备硫酸，循环利用。硫酸氢铵焙烧烟气产生 NH_3、SO_3 冷却得到硫酸铵固体，尾气经吸收塔进一步净化后排放，满足《工业炉窑大气污染物排放标准》（GB 9078—1996）的要求。

（2）通风除尘

产生粉尘设备均带收尘装置。

扬尘：全厂扬尘点均实行设备密闭罩集气、机械排风、高效布袋除尘器集中除尘，系统除尘效率均在99.9%以上。

烟尘：窑炉等烟气除尘系统收集的烟尘全部返回系统再利用。

（3）废水治理

需要水源提供新水，生产用水循环，全厂水循环利用率为90%以上。

各工序产生的废水采用不同方法处理，以实现全厂废水"零"排放。蒸浓结晶工序冷凝水循环使用和二次利用。

（4）废渣治理

整个生产过程中，高钛渣中的主要组元钛、铝、硅均制备成产品，基本无废渣产生。

（5）噪声治理

本工程的噪声主要由机械动力、流体动力产生。工程设计对高噪声设备采取消声、隔声、基础减振等措施进行处理。

（6）绿化

绿化在防治污染、保护和改善环境方面起到特殊的作用，是环境保护的有机组成部分。绿色植物不仅能美化环境，还具有吸附粉尘、净化空气、减弱噪声、改善小气候等作用。因此在工程设计中对绿化予以了充分重视，通过提高绿化系数改善厂区及附近地区的环境条件，设计厂区绿化占地率不小于20%。

在厂前区及空地等处进行重点绿化，选择树型美观、装饰性强、观赏价值高的乔木与灌木，再适当配以花坛、水池、绿篱、草坪等；在厂区道路两侧种植行道树，同时加配乔木、灌木与花草；在围墙内、外都种以乔木；其他空地植以草坪，形成立体绿化体系。

9.6 结语

高钛渣绿色化、高附加值综合利用的新工艺将钛、铝、硅分离提取出来，为高钛渣的合理利用提供了新方法。该工艺流程实现了化工原料的循环利用，是一项绿色环保的资源综合利用新工艺，符合国家发展循环经济的要求。

参考文献

[1]曹谦非. 钛矿资源及其开发利用[J]. 化工矿产地质，1996（6）：127-134.

[2]屠海令，赵国权，郭青蔚. 有色金属冶金、材料、再生与环保[M]. 北京：化学工业出版社，

2003.

[3] 李亮. 攀枝花钒钛磁铁矿深还原渣酸解工艺研究[J]. 无机盐工业, 2010, 42(6): 52 - 54.

[4] Chernet T. Applied mineralogical studies on Australian sand ilmenite concentrate with special reference to its behavior in the sulphate process[J]. Miner Eng, 1999, 12(5): 485 - 490.

[5] 杨绍利, 盛继平. 钛铁矿熔炼钛渣与生铁技术[M]. 北京: 冶金工业出版社, 2006: 14 - 30.

[6] Chernet T. Effect of mineralogy and texture in the TiO_2 pigment production process of the Tellnes ilmenite concentrate[J]. Miner. Petrol., 1999, 67(1 - 2): 21 - 26.

[7] Meinhold G. Rutile and its applications in earth sciences[J]. Earth - Science Reviews, 2010, 102(1 - 2): 1 - 28.

[8] Kolen'ko Y V, Burukhin A A, Churagulov B R, Oleynikov N N. Synthesis of nanocrystalline TiO_2 powders from aqueous $TiOSO_4$ solutions under hydrothermal conditions[J]. Materials Letters, 2003, 57(5): 1124 - 1129.

[9] 陈德明, 胡鸿飞, 廖荣华, 等. 人造金红石[J]. 钢铁钒钛, 2003, 24(1): 8 - 15.

[10] Mahmoud M H H, Afifi A A I, Ibrahim I A. Reductive leaching of ilmenite ore in hydrochloric acid for preparation of synthetic rutile[J]. Hydrometallurgy, 2004, 73: 99 - 109.

[11] Chou C S, Yang R Y, Weng M H, et al. Preparation of TiO_2/dye composite particles and their applications in dye - sensitized solar cell[J]. Powder Technology, 2008, 187(2): 181 - 189.

[12] Wu L, Li X H, Wang Z X, Wang X J, et al. Preparation of synthetic rutile and metal - doped $LiFePO_4$ from ilmenite[J]. Powder Technology, 2010, 199(3): 293 - 297.

[13] Liu X H, Gai G S, Yang Y F, et al. Kinetics of the leaching of TiO_2 from Ti - bearing blast furnace slag[J]. J China Univ Mining and Technol, 2008, 18(3): 275 - 278.

[14] 蒙钧, 韩明堂. 高钛渣生产现状和今后发展的看法[J]. 钛工业进展, 1998(1): 6 - 10.

[15] Dong H G, Tao J, Guo Y F, et al. Upgrading a Ti - slag by a roast - leach process[J]. Hydrometallurgy, 2012, 114: 119 - 121.

[16] Liu S S, Guo Y F, Qiu G Z, et al. Preparation of Ti - rich material from titanium slag by activation roasting followed by acid leaching[J]. Trans. Nonferrous Met. Soc. China, 2013, 23 (4): 1174 - 1178.

[17] 马勇. 人造金红石生产路线的探讨[J]. 钛工业进展, 2003(1): 20 - 23.

[18] 邓国珠, 王雪飞. 用攀枝花钛精矿制取高品位富钛料的途径[J]. 钢铁钒钛, 2002, 23 (4): 15 - 17.

[19] 邓国珠. 富钛料生产现状和今后的发展[J]. 钛工业进展, 2000(4): 1 - 5.

[20] 张力, 李光强. 由改性高钛渣浸出制备富钛料的研究[J]. 矿产综合利用, 2002(6): 6 - 9.

[21] 赵沛, 郭培民. 低温还原钛铁矿生产高钛渣的新工艺[J]. 钢铁钒钛, 2005, 26(2): 3 - 8.

[22] 徐刚, 刘松利. 人造金红石生产路线的探讨[J]. 重庆工业高等专科学校学报, 2004, 19 (2): 12 - 14.

[23] 张力, 李光强, 隋智通. 由改性高钛渣浸出制备富钛料的研究[J]. 矿产综合利用, 2002 (6): 6 - 9.

[24] 陈晋, 彭金辉, 张世敏, 等. 高温焙烧高钛渣工艺的试验研究[J]. 轻金属, 2009(2): 46 - 48.

[25] 汪镜亮. 人造金红石生产近况[J]. 矿产保护与利用, 2000(1): 47 – 51.

[26] Billik P, Plesch G. Mechanochemical synthesis of anatase and rutile nanopowders from $TiOSO_4$ [J]. Materials Letters, 2007, 61(4): 1183 – 1186.

[27] 广东有色金属研究院氯化冶金组. 钛铁矿选择级化制取人造金红石的研究[J]. 金属学报, 1977, 13(3): 161 – 168.

[28] 付自碧, 黄北卫, 王雪飞. 盐酸法制取人造金红石工艺研究[J]. 钢铁钒钛, 2006, 27(2): 1 – 6.

[29] 程洪斌, 王达健, 黄北卫, 孙刚. 钛铁矿盐酸法加压浸出中人造金红石粉化率的研究[J]. 有色金属, 2004, 56(4): 81 – 86.

[30] 付自碧. 预氧化在盐酸法制取人造金红石中的作用[J]. 钛工业进展, 2006, 23(3): 23 – 25.

[31] 王曾洁, 张利华, 王海北. 盐酸常压直接浸出攀西地区钛铁矿制备人造金红石[J]. 有色金属, 2007, 59(4): 108 – 111.

[32] 蒋伟, 蒋训雄, 汪胜东, 等. 钛铁矿湿法生产人造金红石新工艺[J]. 有色金属, 2010, 63(4): 52 – 56.

[33] 祖庸, 雷阎盈. 国内外钛白工业生产的现状与发展[J]. 钛工业进展, 1994(2): 54 – 58.

[34] 何燕. 国内外钛白粉生产状况[J]. 精细化工原料及中间体, 2009(5): 28 – 32.

[35] 胡荣忠. 对我国钛白工业发展的思考[J]. 化工设计, 1998(5): 5 – 7.

[36] 王庭楠. 硫酸法钛白生产及其展望[J]. 化工部涂料研究所, 1985(5): 8 – 12.

[37] 刘晓华, 隋智通. 含 Ti 高炉渣加压酸解[J]. 中国有色金属学报, 2002, 12(6): 1281 – 1284.

[38] 张树立. 酸溶性钛渣制取钛白工业试验[J]. 钢铁钒钛, 2005, 19(3): 33 – 36.

[39] 王琪, 姜林. 硫酸浸出赤泥中铁、铝、钛的工艺研究[J]. 矿冶工程, 2011, 31(4): 90 – 31.

[40] 龚家竹. 钛白粉生产技术进展[J]. 无机盐工业, 2003, 35(6): 5 – 7.

[41] 景建林, 张全忠, 邱礼有, 等. 硫酸法钛白生产中钛铁矿液相酸解反应的实验研究[J]. 化学反应工程与工艺, 2003, 19(4): 337 – 343.

[42] 沈体洋. 硫酸法钛白生产中绿矾和废酸的回收利用[J]. 湖南化工, 1987(4): 52 – 61.

[43] 唐振宁. 钛白粉生产与环境治理[M]. 北京: 化学工业出版社, 2000.

[44] 法浩然. 硫酸法钛白生产中的废硫酸治理[J]. 涂料工业, 1999(9): 30 – 31.

[45] 邹建新. 国内钛白粉厂废硫酸浓缩技术取得重大突破[J]. 钛工业进展, 2002(6): 44 – 44.

[46] 卫志贤, 祖庸. 硫酸法生产钛白粉废液的综合利用[J]. 钛工业进展, 1997(5): 32 – 36.

[47] 刘文向. 氯化法钛白发展概况和建议[J]. 氯碱工业, 1999(2): 18 – 20.

[48] Xu C, Yuan Z F, Wang X Q. Preparation of $TiCl_4$ with the titanium slag containing magnesia and calcia in a combined fluidized bed[J]. Chinese Journal of Chemical Engineering, 2006, 14(3): 281 – 288.

[49] 刘文向. 氯碱企业发展氯化法钛白粉的优势[J]. 氯碱工业, 2012, 48(2): 1 – 3.

[50] 孙洪涛. 氯化法钛白生产装置三废处理工艺改进[J]. 钢铁钒钛, 2012, 33(6): 35 – 39.

[51] 周忠诚, 阮建明, 邹俭鹏, 等. 四氯化钛低温水解直接制备金红石型纳米二氧化钛[J]. 稀有金属, 2006, 30(5): 653 – 656.

[52] Li C, Liang B, Wang H Y. Preparation of synthetic rutile by hydrochloric acid leaching of

mechanically activated Panzhihua ilmenite[J]. Hydrometallurgy, 2008, 91(1): 121 – 129.

[53] Han Y F, Sun T C, Li J, et a. Preparation of titanium dioxide from titania – rich slag by molten NaOH method[J]. International Journal of Minerals, Metallurgy and Materials, 2012, 19(3): 205 – 211.

[54] Feng Y, Wang J G, Wang L N, et al. Decomposition of acid dissolvedtitanium slag from Australia by sodium hydroxide[J]. Rare Met. , 2009, 28(6): 564 – 569.

[55] Xue T Y, Wang L N, Qi T, et al. Decomposition kinetics of titanium slag in sodium hydroxide system[J]. Hydrometallurgy, 2009, 95(1): 22 – 26.

第10章 石煤的清洁、高效综合利用

10.1 概述

10.1.1 资源情况

石煤(stone-like coal)是一种含碳少、低热值的燃料，也是一种重要的钒矿资源，主要赋存于中泥盆纪以前的古老地层中，由菌藻类等生物遗体在浅海、潟湖、海湾环境下经腐泥化作用和煤化作用转变而成。我国石煤的储量极大、分布广泛。据《中国南方石煤资源综合考察报告》称：湖南、湖北、浙江、广东、广西、贵州、安徽、河南、陕西等9省、自治区石煤钒矿资源的总储量为618.8亿t，其中探明储量为39.0亿t，储量为579.8亿t，仅湖南、湖北、江西、浙江、安徽、贵州、陕西等7省的石煤钒矿中V_2O_5的储量就达到11797万t。$w(V_2O_5) \geqslant 0.5\%$的石煤储量为7705.5万t，是我国钒钛磁铁矿中$V_2O_5$总储量的6.7倍。石煤和$V_2O_5$储量的具体分布见表10-1。

表10-1 我国数省石煤及V_2O_5储量

省份(自治区)	湖南	湖北	广西	江西	浙江	安徽	河南	贵州	陕西
石煤储量/10^4t	187.2	25.6	128.8	68.3	106.4	74.6	4.4	8.3	15.2
V_2O_5储量/10^4t	4045.8	605.3	—	2400.0	2277.6	1894.7	—	11.2	562.4

石煤中的钒以低价形式存在于铝硅酸盐的矿物晶格中，提取难度较大，且碳质页岩在沉积过程中，受藻菌类等低级生物的生成条件，或腐化的藻菌类产生的腐殖质的络合、吸附作用，以及成岩的热液浸染等影响，石煤中含有或富集了较多的伴生元素，如钒、镍、铀、铜、镓、银及贵金属等60余种。因为这些伴生元素的存在，综合提取有价组分所创造的价值往往大于作为燃料的价值，因此综合利用石煤具有广泛的应用前景。

10.1.2　石煤的应用技术

（1）传统提钒工艺

传统提钒工艺即石煤钠盐焙烧水浸工艺。该工艺先进行原矿粉碎，然后加入钠盐焙烧，将钒矿物转化为水溶性钒盐，再加水溶出，最终制备 V_2O_5。该工艺设备简单、生产成本低，但在生产过程中会产生大量烟尘、HCl、Cl_2 等有害气体及富含大量盐分的废水，对周围环境造成严重污染。该工艺的 V_2O_5 转化率较低，一般只有 40%～50%，浪费了大部分钒资源。

（2）钙化焙烧水浸提钒工艺

钙化焙烧浸出工艺的目的与钠化焙烧工艺不同，使钒转化为不溶于水，但溶于碳酸盐溶液，形成钒酸钙，达到与其他杂质分离的目的。该工艺将石灰、石灰石或其他含钙化合物加到含钒石煤中造球、焙烧，使钒转化成不溶于水的钒的钙盐。用 Na_2CO_3、$NaHCO_3$ 或 NH_4HCO_3 的水溶液进行浸出。从环保和价格上考虑最好选择 NH_4HCO_3 溶液将钒浸出，并控制合适的 pH，使钒生成 VO^{2+}、$V_{10}O_{28}^{6-}$ 等离子。净化浸出液，除去铁等杂质后，采用铵盐法沉钒，制偏酸铵并煅烧制得高纯度 V_2O_5。钙化焙烧替代钠化焙烧，使得废气中不含 HCl、Cl_2 等有害气体，焙烧后的浸出渣不含钠盐，富含钙，有利于综合利用，如用于建材行业等。但钙化焙烧的生产成本比钠化焙烧大幅提高，而 V_2O_5 的总收率也较低，只有 55%～70%。

（3）碱浸提钒工艺

石煤中的含钒矿物不能被 NaOH 溶液直接分解，但在空气气氛中无盐焙烧后，晶体结构中的含钒水云母和伊利石结构会被破坏，矿物晶格中的大量 V(Ⅲ)被氧化成 V(Ⅳ)或 V(Ⅴ)。这样再利用 NaOH 溶液就可浸出石煤中的钒。碱浸提钒工艺的回收率高，但是浸出试剂耗量大，浸出液除硅及沉钒时用酸量大，生产成本高。因此，制约了该工艺的大规模应用。

（4）酸浸提钒工艺

石煤酸浸提钒工艺普遍采用硫酸为浸出剂。在石煤中，钒以 V(Ⅲ)形式部分取代硅氧四面体"复网层"和铝氧八面体"单网层"中的 Al(Ⅲ)而存在于云母晶格中。为使钒能从云母结构中浸出，必须破坏云母结构并使钒氧化。在高温和长时间的浸出条件下，硫酸可以破坏某些云母结构而溶出其中的钒，而以 V(Ⅳ)形式存在的钒可被硫酸浸出。根据矿石分解工艺不同，又可将石煤酸浸提钒工艺分为常压酸浸、氧压酸浸、氧化焙烧－酸浸以及低温硫酸化焙烧－水浸等，目前取得工业应用的主要是酸浸提钒工艺。

10.2 硫酸酸浸法清洁、高效综合利用石煤

10.2.1 原料分析

图 10 - 1 是石煤的 XRD 图谱和 SEM 照片，表 10 - 2 是石煤的化学组成。

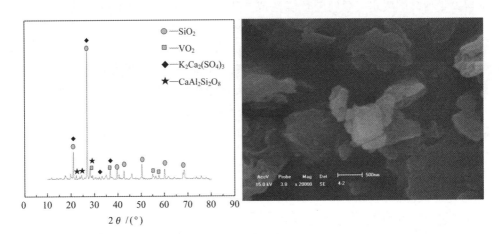

图 10 - 1 石煤的 XRD 图谱和 SEM 照片

表 10 - 2 石煤矿主要化学组成   %

SiO$_2$	CaO	Al$_2$O$_3$	SO$_3$	K$_2$O	Fe$_2$O$_3$	V$_2$O$_5$	MgO	P$_2$O$_5$	ZnO	TiO$_2$	BaO
56.7	13.1	11.3	7.90	2.89	2.80	1.21	1.07	1.05	0.743	0.552	0.375

由图 10 - 1 和表 10 - 2 可知，石煤所含有的主要化学元素为硅、钙和铝，其他元素种类较多，含量很少，V$_2$O$_5$ 质量分数约为 1.21%。石煤的物相组成比较复杂，主要有石英、VO$_2$、硫酸钾钙和硅酸铝钙。

10.2.2 化工原料

硫酸酸浸法处理石煤的化工原料主要有浓硫酸、硫酸铵。

10.2.3 硫酸酸浸法的工艺流程

石煤矿首先要经过破碎、干燥和过筛，然后采用硫酸直接浸出；浸出液净化沉铁铝等杂质，铁铝渣回收利用制取氧化铁和氧化铝。浸出液在 P204、TBP、磺

化煤油的共同作用下进行萃取；萃取后，钒富集到有机相中，以稀硫酸进行反萃取，将钒从有机相中反萃出来；然后向反萃液中加入铵盐，使钒以偏钒酸铵/多钒酸铵的形式沉淀；最后，经过煅烧制得 V_2O_5。图 10 – 2 是硫酸酸浸法的工艺流程。

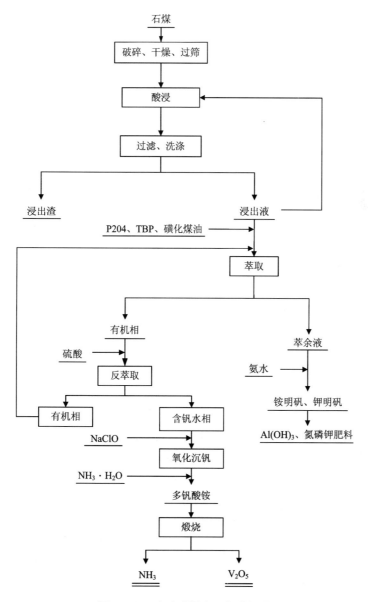

图 10 – 2　硫酸酸浸法工艺流程图

10.2.4 工序介绍

(1)破碎、干燥、过筛

石煤含水较多,将石煤原料破碎、磨细、干燥到含水量小于5%,再过筛,使石煤粒径为80 μm以下。

(2)酸浸

将40%硫酸与磨细的石煤按液固比3∶1混合均匀,于110℃酸浸10 h,得到硫酸氧钒溶液。发生的主要化学反应为:

$$2(V_2O_3)_C + 8H_2SO_4 + O_2 \longrightarrow 4VO(HSO_4)_2 + 4H_2O\uparrow$$
$$2(V_2O_3)_C + 4VO(HSO_4)_2 + O_2 \longrightarrow 8VOSO_4 + 4H_2O\uparrow$$
$$(VO_2)_C + 2H_2SO_4 =\!=\!= VO(HSO_4)_2 + H_2O\uparrow$$
$$(VO_2)_C + VO(HSO_4)_2 =\!=\!= 2VOSO_4 + 2H_2O$$

这里,$(V_2O_3)_C$和$(VO_2)_C$表示石煤中钒与其他元素结合而存在。

(3)过滤、洗涤

将酸浸产物过滤洗涤,浸出渣用于制备石英粉的原料,浸出液用于进一步制备V_2O_5。

(4)萃取

采用溶剂萃取法从酸浸液中回收钒,萃取液为混合溶液(煤油∶TBP∶P_2O_4 = 70∶10∶20,体积比),萃取温度为60℃、萃取时间为20 min。通过萃取法将酸浸液中的钒富集到有机相中,使浸出液中的钒与杂质分离。

主要化学反应为:

$$VO^{2+} + (HR_2)PO_4(O) \longrightarrow VO[R_2PO_4](O) + H^+$$

这里,$(HR_2)PO_4$代表P_2O_4,R代表C_8H_{17},(O)代表有机相。

(5)反萃取

向步骤(4)萃取所得负载有机相中,加入1.5 mol/L硫酸溶液,反萃一定时间,静止后,将水相和有机相分离。负载有机相经硫酸溶液反萃后,可以重新用于萃取工序,实现循环利用。

(6)沉钒

反萃液中钒一般为4价,其颜色为蓝色,为了使钒沉淀,必须先用NaClO将其氧化为5价,然后将用氨水pH调至2.0~2.5。这是因为多钒酸铵在pH 2.0~2.5条件下的溶解度最小,也是沉钒的最佳酸度。由于反萃剂采用的是硫酸溶液,沉钒时用氨水调节pH,溶液中会产生过量的硫酸铵,钒便以多钒酸铵的形式沉淀。发生的主要化学反应为:

$$6(VO_2)_2SO_4 + (NH_4)_2SO_4 + (7+n)H_2O =\!=\!= (NH_4)_2V_{12}O_{31} \cdot nH_2O\downarrow + 7H_2SO_4$$

（4）煅烧

沉钒煅烧得到的多钒酸铵经洗涤后在氧化气氛中于 500～600℃条件下热解，得到呈棕黄色或橙红色粉状精钒产品发生的主要化学反应如下：

$$(NH_4)_2V_{12}O_{31} \cdot nH_2O \Longrightarrow 6V_2O_5 + 2NH_3\uparrow + (n+1)H_2O$$

10.2.5 工艺的主要设备

硫酸浸出法工艺的主要设备见表 10 - 3。

表 10 - 3 硫酸浸出法主要设备

工序名称	设备名称	备注
磨矿工序	回转干燥窑	干法
	煤气发生炉	干法
	颚式破碎机	干法
	粉磨机	干法
浸出工序	浸出槽	
	加热系统	
	酸高位槽	
过滤工序	缓冲槽	耐酸、连续
	带式过滤机	连续
除杂工序	除铁槽	耐酸、加热
	高位槽	
	板框过滤机	非连续
	除铝槽	耐酸
	高位槽	
	板框过滤机	非连续

续表 10 – 3

工序名称	设备名称	备注
萃取工序	萃取槽	耐蚀
	高位槽	
	溢流槽	连续
反萃工序	高位槽	
	溢流槽	高温
储液区	酸式储液槽	
	碱式储液槽	
沉钒	高位槽	耐碱
	反应釜	耐酸
	缓冲槽	耐酸、连续
	过滤机	连续
蒸发结晶工序	五效循环蒸发器	
	三效循环蒸发器	
	冷凝水塔	

10.2.6 设备连接图

硫酸浸出法工艺的设备连接见图 10 – 3。

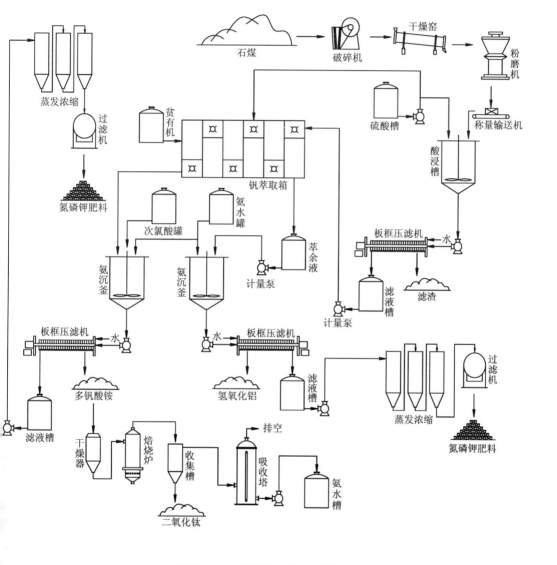

图 10-3 硫酸浸出法设备连接图

10.3　硫酸焙烧法绿色化、高附加值综合利用石煤

10.3.1　原料分析

见 10.2.1 的内容。

10.3.2　化工原料

硫酸焙烧法处理石煤的化工原料主要有浓硫酸、氢氧化钠、活性氧化钙。
①浓硫酸：工业级。
②氢氧化钠：工业级。
③活性氧化钙：工业级。

10.3.3　硫酸焙烧法处理石煤的工艺流程

将磨细的石煤与浓硫酸混合焙烧，石煤中的钒、铁、铝与硫酸反应生成可溶性盐，二氧化硅不与硫酸反应。焙烧烟气经除尘后冷凝制酸，返回混料，循环使用。焙烧熟料经水溶出后，二氧化硅不溶于水，过滤后与溶于水的盐分离。滤液采用碳酸氢铵调控 pH 沉铁，过滤后得到羟基氧化铁，作为炼铁原料。用碳酸氢铵调节溶液 pH 除铝，过滤后得到氢氧化铝，用于制备氧化铝。滤液为硫酸氧钒溶液，向其中加入双氧水和碳酸氢铵沉钒，得到多钒酸铵，可以煅烧制备五氧化二钒。沉淀后的溶液经蒸发结晶分离得到硫酸铵。碱溶二氧化硅得到硅酸钠溶液，向硅酸钠溶液中加入石灰乳制备硅酸钙。工艺流程如图 10-4 所示。

10.3.4　工序介绍

1) 干燥磨细
将石煤干燥后的物料破碎、磨细至 80 μm 以下。

2) 混料
将磨细的石煤与浓硫酸混合。按石煤中与硫酸反应的物质所需硫酸的质量过量 10% 配料，混合均匀。

3) 焙烧
将混好的物料在 300～400℃ 焙烧 1 h。焙烧产生的烟气经除尘后制成硫酸，返回混料，循环使用。发生的主要化学反应为：

$$Fe_2O_3 + 3H_2SO_4 \longrightarrow Fe_2(SO_4)_3 + 3H_2O \uparrow$$

$$Al_2O_3 + 3H_2SO_4 \longrightarrow Al_2(SO_4)_3 + 3H_2O \uparrow$$

$$2(V_2O_3)_C + 8H_2SO_4 + O_2 \longrightarrow 4VO(HSO_4)_2 + 4H_2O \uparrow$$

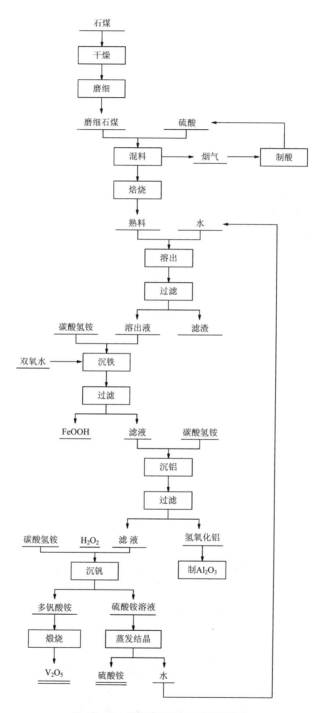

图 10-4 硫酸焙烧法工艺流程图

$$2(V_2O_3)_C + 4VO(HSO_4)_2 + O_2 = 8VOSO_4 + 4H_2O\uparrow$$
$$(VO_2)_C + 2H_2SO_4 = VO(HSO_4)_2 + H_2O\uparrow$$
$$(VO_2)_C + VO(HSO_4)_2 = 2VOSO_4 + 2H_2O$$
$$H_2SO_4 = SO_3\uparrow + H_2O\uparrow$$

这里，$(V_2O_3)_C$ 和 $(VO_2)_C$ 表示石煤中钒与其他元素结合而存在。

4) 溶出过滤

将焙烧熟料加水溶出。液固比 3:1，溶出温度 $60\sim80℃$。溶出后过滤，滤渣主要为二氧化硅，洗涤后送碱浸工序。滤液为硫酸氧钒溶液。

5) 沉铁除铝

保持溶液温度在 40℃ 以下，向溶出液中加入双氧水将 2 价铁离子氧化成 3 价铁离子，将 4 价钒离子氧化成 5 价钒离子。保持溶液温度在 40℃ 以上，用碳酸氢铵调控溶液 pH 保持在 3 以上，搅拌，生成羟基氧化铁。过滤，滤渣为羟基氧化铁，洗涤干燥后作为炼铁原料。继续向沉铁后的溶液中加入碳酸氢铵，调节溶液 pH 至 5.1，铝生成氢氧化铝沉淀，过滤得到氢氧化铝，用于制备氧化铝。滤液为硫酸氧钒溶液。发生的主要化学反应为：

$$2Fe^{2+} + H_2O_2 + 2H^+ = 2Fe^{3+} + 2H_2O$$
$$2V^{4+} + H_2O_2 + 2H^+ = 2V^{5+} + 2H_2O$$
$$Fe_2(SO_4)_3 + 6NH_4HCO_3 = 2FeOOH\downarrow + 3(NH_4)_2SO_4 + 6CO_2\uparrow + 2H_2O$$
$$Al_2(SO_4)_3 + 6NH_4HCO_3 = 2Al(OH)_3\downarrow + 3(NH_4)_2SO_4 + 6CO_2\uparrow$$

6) 沉钒

将滤液用氨水调至 pH $2.0\sim2.5$。多钒酸铵在 pH $2.0\sim2.5$ 条件下的溶解度最小，这是沉钒的最佳酸度，钒以多钒酸铵的形式沉淀出来。发生的主要化学反应为：

$$6(VO_2)_2SO_4 + 14NH_3 + (7+n)H_2O = (NH_4)_2V_{12}O_{31}\cdot nH_2O\downarrow + 6(NH_4)_2SO_4$$

7) 煅烧

沉钒工序得到的多钒酸铵经洗涤后在氧化气氛中于 $500\sim600℃$ 条件下热解，得到呈棕黄色或橙红色粉状精钒产品，主要化学反应如下：

$$(NH_4)_2V_{12}O_{31}\cdot nH_2O = 6V_2O_5 + 3NH_3\uparrow + (n+1)H_2O$$

8) 蒸发结晶

将含有硫酸铵溶液蒸发结晶，得到硫酸铵。

9) 碱浸

将硅渣与碱液按液固比 3:1 混合。控制碱浸温度 130℃，碱浸时间 1 h。过滤得到滤液为硅酸钠溶液，滤渣为石英粉。发生的主要化学反应为：

$$SiO_2 + 2NaOH = Na_2SiO_3 + H_2O$$

10) 制备硅酸钙

向硅酸钠溶液中加入石灰乳, 在 90℃ 以上反应 2 h, 得到硅酸钙沉淀。经过滤、洗涤、烘干得到硅酸钙产品。滤液为碱液, 蒸发浓缩后返回碱浸工序。发生的主要化学反应为:

$$Na_2SiO_3 + Ca(OH)_2 \xlongequal{\quad\quad} CaSiO_3 \downarrow + 2NaOH$$

10.3.5　硫酸法工艺的主要设备

硫酸法工艺的主要设备见表 10 - 4。

表 10 - 4　硫酸法工艺主要设备

工序名称	设备名称	备注
磨矿工序	回转干燥窑	干法
	煤气发生炉	干法
	颚式破碎机	干法
	粉磨机	干法
混料工序	犁刀双辊混料机	
焙烧工序	回转焙烧窑	
	除尘器	
	烟气冷凝制酸系统	
溶出工序	溶出槽	耐酸、连续
	带式过滤机	连续
除杂工序	除铁槽	耐酸、加热
	高位槽	
	板框过滤机	非连续
	除铝槽	耐酸
	高位槽	

续表 10 - 4

工序名称	设备名称	备注
沉钒工序	沉钒槽	耐蚀
	氨高位槽	
	平盘过滤机	连续
煅烧工序	干燥器	
	焙烧炉	高温
储液区	酸式储液槽	
	碱式储液槽	
蒸发结晶工序	五效循环蒸发器	
	三效循环蒸发器	
	冷凝水塔	
冷却工序	冷却槽	耐蚀
	板框过滤机	非连续
碱浸工序	碱浸槽	耐碱、加热
	稀释槽	耐碱、加热
	平盘过滤机	连续
乳化系统	生石灰乳化机	
苛化系统	苛化槽	耐碱、加热
	平盘过滤机	连续

10.3.6 硫酸法工艺的设备连接图

硫酸法工艺的设备连接见图 10 - 5。

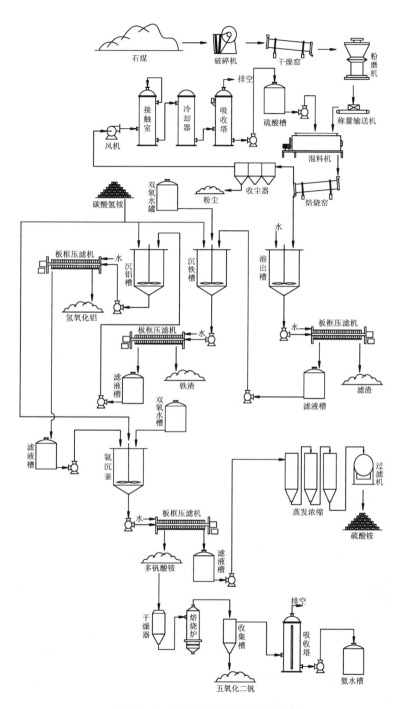

图 10－5　硫酸法工艺设备连接图

10.4 硫酸铵焙烧法清洁、高效综合利用石煤

10.4.1 原料分析

见 10.2.1 的内容。

10.4.2 化工原料

硫酸铵焙烧法处理石煤的化工原料主要有硫酸铵、氢氧化钠、活性氧化钙。
①硫酸铵：工业级。
②氢氧化钠：工业级。
③活性氧化钙：工业级。

10.4.3 硫酸铵焙烧法处理石煤的工艺流程

将干燥后磨细的石煤与硫酸铵混合焙烧，石煤中的钒、铝、铁与硫酸铵反应生成可溶性盐，二氧化硅不与硫酸铵反应。焙烧烟气除尘后降温冷却得到硫酸铵固体，返回混料，循环使用，过量的氨回收，用于沉铁、除铝、沉钒。焙烧熟料加水溶出后，二氧化硅不溶于水，过滤与溶于水的盐分离。滤液采用氨调控 pH 沉铁，过滤，滤渣为羟基氧化铁，作为炼铁原料。滤液用氨调节 pH 除铝，过滤后的滤渣为氢氧化铝，用于制备氧化铝。再用氨沉钒，沉淀产物为多钒酸铵，可以煅烧制备五氧化二钒。沉淀后的溶液经蒸发结晶分离后得到硫酸铵，硫酸铵返回混料，循环利用。碱溶二氧化硅得到硅酸钠溶液，向硅酸钠溶液中加入石灰乳制备硅酸钙，工艺流程图如图 10-6 所示。

10.4.4 工序介绍

1）干燥磨细
将石煤干燥到含水 5% 以下后破碎、磨细至 80 μm 以下。
2）混料
将磨细的石煤与硫酸铵混合。按石煤中与硫酸铵反应的物质所需硫酸铵的质量计为 1，过量 10% 配料，混合均匀。
3）焙烧
将混好的物料在 450~500℃ 焙烧 1 h。焙烧产生的烟气经降温冷却得到硫酸铵，返回混料，循环使用。过量 NH_3 回收用于沉铁、除铝、沉钒。发生的主要化学反应为：

$$2(V_2O_3)_C + 8(NH_4)_2SO_4 + O_2 = 4VO(HSO_4)_2 + 4H_2O\uparrow + 16NH_3\uparrow$$

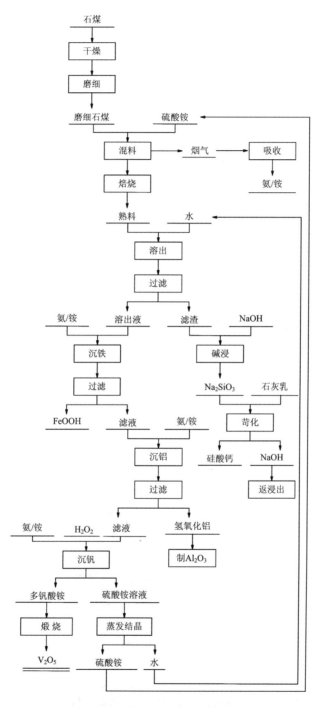

图 10 - 6　硫酸铵焙烧法工艺流程图

$$2(V_2O_3)_C + 4VO(HSO_4)_2 + O_2 \Longrightarrow 8VOSO_4 + 4H_2O\uparrow$$

$$(VO_2)_C + 2(NH_4)_2SO_4 \Longrightarrow VO(HSO_4)_2 + H_2O\uparrow + 4NH_3\uparrow$$

$$(VO_2)_C + VO(HSO_4)_2 \Longrightarrow 2VOSO_4 + 2H_2O$$

$$Fe_2O_3 + 4(NH_4)_2SO_4 \Longrightarrow 2NH_4Fe(SO_4)_2 + 3H_2O\uparrow + 6NH_3\uparrow$$

$$Fe_2O_3 + 3(NH_4)_2SO_4 \Longrightarrow Fe_2(SO_4)_3 + 3H_2O\uparrow + 6NH_3\uparrow$$

$$Al_2O_3 + 3(NH_4)_2SO_4 \Longrightarrow Al_2(SO_4)_3 + 6NH_3\uparrow + 3H_2O\uparrow$$

$$Al_2O_3 + 4(NH_4)_2SO_4 \Longrightarrow 2NH_4Al(SO_4)_2 + 6NH_3\uparrow + 3H_2O\uparrow$$

$$(NH_4)_2SO_4 \Longrightarrow SO_3\uparrow + 2NH_3\uparrow + H_2O\uparrow$$

$$SO_3 + 2NH_3 + H_2O \Longrightarrow (NH_4)_2SO_4$$

4) 溶出过滤

将焙烧熟料加水溶出。液固比 3:1, 溶出温度 60~80℃。溶出后过滤, 滤渣主要为二氧化硅, 洗涤后送碱浸工序, 滤液为含硫酸氧钒、硫酸铁和硫酸铝的溶液。

5) 沉铁除铝

保持溶液温度在 40℃ 以下, 向溶出液中加入双氧水将二价铁离子氧化成三价铁离子, 将四价钒离子氧化成五价钒离子。保持溶液温度在 40℃ 以上, 用氨调控溶液的 pH 大于 3。搅拌, 溶液中的铁生成羟基氧化铁, 反应结束后过滤, 滤渣为羟基氧化铁, 洗涤干燥后作为炼铁原料。继续向沉铁后的溶液中通入氨, 调节溶液 pH 至 5.1, 溶液中的铝生成氢氧化铝沉淀, 过滤得到氢氧化铝, 用于制备氧化铝。滤液为硫酸氧钒溶液。发生的主要化学反应为:

$$2Fe^{2+} + H_2O_2 + 2H^+ \Longrightarrow 2Fe^{3+} + 2H_2O$$

$$2V^{4+} + H_2O_2 + 2H^+ \Longrightarrow 2V^{5+} + 2H_2O$$

$$NH_4Fe(SO_4)_2 + 3NH_3 + 2H_2O \Longrightarrow FeOOH\downarrow + 2(NH_4)_2SO_4$$

$$Fe_2(SO_4)_3 + 6NH_3 + 4H_2O \Longrightarrow 2FeOOH\downarrow + 3(NH_4)_2SO_4$$

$$Al_2(SO_4)_3 + 6NH_3 + 6H_2O \Longrightarrow 2Al(OH)_3\downarrow + 3(NH_4)_2SO_4$$

$$NH_4Al(SO_4)_2 + 3NH_3 + 3H_2O \Longrightarrow Al(OH)_3\downarrow + 2(NH_4)_2SO_4$$

6) 沉钒

将 pH 用氨水调至 2.0~2.5, 这是因为多钒酸铵在 pH 2.0~2.5 条件下的溶解度最小, 也是沉钒的最佳酸度, 钒便以多钒酸铵的形式沉淀出来。发生的主要化学反应为:

$$6(VO_2)_2SO_4 + 14NH_3 + (7+n)H_2O \Longrightarrow (NH_4)_2V_{12}O_{31} \cdot nH_2O\downarrow + 6(NH_4)_2SO_4$$

7) 煅烧

沉钒工序得到的多钒酸铵经洗涤后在氧化气氛中于 500~600℃ 条件下热解, 得到呈棕黄色或橙红色粉状精钒产品, 氨气吸收制取氨水或铵盐用于沉铁、沉铝和沉钒。发生的主要化学反应如下:

$$(NH_4)_2V_{12}O_{31} \cdot nH_2O \Longrightarrow 6V_2O_5 + 3NH_3\uparrow + (n+1)H_2O$$

8）蒸发结晶

把硫酸铵溶液蒸发结晶，分离得到硫酸铵产品。

9）碱浸

将硅渣与碱液按液固比 3:1 混合。控制碱浸温度保持 130℃，碱浸 1 h。过滤得到滤液为硅酸钠溶液，滤渣为石英粉。发生的主要化学反应为：

$$SiO_2 + 2NaOH \Longrightarrow Na_2SiO_3 + H_2O$$

10）制备硅酸钙

向硅酸钠溶液加入石灰乳，在 90℃ 以上反应 2 h，得到硅酸钙沉淀。经过滤、洗涤、烘干得到硅酸钙产品。滤液为碱液，蒸发浓缩后返回碱浸工序。发生的主要化学反应为：

$$Na_2SiO_3 + Ca(OH)_2 \Longrightarrow CaSiO_3\downarrow + 2NaOH$$

10.4.5　硫酸铵法工艺的主要设备

硫酸铵法工艺的主要设备见表 10 - 5。

表 10 - 5　硫酸铵法工艺主要设备

工序名称	设备名称	备注
磨矿工序	回转干燥窑	干法
	煤气发生炉	干法
	颚式破碎机	干法
	粉磨机	干法
混料工序	犁刀双辊混料机	
焙烧工序	回转焙烧窑	
	除尘器	
	烟气冷凝制酸系统	
溶出工序	溶出槽	耐酸、连续
	带式过滤机	连续

续表 10 – 5

工序名称	设备名称	备注
除杂工序	除铁槽	耐酸、加热
	高位槽	
	板框过滤机	非连续
	除铝槽	耐酸
	高位槽	
	板框过滤机	非连续
沉钒工序	沉钒槽	耐蚀
	氨高位槽	
	平盘过滤机	连续
煅烧工序	干燥器	
	焙烧炉	高温
储液区	酸式储液槽	
	碱式储液槽	
蒸发结晶工序	五效循环蒸发器	
	三效循环蒸发器	
	冷凝水塔	
冷却工序	冷却槽	耐蚀
	板框过滤机	非连续
碱浸工序	碱浸槽	耐碱、加热
	稀释槽	耐碱、加热
	平盘过滤机	连续
乳化系统	生石灰乳化机	
苛化系统	苛化槽	耐碱、加热
	平盘过滤机	连续

10.4.6 硫酸铵法工艺的设备连接简图

硫酸铵法工艺的设备连接见图 10 – 7。

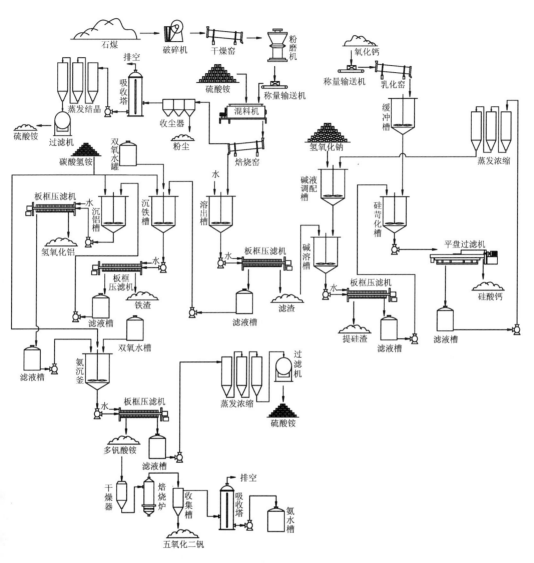

图 10-7　硫酸铵焙烧法设备连接图

10.5　结语

　　钒是重要的战略物资，广泛应用于冶金、化工和航空航天等方面。石煤是我国重要的含钒资源，储量是钒钛磁铁矿中钒的数倍。使用酸浸法、酸焙烧法和硫酸铵焙烧法提取石煤中的钒，可以综合利用石煤中的钒、铁、铝等有价资源，硅渣利用制备硅酸钙产品，硫酸转化为硫酸铵产品，硫酸铵和氢氧化钠得到循环利用。实现了石煤中有价资源的综合提取利用，符合发展循环经济。

参考文献

[1]孙聪. 从石煤矿中提取五氧化二钒的工艺研究[D]. 沈阳：东北大学, 2009.

[2]漆明鉴. 石煤中提钒现状及前景[J]. 湿法冶金, 1999, 72(4)：1 - 10.

[3]蒋京航, 叶国华, 张世民, 张爽. 石煤直接酸浸提钒工艺研究进展[J]. 矿冶, 2006(2)：33 - 36.

[4]万洪强, 宁顺明, 佘宗华, 等. 石煤钒矿浓酸熟化浸出工艺优化[J]. 稀有金属, 2014 (38)：880 - 886.

[5]戴文灿, 朱柴金, 陈庆邦, 等. 石煤提钒综合利用新工艺的研究[J]. 有色金属（选矿部分）, 2000(3)：15 - 19.

[6]李许玲, 肖连生, 肖超. 石煤提钒原矿焙烧加压碱浸工艺研究[J]. 矿冶工程, 2009 (29)：70 - 73.

[7]王学文, 王明玉. 石煤提钒工艺现状及发展趋势[J]. 钢铁钒钛, 2012 (33)：8 - 14.

[8]Moskalyk R R, Alfantazi A M. Processing of Vanadium：A review[J]. Mineral Engineering, 2003 (16)：793 - 805.

[9]廖世明, 柏谈论. 国外钒冶金[M]. 北京：冶金工业出版社, 1985.

[10]杜厚益. 俄罗斯钒工业及其发展前景[J]. 钢铁钒钛, 2001, 22(1)：71 - 75.

[11]陈昌国, 刘渝萍, 李兰. 锂离子电池中钒氧化物电极材料的研究现状[J]. 无机材料学报, 2004, 19(6)：1125 - 1130.

[12]文友. 钒的资源、应用、开发与展望[J]. 稀有金属与硬质合金, 1996, 124(3)：51 - 55.

[13]赵天从. 有色金属提取冶金手册稀有高熔点金属[M]. 北京：冶金工业出版社, 2006.

[14]刘公召, 隋智通. 从 HDS 废催化剂中提取钒和钼的研究[J]. 矿产综合利用, 2002(2)：39 - 41.

[15]席歌, 姚谦, 胡克俊. 国外含钒石油渣提钒生产技术现状[J]. 有色金属, 2001(5)：36 - 40.

[16]戴文灿, 朱柴金, 陈庆邦, 等. 石煤提钒综合利用新工艺的研究[J]. 有色金属（选矿部分）, 2000(3)：15 - 19.

[17]鲁兆伶. 用酸法从石煤中提取五氧化二钒的试验研究与工业实践[J]. 湿法冶金, 2002, 21(4)：175 - 183.

[18]李晓健. 酸浸 - 萃取工艺在石煤提钒工业中的设计与应用[J]. 湖南有色金属, 2000, 16 (3)：21 - 23.

[19]Gureva R F, Savvin S B. Selective sorption - spectrometric determination of nanogram amounts of vanadium（Ⅳ）and vanadium（Ⅴ）[J]. Journal of Analytical Chemistry, 2001, 56(10)：1032 - 1036.

第 11 章　变压吸附捕集工业烟气中二氧化碳

11.1　概述

11.1.1　工业二氧化碳排放及应对措施

人类活动产生的二氧化碳排放量 75% 以上来自化石燃料的燃烧。能源部门（电力和热力）、交通运输部门和工业部门是化石燃料的主要消费者，因此也是最严重的二氧化碳排放源。据统计，2016 年全球使用的化石燃料所排放的二氧化碳总量约为 36.2 Gt，其中 60% 以上归因于能源和工业部门的大型固定排放源。燃煤电厂是能源部门最集中的二氧化碳排放源，且其排放量目前呈现出快速增长的趋势，而水泥厂和钢铁厂的二氧化碳排放量在工业部门中所占比例最高。

碳捕集与封存（carbon capture and storage，CCS）是指通过捕集技术将大型排放点源的二氧化碳浓缩至较高纯度，并采用各种方法长期储存在封闭的地质结构中，以避免其排放至大气中的一种技术方法。它起源于 20 世纪 70 年代美国的二氧化碳驱油提高石油采收率（enhanced oil recovery，EOR）技术，经过不断地发展和成熟，逐渐成为控制温室气体排放的重要手段。CCS 是目前能够减少能源、石油化工、生产工业等主要化石燃料消耗部门二氧化碳排放的唯一方案。IEA 指出，要实现 2050 年温室气体排放减半的目标，CCS 将承担 20% 左右的减排任务，否则温室气体减排的整体成本将上升 70%。预计至 21 世纪结束，CCS 将有望贡献 15%~55% 的累积减排效果。CCS 是由二氧化碳捕集、运输和地质封存三个主要环节构成的系统工程。实际上，CCS 的各个环节都已经是比较成熟的技术且商业化运行了多年，但为了达到更低的运行成本，仍然存在着不同成熟度的技术之间的竞争。以目前的技术而言，配备 CCS 系统的燃煤电厂能够捕获到二氧化碳总排放量的 85%~95%，但会增加 10%~40% 的额外能源，减排成本向来是制约 CCS 项目推广的决定性因素。在 CCS 的各个环节中，捕获（包括压缩）是系统成本最高的部分，占总成本的 70%~80%。因此通过研究和技术更新大幅降低捕集成本对于突破 CCS 应用的最大瓶颈——成本制约至关重要。

11.1.2　不同工业部门的二氧化碳捕集工艺

CO_2 捕集技术包括三种类型，即燃烧前捕集、燃烧后捕集和富氧燃烧。

燃烧前捕集是指在燃料燃烧前进行预处理，并对其中所含的碳进行捕集回收，此技术主要应用于整体煤气化联合循环（IGCC）系统。煤、水蒸气和空气在高温作用下气化首先转换成含有 CO 和 H_2 的合成气，然后在水煤气转化作用下使 CO 转化成 CO_2 并被捕集分离，剩下的 H_2 作为燃料用于发电。燃烧前分离的对象主要为高温 H_2 和 CO_2，其中 CO_2 的分压和浓度都很高，有利于 CO_2 的分离和回收。因此其捕集系统小、能耗低、捕集效率高，且捕集成本仅为燃烧后捕集的40%。但其缺点也十分明显：该技术主要适用于新建的燃煤电厂，对已有设备的兼容性差，不利于改造。另外，由于 IGCC 存在前期投资成本高，系统稳定性相对较差以及关键技术有待提高等原因桎梏了燃烧前捕集的推广和应用。

燃烧后捕集是指将 CO_2 从燃料燃烧后产生的烟气中分离出来，并达到富集效果的一种技术。燃烧后捕集系统一般位于排放物净化装置的下游，可以在不改变已有燃烧方式和设备结构的基础上实现最佳对接。另外碳捕集系统相对独立，能够相对灵活地调节捕集过程。由于烟气中 CO_2 的体积浓度一般较低，仅为2%～20%，且烟气具有气体流量大、压力接近于常压、气体组分复杂等特点，因此所需捕集系统存在体积庞大、捕集效率较低、能耗偏高等缺点。燃烧后捕集技术相对成熟，是已运行火力发电厂和工厂的最佳选择。

富氧燃烧技术是指以富氧替代空气作为燃料的氧化剂的一种技术路线。另外，该技术还存在一个重要的优势：由于燃烧过程中 N_2 的含量低，因此可以避免 NO_x 产生。以富氧为助燃剂，其产物主要为 CO_2、水蒸气、微尘和 SO_2 等。微尘和 SO_2 可以通过静电除尘和脱硫的方法分别脱除。剩余的气体中含有70%～95% CO_2，可以不经过分离而直接采取液化的方式进行回收处理。富氧燃烧技术需要处理的烟气量小，CO_2 浓度高，过程简单，且体系热量散失低，从而可以提高能源的利用率和简化捕集过程。虽然具有众多优点，但是富氧燃烧技术需要消耗大量的氧气，能耗大，费用高。另外，废气中 SO_2 浓度的增大对设备的防腐蚀提出了新的要求。到目前为止，富氧燃烧技术尚未得到大规模的应用。

CO_2 捕集技术主要是将大点源产生的 CO_2 作为产品分离并收集起来。CO_2 大点源主要包括大型化石燃料燃烧设施、CO_2 排放型工业、天然气生产、合成燃料工厂以及基于化石燃料的制氢工厂等。由于具体生产工艺和化石燃料利用方式的不同决定了不同排放源排放烟气性质存在差异（见表11-1），因此针对不同 CO_2 大点源，所采用的捕集技术也应该有所区别。

表 11 −1　全球大型 CO_2 排放点源概况

排放源	CO_2 质量分数/%	CO_2 分压/bar[①]	排放量/($Mt \cdot a^{-1}$)	占总排放量比例/%
电力部门				
天然气锅炉	7 ~ 10	0.07 ~ 0.1	752	5.62
燃气轮机	3 ~ 4	0.03 ~ 0.044	759	5.68
燃煤锅炉	12 ~ 14	0.12 ~ 0.14	7984	59.69
IGCC 合成气	8 ~ 20	1.6 ~ 14	NA	NA
工业部门				
水泥厂	14 ~ 33	0.14 ~ 0.33	932	6.97
钢铁工业	15	0.15	630	4.71
石油化工部门				
合成氨生产	8 ~ 99	5	118	0.88
制氢工业	20 ~ 99	3 ~ 5	NA	NA
乙醇生产	12	2.7	258	1.93

注：①1 bar = 10^5 Pa。

　　常规火力发电厂烟气的流量非常大，但 CO_2 的分压(0.03 ~ 0.18 bar)和浓度(3% ~ 18%)都比较低，且余热回收后气体温度较高，为 100 ~ 150℃。对于大量现有的火力发电厂，无论采用燃烧前捕集还是富氧燃烧技术，都需要对已运行机组进行改造或替代，这显然不切实际。燃烧后捕集路线适应范围广泛，无疑是这类电厂的最佳选择。加拿大于 2014 年开始运行的 Boundary Dam CCS 示范项目可以捕集煤电站 CO_2 总排放量的 90%，用于提高原油采收率和开展地质封存。中国华能集团于 2008 年建成了 CO_2 处理能力为 3000 t/a 的燃煤电厂烟气捕集示范系统，可以获得食品级的 CO_2。燃烧前捕集和富氧燃烧技术中 CO_2 的浓度和压力要远高于燃烧后捕集，可以在较小规模下实现高效捕集。同时采用这两种 CO_2 捕集技术的电厂可以极大降低水的用量和污染物的排放，因此燃烧前捕集和富氧燃烧技术也将是今后的主要发展趋势。目前大部分的小规模示范项目也采用该技术路线进行实证研究。美国南方电力公司于 2014 年建成投产的肯珀 IGCC 项目拟使用 Selexol 技术捕集总排放量 65% 的 CO_2，用于附近油田的驱油项目。瑞典 Vattenfall 于 2008 年在德国黑泵电压建成了世界第一套容量为 10 MWe 富氧燃烧发电商业示范厂，2013 年英国 Drax 电力公司也宣布开始启动 426 MWe 的富氧燃烧捕集大型示范项目，其目标是实现 90% 的碳捕集率。

　　在水泥行业，二氧化碳的排放主要来自石灰石的煅烧和化石燃料的燃烧，其中前者占总排放的50%以上。对于常规以煤为燃料的水泥厂，烟气中 CO_2 的体积分数为14%（燃烧炉）到33%（煅烧窑），明显要高于燃煤电厂烟气的 CO_2 体积分数，因此更适合于作为CCS的碳捕集源。燃烧后捕集和富氧燃烧被认为是最适合水泥生产过程的 CO_2 捕集技术，目前尚没有水泥厂使用燃烧前捕集技术。按照CCS的规划，2020年之前，全球水泥行业将逐步启动一些工业级CCS示范项目（特别是燃烧后捕集技术）。例如，2010年美国Skyonic公司运用SkyMine工艺在德克萨斯州的一家水泥厂实施工业化示范，捕集的 CO_2 将用于生产碳酸钠等工业品。欧洲水泥研究院（ECRA）自2007年开始CCS项目的探索开发，是迄今为止全球水泥行业对CCS研究最深入的单位。

在钢铁行业，CCS在成本、效率和技术选择等方面存在着许多不确定因素。主要综合钢铁厂的钢铁产量占全球总产量的60%，其 CO_2 排放量也超过钢铁行业总排放量的80%。目前，钢铁厂的 CO_2 主要产生于矿物熔化/还原过程和化石燃料的燃烧。焦炉煤气和高炉煤气是冶炼过程中最重要的碳源，其中高炉煤气中含有20% CO_2 和21% CO，气体压力高达 $2 \sim 3$ bar；空气中燃烧后的含 CO_2 高达27%，明显要高于火力发电厂的烟气。根据高炉煤气的性质，可以采用燃烧前和燃烧后捕集技术进行 CO_2 分离回收，而焦炉煤气的组分依赖于所采用工艺，因此情形比较复杂。2004年欧盟探索并研发了超低 CO_2 排放（ULCOS）项目，并在法国建立了示范性工程。该项目旨在利用突破性的技术发展，如高炉炉顶煤气循环和 CO_2 捕集和封存技术，使钢铁工业 CO_2 的排放量降低50%。钢铁行业的大型CCS项目已经进行到"建设"或施工阶段，正在建设中的阿联酋钢铁工业CCS项目（Emirates Steel Industry CCS Project）将采用直接还原铁（DRI）工艺，预计每年捕集超过80万t的 CO_2，可用于Rumaitha油田的 CO_2 – EOR项目。

11.1.3 二氧化碳的捕集方法及特点

目前气体分离的方法有很多种，主要包括低温蒸馏法、膜分离法、溶剂吸收法和吸附分离法以及其他一些技术。这些技术都能够较好地应用于 CO_2 的捕集，但各自都存在固有的缺点和局限性。因此在选择合适的捕集技术时，需要综合考虑被处理烟气的性质（如气体组成、温度、压力）和捕集成本等因素的影响。

（1）深冷分离法

深冷分离法又称为低温精馏法，始于1902年，其原理是将混合气体通过压缩冷却等方法进行液化，再根据不同组分沸点的差异，经过精馏实现分离。深冷法分离高浓度 CO_2 混合气体（ $>60\%$ ）的技术已经得到了商业化的应用，但在低浓度 CO_2 捕集（燃烧后捕集）领域的研究还比较少。到目前为止，研究者已经提出了两种可行的深冷分离方案用于燃烧后碳捕集：①Clodic和Younes开发的方案中，气态 CO_2 首先在热交换器表面凝华，然后以升压的方式分离得到液态 CO_2 产品；②Tuinier 的方法可以归纳为，CO_2 在固定床低温填充材料上凝华，然后通过加热填充材料的方法得到气态的产品。值得注意的是，在这两个方案中，烟气中含有的水蒸气必须提前除去，否则在冷却过程中会形成 CO_2 笼合物和冰，从而造成管道的堵塞。

深冷分离法的优点在于不需要使用化学吸附剂，且能够产生高纯（>99.95%）液态 CO_2，便于管道或罐装输送。其缺点也十分明显，冷却是一个高能耗的过程，而烟气又具有温度高、气量大的特点，因此经济性能太差；另外深冷法不能单独使用，必须采用其他方法先将烟气中的 NO_x、SO_x、H_2O、O_2 等杂质除掉，因此也限制了其在燃烧后碳捕集中的发展。

（2）溶剂吸收法

溶剂吸收法分离 CO_2 是利用吸收溶液与混合气体中各组分的相互作用，来实现 CO_2 的选择性吸收（溶解或反应）的气体分离方法。溶剂吸收法是目前最为成熟的 CO_2 工业分离技术，按照吸附机理的不同可以大致分为两类：物理吸收法和化学吸收法。

其中，物理吸收法是利用气体组分在溶液中的溶解度原理来实现富集特定气体的目的。通常溶液吸收 CO_2 的容量随压力的增大或温度的降低而增大，反之则减少。因而在碳捕集中，CO_2 的吸收与解吸主要通过改变压力或温度来实现。常用的吸收剂有水、有机醇类、丙烯酸酯、二甲基甲酰胺等高沸点溶剂，以减少循环过程中溶剂的损耗和二次污染。根据选取吸收剂的不同，工业上最为成熟的吸收工艺有 Rectisol 法（甲醇）、Fluor 法（碳酸丙烯酯）、Seloxol 法（聚乙二醇二甲醚）以及 Purisol 法（N – 甲基吡咯烷酮）等。由于物理吸收法中的 CO_2 与溶剂仅以分子间作用力结合，通常采用降压或常温汽提即可以脱吸，因此能耗较低，且物理吸收法的选择性和吸附容量相对较低，仅适合分离高 CO_2 浓度的混合气。化学吸收法与物理吸附法有本质区别，其原理基于 CO_2 与吸附剂形成弱化学键中间化合物的化学反应。化学吸收法的吸附容量和选择性远大于物理吸附法，适合于中等或低浓度 CO_2（3%～20%）的分离。但同时其脱吸过程需要较高的温度，所以能耗也相对较高。目前，工业上应用最广泛的 CO_2 捕集技术——醇胺法和热碳酸钾法都属于化学吸收法。在众多的化学吸收剂中，乙醇胺（MEA）是目前吸收效率最高的吸收剂，其吸收效率高于 90%，因此 MEA 法也被认为是最有应用前景的 CO_2 捕集技术之一。近年来报道的一些新型吸收剂如哌嗪、离子液体也备受关注，但由于成本过高，目前尚处于研究阶段。

溶剂吸收法对 CO_2 的吸附量大，选择性高，自动化程度高，因此非常适合处理 CO_2 浓度较低的烟气。但吸收法也存在显著的不足，主要表现为：烟气吸收前需要复杂的预处理系统以消除 NO_x、SO_x 等杂质的影响；需要消耗大量的热能用于吸收剂的再生，不利于吸收法的推广和应用；另外，吸收剂大多为胺性溶液，在解吸过程中受热容易降解，从而造成溶剂损耗、设备腐蚀和环境二次污染。

（3）膜分离法

气体膜分离技术的大规模工业化应用始于 1979 年美国 Monsanto 公司开发的氮氢分离膜。当工业混合气体在压力作用下通过高分子膜时，由于不同气体组分在分离膜内的溶解和扩散速率不相同，渗透速率相对较快的气体如 CO_2 穿透膜后在另一侧富集，而相对较慢的气体如 N_2 则在进气端富集，从而达到分离提纯的目的。目前应用于 CO_2 分离的膜材料主要分为聚合物膜、无机膜、复合膜以及促进传输膜 4 大类。聚合物膜的材质主要有醋酸纤维、乙基纤维素、聚砜和聚苯醚等。聚合膜具有较高的 CO_2 选择性和机械性能，但由于存在气体透过量低，使用温度范围有限和不耐腐蚀等缺点，无法应用于燃烧前碳捕集和大多数的燃烧后碳捕集。无机膜具有聚合物膜无法比拟的耐高温耐腐蚀特性，但存在成本高、对 CO_2 渗透率低、质脆等不利条件，限制了它在碳捕集上的应用。复合膜结合了无机膜和聚合膜的优点，在有机高分子膜中引入纳米级的无机材料，可以有效改善膜的分离性能、热稳定性和机械性能，使其更适合于在烟气中捕集 CO_2。促进传输膜是基于酸性气体能够与膜发生可逆反应，而 N_2、H_2 等不与膜发生反应的工作原理。此类膜对 CO_2 的选择性非常高，但主要缺点为渗透率低、膜上液体易挥发等。

膜分离法工艺具有过程简单、操作方便、能耗低、投资少、设备占地小等优点。其缺点为：①烟气的初始压力较低（1 bar），难以直接进行膜分离。因此必须先将烟气升压至 15～20 bar 才能达到良好的分离效果，而烟气中绝大部分为 N_2，需要消耗大量的额外功率用于 N_2 的压缩；②CO_2 浓度较低时需要选择性很高的分离膜，但选择性较高的分离膜气体通量一般较低且系统能耗较高，Bounaceur 等比较了膜分离法和吸收法在不同 CO_2 浓度下的能耗，结果表明，当 $\varphi(CO_2) < 20\%$ 时，膜分离法的能耗要远大于吸收法；③难以同时实现产品的高纯度和高回收率。

（4）吸附分离法

气体吸附是气体分子在固体表面所受力场不均匀所引起的，在表面张力的作用下，固体表面通过捕获气体分子达到表面吉布斯自由能降低的目的，而气体吸附分离正是利用固体表面这一原理实现气体的分离富集。实际上，利用吸附法从气体中分离 CO_2 已经有比较长的应用历史。早在 1951 年，人们即利用分子筛、氧化铝或硅胶材料吸附 CO_2 以净化潜艇中的空气。接着，Collins 在 1973 年首次利用循环吸附工艺从过程气体中得到高纯度的 CO_2。但直到 1993 年，Takeguchi 的研究才正式开启了吸附分离技术捕集烟气中 CO_2 的应用。到目前为止，已经有大量的示范项目采用吸附技术处理低压工业废气，但离商业化运作还有一段不小的距离。

完整的吸附工艺必须包含吸附和脱附这两个关键步骤，吸附质 CO_2 在低温/

高压时被吸附,在高温/低压下被脱附,从而在周期性的温度/压力变化中实现 CO_2 的分离富集。吸附法通常需要多个吸附塔并联运行以保障操作的连续性。烟气在进入吸附塔之前必须进行预处理,以除掉其中的 NO_x、SO_x 和 H_2O。因为这些杂质气体会在吸附过程中与 CO_2 形成竞争吸附,降低吸附剂对 CO_2 的吸附容量,从而影响吸附效率。

　　吸附法既可以用于处理燃烧后的烟气,也可以用于燃烧前高温合成气(IGCC)中 CO_2 的分离,或者是天然气中 CO_2 的除杂,能够满足多种工业捕集 CO_2 的要求。吸附法具有能耗低、不腐蚀设备、吸附剂循环周期长、工艺简单、自动化程度高、环境效益好等优点;存在吸附剂容量低、不利于处理大流量气体、对杂质容忍度低等缺点。但随着新型吸附剂的不断研究和开发,吸附分离技术将显示出更加广阔的应用前景。

　　工业上根据解吸方法的不同,将吸附工艺分为变压吸附(pressure swing adsorption, PSA)/真空变压吸附(vacuum swing adsorption, VSA)、变温吸附(temperature swing adsorption, TSA)和变电吸附(electric swing adsorption, ESA)等。变压吸附是利用气体组分在吸附剂上的吸附量随压力变化的特性来完成周期性的吸附和解吸,如图 11-1 所示。图中 CB 段和 BA 段都是变压吸附的工作区域,只是两者的起始压力不一样。据此,该工艺又可以细分为高压变压吸附(一般称为变压吸附)和真空变压吸附。PSA 的吸附压力为高压,解吸压力为常压;VSA 的吸附压力为常压或稍高于常压,而解吸发生在抽真空过程(一般为 1~10 kPa)。变温吸附和变电吸附都是利用吸附质的吸附量随温度变化而变化的特性,如图 11-1 中的 BD 段。

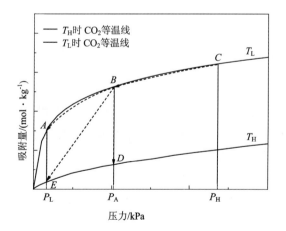

图 11-1　变压、变温、变电吸附过程基本原理图

($T_H > T_L$,P_H 为高压,P_A 为常压,P_L 为低压)

气体吸附分离过程是在装有多孔吸附剂颗粒的固定床内进行，原料气由吸附床的一端进入，吸附剂选择性的吸附某一组分，其他组分不被吸附而直接穿透吸附床形成废气。在吸附剂再生步骤，被吸附的气体组分脱附并形成产物从而得到富集。为了连续进料和产出，在工业上大多采用多个吸附床联动生产，其中每个床都完成吸附/再生的循环。虽然相对于单个吸附床是间歇的，但作为系统来说是连续稳定进行的。吸附分离的特性一般使用三个参数来进行度量：产品纯度（purity）、产品回收率（recovery）和吸附剂生产率（adsorbent productivity）。产品纯度是产品中目标产物的平均含量；回收率是指产品流中目标产物的量与进料流中该组分的量的比值；吸附剂生产率表示单位时间单位量的吸附剂所得到的产物。对于一个给定的分离过程，产品的纯度预先确定，而回收率往往与系统能耗成正比，吸附剂的生产率与吸附床的尺寸成反比。

由于单塔 PSA 装置不能够实现气体的连续吸附，产品的产率较低，且系统能量也得不到充分利用。1960 年 Skarstrom 在其专利中提出变压吸附双塔（又称双床）结构，即用前一个吸附塔排出的未吸附气体或者部分产品气体来冲洗后一个塔的连续操作步骤，实现了变压吸附的循环操作，提高了产物的回收率，且均压步骤节省了能量损失。目前被开发的多塔循环装置都是在 Skarstrom 循环的基础上发展起来的。为了提高 CO_2 的回收率、纯度以及减少操作过程中的能量损失，在变压吸附循环过程中，除了最基本的加压（pressurization）、吸附（feed）、逆向减压（countercurrent depressurization）和冲洗（purge）4 个步骤外，再加压（repressurization）、均压（equalization）、顺流减压（cocurrent depressurization）、回流（reflux）等各种操作步骤也在文献或专利中被提出。除了双塔循环外，工业应用中已经有 4 至 12 个吸附塔的循环装置。

11.2　变压吸附法捕集工业烟气中二氧化碳

11.2.1　吸附剂性能

织构性质是衡量材料表面活性大小的重要参数，对催化剂和吸附剂的工业利用起着决定性的作用。本研究所用吸附剂 APGⅢ的织构性质（比表面积、孔容和孔径分布）由 77 K 温度下的 N_2 吸附－脱附测试得到。该测试采用静态容量吸附分析仪（Micrometrics ASAP 2010, USA）进行测定。吸附剂的 CO_2 和 N_2 的等温吸附曲线由相同设备在测试压力为 0 ~ 114 kPa 的条件下测试得到。吸附剂 APGⅢ的织构性能如表 11 - 2 所示。

表 11 - 2　APGⅢ的物理性质

性能	值
形状	球形
d/mm	2.0 ± 0.2
密度/$(kg \cdot m^{-3})$	775.10 ± 2.50
BET 表面积/$(m^2 \cdot g^{-1})$	643.80 ± 11.00
平均孔径/nm	2.44 ± 0.07
总孔隙容积/$(cm^3 \cdot g^{-1})$	0.402 ± 0.02

吸附容量和吸附选择性是评价吸附剂的两个主要参数，对吸附性能起着决定性的作用。图 11 - 2 为吸附剂 APGⅢ在 30℃、60℃ 和 90℃ 下的等温吸附曲线。如图所示，CO_2 在吸附剂上的饱和吸附量在低压区随 CO_2 分压的增加急剧升高，但当 CO_2 分压高于 30 kPa 时，等温吸附曲线趋于平缓。N_2 的吸附等温曲线在测试压力范围内与其分压呈线性关系。N_2 吸附量要远低于 CO_2 的吸附量，所以可以用来分离 CO_2 和 N_2 的混合气体。不同温度条件下的 CO_2 和 N_2 在 APG III 上的等温吸附曲线可以通过 Dual - site Langmuir 方程进行模拟：

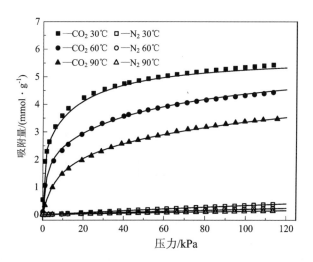

图 11 -2　CO_2 和 N_2 在 APGⅢ上的吸附等温线

$$n = M \frac{BP}{1 + BP} + N \frac{DP}{1 + DP} \qquad (11 - 1)$$

$$B = b_0 \exp\left(\frac{-Q_1}{RT}\right); \ D = d_0 \exp\left(\frac{-Q_2}{RT}\right) \qquad (11 - 2)$$

式中：n 为吸附量；P 是气体分压力；M 和 N 表示吸附剂上两点的最大吸附量；b_0 和 d_0 为常数；Q_1 和 Q_2 分别代表吸附点 1 和 2 的吸附热。

气体组分 CO_2 和 N_2 的吸附等温曲线通过 Dual – site Langmuir 方程的拟合，计算可得拟合方程中参数 M、N、b_0、d_0、Q_1 和 Q_2 的值（见表 11 – 3）。

表 11 – 3 CO_2 和 N_2 在 APGⅢ上的 Dual site Langmuir 方程的参数值

参数	$M/$ $(mol \cdot kg^{-1})$	$b_0/$ kPa	$Q_1/$ $(J \cdot mol^{-1})$	$N/$ $(mol \cdot kg^{-1})$	$d_0/$ kPa	$Q_2/$ $(J \cdot mol^{-1})$
CO_2	3.444	3.30×10^{-8}	3.62×10^4	2.329	1.8×10^{-8}	4.80×10^4
N_2	2.940	1.95×10^{-6}	1.64×10^4	—	—	—

11.2.2 各操作参数对吸附剂捕捉 CO_2 性能的影响

1）VSA 循环结构设计和实验条件

为考察各操作参数对吸附剂捕捉 CO_2 性能的影响，采用两种简单的 VSA 循环过程——单床三步循环和双床六步循环进行研究，其具体步骤如图 11 – 3 所示。在单床变压吸附循环中，其过程主要由三个步骤组成，分别为吸附（AD）、脱附（DE）和再加压（RP）。各步骤的具体操作如下所示。

（1）单床三步 VSA 循环过程

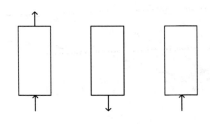

bed	steps		
I	AD ↑	DE ↓	RP ↑

（2）双床六步 VSA 循环过程

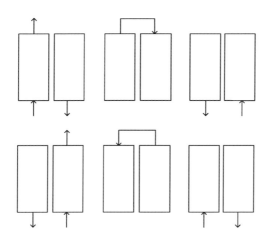

beds	steps					
I	AD ↑	PEI ↑	DE ↓		PEII ↓	RP ↑
II	DE ↓	PE I ↓	RP ↑	AD ↑	PE II ↑	DE ↓

图 11 – 3　两种连续性 VSA 循环结构示意图

步骤 1：吸附（AD）。

一定 CO_2 体积分数（15%，30%，50%）的模拟工业烟气流量为 1. 26 SLPM（standard liter per minutes）。从顶端进入吸附床，通过吸附剂层，并从床底端流出。进气压力通过减压阀固定为 1. 1 bar（110 kPa）。气体在进入吸附床前被预热到设定温度。混合气体在进入床层后，气体中的 CO_2 被选择性吸收，而大部分的 N_2 通过管道进入废气罐。吸附时间是决定 CO_2 产品纯度和回收率的重要因素。一般吸附时间越长，CO_2 的纯度越高，回收率越低。

步骤 2：逆流减压脱附（DE）。

吸附床顶部和底部的气动阀关闭，顶部降压阀打开，真空泵的运行使得吸附床内的气体压力从 110 kPa 降至 8 ~ 20 kPa。被吸附剂吸附的大部分 CO_2 在低压条件下脱附，以与进气相反的方向从吸附床中流出，并由产品罐收集。产品气体的浓度由 CO_2 浓度分析仪进行测定，所得数据用于计算产品气的纯度和回收率。

步骤 3：再加压（RP）。

在逆流减压脱附步骤结束后，吸附床内压力为 8 ~ 20 kPa，而进气压力为 110 kPa，两者之间存在较大压力差，会使进气速率剧增，从而影响吸附剂的吸附性能，因此在下一个循环开始前，运行再加压步骤十分必要。在此步骤，吸附床顶部的气阀被打开，底部的气阀被关闭，原料气由吸附床顶端进入直至床内压力接近 110 kPa。

单床循环试验的目的是为了简单直接地得出吸附剂性质和 VSA 体系性能之间的联系。为了使实验更接近于实际的工业应用，本文评价了较复杂的两床六步循环。在此过程中，除了以上三类操作步骤外新增加了均压步骤。当第一个床吸附结束时，第二个床恰好脱附完全。此时，将两个吸附床通过管道连接起来，两床之间的压力差促使气体从高压吸附床流至低压吸附床，弱吸附质 N_2 更容易从高压吸附床流出，从而提高产品气中 CO_2 的纯度。

2）过程模拟

为了了解吸附过程中气体分子的动态行为以及吸附床内的传质和传热过程，本章节利用课题组研发的吸附模拟软件 MINSA（monash integrator for numerical simulation of adsorption）进行动态模拟。APG Ⅲ沸石分子筛是经过 UOP 公司改良的 13X 分子筛，其颗粒与通用的 13X – APG 分子筛具有相同的热传导系数、质量传递系数、热容等物理性质参数，因此参照课题组以往的工作和本文中的实验部分选取适宜的模型参数。MINSA 由一系列的复杂偏微分方程和代数方程（PDAEs）构成，这些数学方程主要用于描述气体、固体吸附剂和吸附床壁之间的物质平衡、能量平衡和动量平衡。过程模拟前，首先进行了下列假设设定：

①气体组分符合理想气体定律。

②吸附床中的气体浓度、气体流量、温度为轴向扩散活塞流，忽略吸附床内的径向扩散分布。

③均匀气相和吸附颗粒间存在瞬间局部温度平衡，忽略吸附床的径向温度扩散。

④吸附过程为非等温过程，吸附剂颗粒温度保持一致。

⑤吸附柱横截面积和孔隙率保持一致。

⑥整个吸附过程中气体储存罐内气体温度一致，内部气体混合均匀。

CO_2 和 N_2 的真空变压吸附过程的模拟采用了自适应有限体积法，所涉及的方程为质量平衡方程（component mass balance equation）、能量平衡方程（thermal energy balance equation）、吸附床压力降方程（ergun equation）等。其中，各个组分的质量平衡方程为：

$$y_i \frac{\partial P}{\partial t} + P\frac{\partial y_i}{\partial t} - \frac{Py_i}{T}\frac{\partial T}{\partial t} = -\frac{\varepsilon_b T}{\varepsilon_t}\frac{\partial}{\partial z}\left(\frac{vPy_i}{T}\right) - \frac{\rho_b RT}{\varepsilon_t}\frac{\partial n_i}{\partial t} \qquad (11-3)$$

式中：n_i 表示组分"i"在吸附剂上的吸附量，其吸附动力学方程可采用线性驱动力模型（linear driving force model）进行计算：

$$\frac{\partial n_i}{\partial t} = k_i(n_i^* - n_i) \tag{11-4}$$

另外，吸附剂内的多组分吸附平衡可用扩展两点朗格缪尔方程（extended dual-site langmuir equation）描述：

$$n_i^* = \frac{M_i B_i P_i}{1 + \sum\limits_{j=1}^{n} B_j P_j} + \frac{N_i D_i P_i}{1 + \sum\limits_{j=1}^{n} D_j P_j} \tag{11-5}$$

吸附是放热过程，吸附柱内大量吸附材料的存在会产生显著的热效应从而造成柱内温度的局部变化，而温度的变化会影响吸附剂上气体分子的吸附平衡和吸附动力学，因此在模拟过程中不能忽略热平衡的计算。整体热平衡可用下列方程进行模拟：

$$\rho_b \frac{\partial U_s}{\partial t} + \varepsilon_t \frac{\partial(\rho_g U_g)}{\partial t} = -\varepsilon_t \frac{\partial(v\rho_g H_g)}{\partial z} - \frac{4h_w l_0}{D v_0}(T - T_w) \tag{11-6}$$

$$H_g = C_g(T - T_0) \tag{11-7}$$

$$U_g = H_g - \frac{P}{\rho_g} \tag{11-8}$$

$$U_s = \left(C_s + \sum_{i=1}^{i=m} C_p i n_i\right)(T - T_0) - \left[\sum_{i=1}^{i=m} \int_0^n \Delta H_i(s, T)\,ds\right] \tag{11-9}$$

在真空变压吸附过程的实际应用中，由于吸附剂的作用，吸附床内必然存在压力降，所以我们利用 Ergun 方程来计算吸附床的压力降（pressure drop）：

$$-\frac{\partial P}{\partial Z} = 10^{-5}\left[150\frac{\mu_g v_0 L_0(1-\varepsilon_b)^2}{d_p^2 \varepsilon_b^2 \varphi_s^2}v + 1.75\frac{\rho_g v_0^2(1-\varepsilon_b)L_0}{d_p \varepsilon_b \varphi_s}v^2\right] \tag{11-10}$$

其中：

$$\rho_g = \frac{\rho[M_1 y + M_2(1-y)]}{1000RT} \tag{11-11}$$

11.2.3　结果与讨论

（1）气体温度对真空变压吸附过程性能的影响

化石燃料燃烧后产生的废气往往要高于室温，因此考察过程操作温度对 VSA 系统分离性能的影响对实际工艺具有重要的指导意义。为了研究在不同进料温度下吸附剂 APGⅢ 对 CO_2 的捕集效果，在实验中将操作温度设置为 22～90℃ 并保持解吸压力为 10 kPa。由图 11-2 所示的 APGⅢ 分子筛在不同温度条件下的等温吸附曲线可知，温度的波动能够强烈地影响吸附剂的吸附容量，从而显著改变真空变压吸附过程的性能。通过此研究可以为 VSA 捕捉 CO_2 工艺选择最佳进料温度提供参考信息。图 11-4（a）和（b）显示了当进料气含 CO_2 分别为 15% 和 30%

时，操作温度对单床三步变压吸附过程中 CO_2 纯度和回收率的影响。由图可知，CO_2 的回收率随着温度的增加稍有降低，而其纯度随温度的增加逐渐升高。根据报道，大多数吸附剂的最佳吸附温度一般为室温。因此烟气在处理之前需要经过降温才达到吸附剂的最佳吸附温度，而以 APGⅢ 为吸附剂时可以避免复杂的冷却工序，降低操作费用。

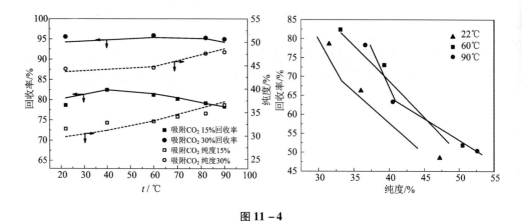

图 11 - 4

(a)三步单床循环实验中操作温度对 CO_2 纯度和回收率的影响；(b)不同温度下，CO_2 纯度与回收率的关系(解吸压力 10 kPa；数据点：实验数据；实线：模拟结果)

(2)解吸压力对真空变压吸附过程性能的影响

真空度是 VSA 最重要的参数，它决定了 CO_2 捕集技术的成本和真空变压吸附过程的性能。在各个研究课题组先前的报道中，只有采用较低真空解吸压力(≤5 kPa)才能得到高纯度(>90%)和高回收率(>70%)的 CO_2 产品。然而较高真空度的实现往往需要多级真空设备、大型真空管道和高密封性阀门，因此在实际工业应用中不具备经济可行性。在本节的研究中考察了在较高真空度(≥10 kPa)条件下解吸压力对 VSA 性能的影响。图 11 - 5 显示了不同解吸压力下产品 CO_2 的回收率和纯度由图可知，解吸压力对产品纯度和回收率的影响程度不尽相同，显然，解吸压力对较低 CO_2 的进气浓度(15%)的影响要远大于较高 CO_2 的进气浓度(30%)。但在两种 CO_2 进气浓度条件下，产品回收率随解吸压力变化的规律一致：当解吸压力从 8 kPa 上升至 15 kPa 时，产品的回收率迅速降低。研究发现，CO_2 的回收率主要决定于工作吸附容量，而吸附剂对 CO_2 的工作吸附容量随解吸压力的增大而降低；与之相反，解吸压力对 CO_2 产品纯度的影响要远小于对 CO_2 的回收率的影响，特别是当 CO_2 进料浓度为30%时。虽然吸附剂对 CO_2 的工作选择性(working capacity of CO_2 to N_2)随解吸压力的增加显著降低，但产品 CO_2 的纯度的变化趋势十分平缓。

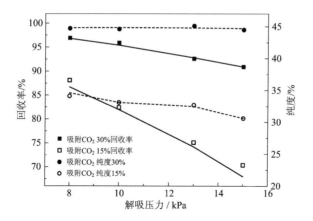

图 11-5　三步单床循环中解吸压力对 CO_2 纯度和回收率的影响

（吸附温度：60℃；数据点：实验数据点，实线：模拟结果）

（3）吸附时间对真空变压吸附性能的影响

图 11-6 描述了六步两床 VSA 循环中吸附时间对 CO_2 分离纯度和回收率的

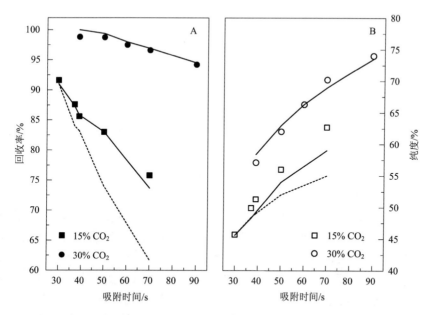

图 11-6　六步双床的循环中吸附时间对 CO_2 回收率和分离纯度的影响

（解吸压力：10 kPa；进气温度：60℃；点：实验数据；虚线：传热系数修改前的模拟结果；
实线：传热系数修改后的模拟结果）

影响。各对比实验中进气压力都保持为 110 kPa，混合气的进气流量为 1.26 SLPM。当进气时间由 30 s 延长至 90 s 时，CO_2 的回收率由 92% 降低至 76%，而 CO_2 的纯度由 46% 升高至 63%（CO_2 的进气浓度为 15%）。延长吸附步骤的持续时间，更多 CO_2 进入吸附床，从而使 CO_2 的浓度峰面沿着吸附床向前移动形成 CO_2 饱和区。最终，如果进气时间充足，CO_2 饱和区将移动到吸附床的末端并穿透吸附层。此时，CO_2 将沿着吸附柱扩散至废气管道中形成废气，造成 CO_2 的损失，从而降低其回收率。解吸步骤所得产品 CO_2 的纯度主要受两方面的影响——CO_2 饱和区内与 CO_2 协同吸附的 N_2 以及氮气富集区内的 N_2。这两个区域内的 N_2 在减压脱附时都将进入产品罐中，从而影响产品的纯度。因此，当进气时间延长时，CO_2 的纯度将随着氮气富集区长度的缩短而逐渐升高，直到 CO_2 富集区最终穿透吸附床。吸附时间的选择需要根据实际生产的要求来综合考虑产品纯度和回收率。

如图 11-6 所示的 MINSA 的模拟结果可知，随着吸附时间的延长，模拟值与实验值的差异逐渐增大。在 MINSA 模拟过程中，改变传热系数可以使模拟结果与实验数值相匹配。这是因为进料时间较长时，吸附过程中将产生更多的热量，而为了保持吸附床的热平衡，由床壁传递至外环境的热量也将增加。因此，对于绝热效果良好的 CO_2 VSA 系统，吸附热的影响不能忽略，它能够显著地降低吸附过程的分离性能。由于模拟运行设定的实验条件与实际变压吸附过程的操作条件完全一致，因此吸附步骤或再加压步骤中吸附床压力的微小变化导致图像中模拟回收率的非均匀分布。

（4）CO_2 进气浓度对真空变压吸附过程的影响

不同工业部门的烟气中 CO_2 含量不尽相同，燃煤发电厂烟气中 CO_2 的体积分数为 3% 至 15%，而典型水泥厂和钢厂所排放的气体中 CO_2 的体积分数为 14% 至 33%。因此本节主要研究了六步双床循环中 CO_2 进气体积分数对 VSA 性能的影响。待考察的三种原料气中 CO_2 的体积分数分别为 15%、30% 和 50%，并在实验过程中保持各浓度的条件下进入吸附床的 CO_2 总量相同；进气温度设定为 60℃ 时，解吸压力区间为 10 至 25 kPa。实验数据和模拟结果如图 11-7 所示。如预期所料，CO_2 的浓度和回收率都随着进气浓度的升高而增加。当 VSA 处理较高 CO_2 浓度的原料气时，由于气相中 CO_2 的分压较高，根据平衡吸附原理，吸附床将负载更多的 CO_2，因此能够提高产品 CO_2 的分离纯度和回收率。值得注意的是，当原料气中 CO_2 的浓度由 15% 增大到 50% 时，CO_2 的纯度随解吸压力的增加呈现出不同的变化趋势：二氧化碳浓度为 15% 时呈下降趋势，30% 时曲线基本持平，而 50% 时，纯度曲线呈上升趋势。如表 11-4 所示，CO_2 进气浓度为 15%，其工作吸附选择性随着解吸压力的升高而降低，因此产品纯度随之降低；然而混合气体中 CO_2 的浓度较高时，其分压也越高，这也意味着吸附剂吸附的气体分子也越多。当解吸压力升高时，吸附床在减压脱附步骤释放的 CO_2 和 N_2 量将随之减少，因此在接下来的吸附过程中，CO_2 的浓度锋面将沿着吸附床向前移动。气相中的 CO_2 将驱使吸附床空隙和吸附剂内的 N_2 进入废气管道排出吸附床，从而得到更高纯度的产品。当解吸压力为 15 kPa，进料气含 15%、30% 和 50% CO_2 时，得到产品 CO_2 的纯度分别为 47.5%、60.0% 和 68.6%。延长吸附时间至 183 s，解吸压力为 15 kPa 时，CO_2 体积分数可从 50% 提纯至 91.0%，此时 CO_2 回收率为 92.7%。

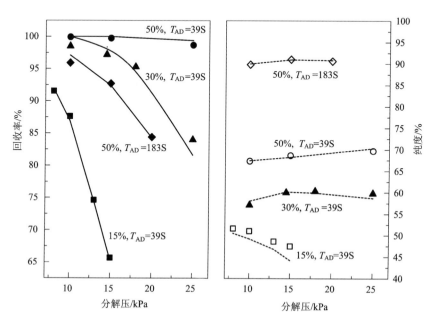

图 11 – 7 六步双床循环中进气浓度对 CO_2 回收率和分离纯度的影响

(进气温度：60℃；点：实验数据；实线：模拟结果)

表 11 – 4 不同温度下随压力变化(110 ~ 10 kPa) APGIII 的工作容量和选择性

温度 /℃	CO_2 工作容量 15%(30%)/(mol·kg^{-1})	N_2 工作容量 15%(30%)/(mol·kg^{-1})	工作容量比 15%(30%)	平衡选择性 15%(30%)
22	1.38(1.68)	0.339(0.289)	4.07(5.81)	11.6(15.39)
40	1.18	0.243	4.86	13.3
60	1.11(1.47)	0.172(0.144)	6.45(10.2)	15.1(21.67)
70	1.09	0.146	7.47	15.8
80	1.08(1.41)	0.122(0.101)	8.85(14.0)	16.2(24.239)
90	1.04(1.40)	0.109(0.090)	9.54(15.6)	16.2(24.93)

11.3 利用变压吸附技术从不同工业烟气中捕集 CO_2

11.3.1 VSA 循环设计和过程模拟

三床十二步循环(3 - bed/12 - step)处理不同 CO_2 浓度的模拟烟气时的循环性能及其具体步骤如图 11 - 8 所示。VSA 系统中的任意吸附床都将交替运行图中所示的步骤。九步循环结构与十二步循环类似,但没有第四步产品气冲洗(product purge)、第八步和第十二步的空闲步骤(idle steps)。

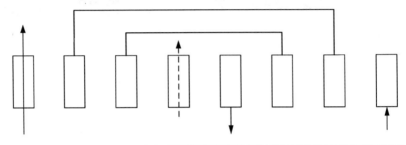

步骤	说明
(1)吸附	模拟烟气由吸附床底部进入,CO_2 被吸附剂选择性的吸附而大部分的 N_2 由出口流出
(2)1st 提供均压	高压气体从吸附床 1(吸附后)进入低压吸附床 2(已经经过一次均压),直到两床压力平衡
(3)2nd 提供均压	吸附床 1 进一步提供压力平衡气体给吸附床 3(刚脱附完)
(4)产品气冲洗	部分产品气由底部进入吸附床驱赶空体积内的 N_2,提高 CO_2 的浓度
(5)脱附	吸附床内被吸附组分在真空脱附的作用下进入产品罐
(6)脱附	继续脱附
(7)1st 接受均压	吸附床 1 接受吸附床 2 的压力平衡气体
(8)空闲	吸附床 1 空闲
(9)空闲	吸附床 1 空闲
(10)2nd 接受均压	吸附床 1 接受吸附床 3 的压力平衡气体
(11)再加压	均压后,关闭吸附床顶端的气阀,吸附床 1 充入烟气
(12)再加压	继续充气直至吸附床压力等于吸附压力

图 11 - 8 VSA 循环结构设计

11.3.2　结果与讨论

1）3 – bed/9 – step 循环分离烟气的性能：进气 CO_2 浓度的影响

不同工业部门所排放的烟气中 CO_2 的浓度各不相同，因此本节将考察吸附过程中进气 CO_2 体积分数为 30% ~ 70% 时，3 – bed/9 – stepVSA 循环捕集 CO_2 的性能。

不同 CO_2 进气浓度的真空变压吸附所得产品的纯度和回收率如图 11 – 9（a）–（d）所示。由图可知，当进气中 CO_2 的浓度较高时，即使在中等解吸压力

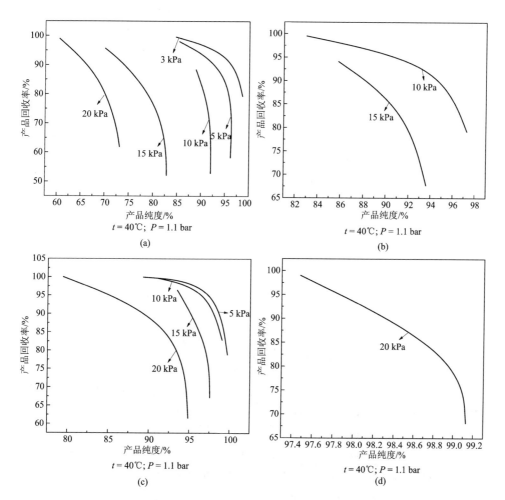

图 11 – 9　不同 CO_2 进气浓度对 VSA 吸附分离性能的影响

（a）CO_2 进气浓度为 30%；（b）CO_2 进气浓度为 40%；（c）CO_2 进气浓度为 50%；（d）CO_2 进气浓度为 70%

条件下, 3 - bed/9 - step VSA 也能取得理想的分离效果。例如当进气中 CO_2 体积分数为 70% 时, 20 kPa 的解吸压力能够得到纯度为 97.5% 的 CO_2, 且回收率高达 99%; 而解吸压力为 15 kPa 时, 可以将 50% 的 CO_2 富集为 95%(回收率 85%); CO_2 为 40% 的烟气在解吸压力为 10 kPa 的 VSA 循环作用下取得产品纯度 95%、回收率 91% 的分离效果。当烟气的 CO_2 的浓度低于 30% 时, 要想得到纯度和回收率分别 >95% 和 >90% 的碳捕集效果, VSA 循环需要采用较低的真空解吸压力(≤5 kPa)。

产品纯度的升高(即使在中等解吸压力下)主要是因为进气中 CO_2 分压的增大导致吸附剂的工作吸附量增大。虽然沸石 13X(APGⅢ)能够强烈吸附 CO_2, 但仍然有少量 N_2 占据在吸附床的空体积内, 而增加 CO_2 分压可以降低这部分 N_2 的含量, 因此增加 CO_2 的进气浓度和降低解吸压力都可以有效提高产品的纯度和回收率。

表 11 -5　不同操作条件下 VSA 循环的捕集性能: 实际模拟值和等温曲线数据计算值

真空压力 P/kPa	吸附时间 /s	吸附温度 /K	解析温度 /K	CO_2 产品纯度 /%	从吸附床脱附的 CO_2 量 /(mol·bed^{-1})	CO_2 工作容量 /(mol·bed^{-1})
3	100	321	285	84.64	0.0796	0.2299
	200	323	286	96.46	0.1402	
	300	324	285	98.59	0.1646	
5	100	322	290	85.36	0.0779	0.1777
	200	322	291	96.72	0.1286	
	300	325	292	96.15	0.1253	
10	100	319	299	88.85	0.0668	0.1248
	150	319	299	92.1	0.0814	
	200	322	299	92.0	0.0776	
15	50	317	302	74.76	0.0375	0.0754
	75	317	303	80.94	0.0444	
	100	317	303	82.79	0.0462	
20	25	318	302	60.46	0.0255	0.0518
	35	318	304	68.37	0.0271	
	60	319	306	73.1	0.0296	

注: 吸附温度为吸附床顶部在吸附结束时的温度; 解吸温度为吸附床底部在解吸结束时的温度。

一般吸附床内吸附剂对 CO_2 的吸附量随进气时间的延长逐渐增加, 直到 CO_2 的浓度锋面穿透吸附层(但同时 CO_2 的回收率将随进气时间的延长而降低)。因此在解吸过程中也能够产生更多的 CO_2 气体, 并且在 CO_2 穿透点时达到最大理论值。在均压步骤中，含有一定 CO_2 浓度的气体从高压吸附床转移至低压吸附床，由于均压后提供均压气体的吸附床的总压降低，因此该吸附床的 CO_2 理论吸附量也将降低。另外就是进料气穿过吸附剂层所产生的压力降和吸附动力学限制会降低吸附剂的吸附量。

从表 11-5 可知，解吸过程中产生的 CO_2 的量随解吸压力的增大而降低，这与工作吸附容量的趋势相同。但是，从等温吸附曲线计算得来的平衡工作吸附容量要远高于解吸过程中所生产的 CO_2 的量。在相同的解吸真空压力下，随着吸附时间的延长更多 CO_2 被吸附床内的吸附剂吸附，因此脱附步骤时的产品的量也随之增加，但其增长率逐渐降低，这与 CO_2 的回收率变化趋势相同。然而，当解吸压力分别为 5 kPa 和 10 kPa 时，CO_2 的解吸量在吸附时间分别由 200 s 增长至 300 s 和 150 s 增长至 200 s 时有稍微降低的趋势，这可能与吸附热效应影响 CO_2 的进一步吸附有关。

2）3-bed/12-step 循环捕集烟气中 CO_2 的性能

在 VSA 解吸步骤之前，以产品气冲洗吸附床可以提高吸附床内 CO_2 的浓度，从而得到纯度更高的产品气。CO_2 产品气冲洗对产品纯度的影响如图 11-10 所示。

如图 11-10(a)所示，当 VSA 从含 30% CO_2 的烟气中捕集 CO_2 时，以 41% 的产品气（一个循环内解吸过程所得到的全部气体）在真空解吸前冲洗吸附床，产品中 CO_2 的浓度由 88.85%（9-step cycle）提高至 95.17%（12-step cycle），但同时 CO_2 的回收率也由 88.45% 降低至 79.72%；而系统的单位能耗也有所增加，由 9-step 循环的 235 kJ/kg_{CO_2} 增大到 12-step 循环的 342.14 kJ/kg_{CO_2}。降低产品气冲洗步骤的气体量（21% 产品气），CO_2 的纯度由 92.10% 升高至 95%，回收率由 73.68% 降低至 66.30%。当 CO_2 为 40% 的烟气［图 4-10(b)］，43.5% CO_2 产品气冲洗可以使 CO_2 的最终浓度由 85.85% 增加至 95.23%，同时 VSA 单位能耗也从 184.90 kJ/kg_{CO_2} 升高至 287.71 kJ/kg_{CO_2}；21% 的产品气冲洗可以提高产品气的纯度至 95.25%，同时单位能耗也增加了 41.78 kJ/kg_{CO_2}。产品气冲洗可以将产品的纯度提高 10%，但需要消耗额外的能量来压缩产品气。同时在产品气冲洗过程中，CO_2 的浓度锋面有可能会穿透吸附层，因此产品气冲洗的量如果控制不当，将造成 CO_2 的大量逸出而急剧降低其回收率。

3）两级 VSA 单元吸附分离不同浓度 CO_2 烟气的性能研究

由前面的讨论可知，当烟气中 CO_2 的浓度较低时，为了得到较高纯度的产品气，VSA 分离系统需要采用超低的解吸压力。而工业上超高真空度的实现需要复杂的真空泵系统和高密封性的气阀和管道，这显然难以在工业中应用。而采用两级 VSA 工艺可以避免使用较低的解吸压力，因此更具实用性。

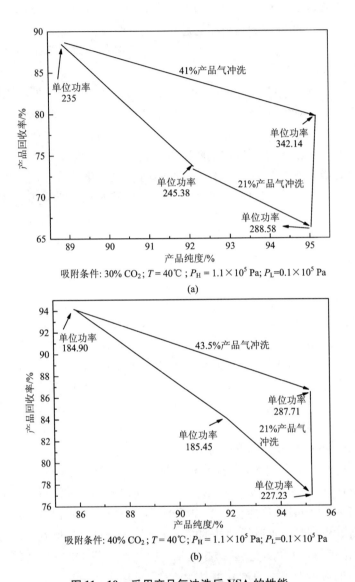

图 11-10 采用产品气冲洗后 VSA 的性能

(a)CO₂ 进气浓度为 30%；(b)CO₂ 进气浓度为 40%

(1)两级 VSA 过程处理含 15% CO₂ 的烟气

以两级真空变压吸附系统从 CO₂ 体积分数不高于 15% 的烟气捕集 CO₂ 的具体工艺流程见图 11-11。在该工艺设计中，通过调节第一级 VSA 单元的吸附时间以得到尽可能高的 CO₂ 回收率，然后将产品气作为第二级 VSA 单元的进料气，进一步提高 CO₂ 的纯度。

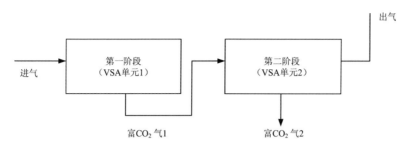

图 11 – 11 两级 VSA 分离 CO_2 的工艺示意图

表 11 – 6 APGⅢ两级 VSA 从 CO_2 体积分数为 15% 的烟气中捕集 CO_2 的性能

真空变压吸附	真空压力 P/kPa	进气 CO_2 浓度/%	产品纯度 /%	回收率 /%	单级单位功率 /(kJ·$kg_{CO_2}^{-1}$)	两级总单位功率 /(kJ·$kg_{CO_2}^{-1}$)	总功率 /(kW·TPDc CO_2^{-1})
1	10	15	50.0	92.8	382	—	—
	15	15	40.1	97.4	388	—	—
2	10	50	95.3	98.2	211	551	6.38
	15	40	95.1	86.6	269	573	6.63

APGⅢ的两级 VSA 过程中，CO_2 纯度和回收率以及单位总能耗分别见表 11 – 6。第一级 CO_2 的回收率设定为 92.8%，此时产品纯度为 50%，单位能耗为 382 kJ/kg_{CO_2}；第二级 VSA 单元以 50% CO_2 为进气得到 95.3% CO_2 的最终产品（单位能耗为 211 kJ/kg_{CO_2}）。根据方程（1 – 12）、（1 – 13）对两级 VSA 的实验数据进行计算，可知 CO_2 的最终回收率为 91.13%，单位总能耗为 551 kJ/kg_{CO_2}。

$$sp_T = \left(\frac{W_1 \times F_2}{pr_1} \times \frac{t_1}{t_2} + W_2 \right) / pr_2 \qquad (11 - 12)$$

式中：W_1、W_2 为第一级和第二级 VSA 一个循环所消耗的能量，kJ；F_2 表示第二级 VSA 的进气流量；pr_1 为第一级每个循环 CO_2 的产量，kg；而 pr_2 是指第二级每个循环所得到的最终 CO_2 产量；t_1 和 t_2 分别表示第一级和第二级 VSA 的循环时间。

$$R_T = R_1 \times R_2 \qquad (11 - 13)$$

式中：R_1、R_2 分别表示第一级和第二级 VSA 的 CO_2 回收率。

从表 11 – 6 可知，在相同产品纯度和回收率的条件下，解吸压力为 10 kPa 的两级 VSA 循环单位能耗要低于解吸压力为 1 kPa 的单级三床 VSA。而且当解吸压力升高至 15 kPa 时，产品中 CO_2 的浓度仍然能达到 95% 以上，但由于相对较低的回收率导致其单位能耗（573 kJ/kg_{CO_2}）要稍高于单级 VSA。

（2）两级 VSA 过程处理含 30%~40% CO_2 的烟气

单级 VSA 循环在分离二氧化碳浓度为 30% 的烟气时，以 41% 的产品气进行吸附床产品气冲洗步骤，随后以 10 kPa 的解吸压力回收产品。产品中 CO_2 的纯度为 95%，单位能耗为 343 kJ/kg_{CO_2}（3.96 $kW \cdot TPDc\ CO_2^{-1}$），但此时 CO_2 回收率仅为 80%。为了提高 CO_2 的回收率，可以采用两级真空变压吸附捕集该 CO_2 浓度区间的烟气。表 11-7 分别列出了解吸压力为 15 kPa 和 20 kPa 的两级 VSA 过程的捕集效果。在第一级吸附中，CO_2 的浓度被富集到 70%，且此时回收率为 95.1%（解吸压力 15 kPa）；第二级吸附以第一级吸附的产品为原料气，可以得到 97.5% 的最终产品，CO_2 的总回收率为 94.7%，单位能耗为 410 kJ/kg_{CO_2}。即使将第一级的解吸压力设定为 20 kPa 时，两级 VSA 的 CO_2 捕集性能也非常优秀。

表 11-7 两级 VSA 从 CO_2 体积分数为 30% 的烟气中捕集 CO_2 的性能

真空变压吸附阶段	真空压强 P/kPa	进气 CO_2 浓度/%	产品纯度/%	产品回收率/%	单级单位功率/($kJ \cdot kg_{CO_2}^{-1}$)	总单位功率/($kJ \cdot kg_{CO_2}^{-1}$)	总功率/($kW \cdot TPDc\ CO_2^{-1}$)
1	15	30	70.0	95.68	220	—	—
	20	30	60.46	98.75	218	—	—
2	20	60	95.16	97.71	142	318	3.68
	20	70	97.48	99.0	138	410	4.75

（3）单级 VSA 过程处理 $\varphi(CO_2) > 40\%$ 的烟气

进气 $\varphi(CO_2) \geq 40\%$ 时，单级 VSA 在较高解吸压力下即可以得到理想的分离效果。CO_2 体积分数分别为 40% 和 50% 的烟气的捕集结果如表 11-8 所示。单位 CO_2 能耗随进气 CO_2 浓度升高而降低，其原因为是：当产品 CO_2 纯度相同时，CO_2 的进气浓度越高，其回收率也越高，因此在相同能耗下可以得到更多的 CO_2 产品，从而降低了单位能耗。

表 11 - 8　单级 VSA 从 CO_2 体积分数为 40% 和 50% 的烟气中捕集 CO_2 的性能

真空压强 P/kPa	进气浓度 (CO_2)/%	产品纯度 /%	产品回收率 /%	总单位功率 /(kJ·kg$_{CO_2}^{-1}$)	总功率 /(kW·TPDcCO$_2^{-1}$)
10	40	95.40	90.0	211	2.44
15	40	95.09	86.6	286	3.30
15	50	95.09	94.31	170	1.97
20	50	94.13	87.50	151	1.75

11.4　结语

根据不同工业排放源的性质，设计出最合理的真空变压吸附过程结构以达到预定分离目标（纯度大于 95%，回收率为大于 80%）。单级真空变压吸附工艺处理低浓度 CO_2 的工业烟气，要得到高的产品纯度和 CO_2 回收率，需要超高的解吸真空度（不高于 3 kPa），这一点不利于在大规模捕集项目中应用。采用多级真空变压吸附系统处理 CO_2 含量较低的火电站烟气可以有效地解决解吸压力过低的难题。而对于 CO_2 体积分数高于 30% 的工业烟气在中等解吸压力下（15 ～ 25 kPa）就可以达到预期的分离效果。

参考文献

[1] Working group Ⅲ of intergovernment panel on climate change (IPCC). IPCC's fifth assessment report: Mitigation of climate change[M]. Cambridge: Cambridge University Press, 2014, 41 - 104.

[2] Intergovernment panel on climate change (IPCC). IPCC's fifth assessment report (AR5): Synthesis Report[M]. Cambridge: Cambridge University Press, 2014, 39 - 112.

[3] 潘佳佳, 李廉水. 中国工业二氧化碳排放的影响因素分析[J]. 环境科学与技术, 2011, 34 (4): 86 - 92.

[4] International energy agency. CO_2 emissions from fuel combustion – highlights[R]. Pairs: 2014.

[5] IPCC. Climate change 2013: The physical science basis, intergovernmental panel on climate change[R]. Cambridge: Cambridge University Press, 2013.

[6] Saxe B H, Ellsworth D S, Heath J. Tree and forest functioning in an enriched CO_2 atmosphere [J]. New Phytol, 1998, 139(3): 395 - 436.

[7] Cebrucean D, Cebrucean V, Ionel I. CO_2 capture and storage from fossil fuel power plants[J]. Energy Procedia, 2014, 63: 18 - 26.

[8] Metz B, Davidson O, Coninck H d, et al. IPCC special report on carbon dioxide capture and storage[M]. New York: Cambridge University Press, 2005, 75 – 195.

[9] 丁民丞, 吴缨. 碳捕集和储存技术(CCS)的现状与未来[R]. 上海: 2009: 1 – 12.

[10] International Energy Agency. CO_2 Capture and Storage[R]. Pairs: 2010: 1 – 12.

[11] Feron P H M, Hendriks C A. CO_2 capture process principles and costs[J]. Oil Gas Sci. Technol., 2005, 60(3): 451 – 459.

[12] Lee S Y, Park S J. A review on solid adsorbents for carbon dioxide capture[J]. J. Ind. Eng. Chem., 2015(23): 1 – 11.

[13] Mondal M K, Balsora H K, Varshney P. Progress and trends in CO_2 capture/separation technologies: A review[J]. Energy, 2012, 46(1): 431 – 441.

[14] 白冰, 李小春, 刘延锋, 等. 中国 CO_2 集中排放源调查及其分布特[J]. 岩石力学与工程学报, 2006, 25(1): 2918 – 2923.

[15] Metz B, Davidson O, Coninck H d, et al. Carbon dioxide capture and storage[R]. New York: Cambridge University Press, 2005, 51 – 362.

[16] Babcock and Wilcox Company. Steam: Its generation and use [M]. Kessinger Publishing, 2010.

[17] International Energy Agency. Technology roadmap carbon capture and storage[M]. Pairs: IEA Publication, 2010, 5 – 39.

[18] 于方, 宋宝华. 二氧化碳捕集技术发展动态研究[J]. 中国环保产业, 2009(10): 27 – 30.

[19] 张卫东, 张栋, 田克忠. 碳捕集与封存技术的现状与未来[J]. 中外能源, 2009, 14(11): 7 – 14.

[20] IEAGHG. Deployment of CCS in the Cement Industry[M]. Pairs: IEA Environmental Projects Ltd., 2013: 1 – 122.

[21] Bosoaga A, Masek O, Oakey J E. CO_2 capture technologies for cement industry[J]. Energy Procedia, 2009, 1(1): 133 – 140.

[22] 嵇艳, 陆建刚, 张慧. 钢铁工业 CO_2 的排放现状及主要的捕集方法[J]. 南京信息工程大学学报(自然科学版), 2010, 2(6): 562 – 566.

[23] Ho M T, Bustamante A, Wiley D E. Comparison of CO_2 capture economics for iron and steel mills[J]. Int. J. Greenh. Gas Con., 2013(19): 145 – 159.

[24] Cheng H H, Shen J F, Tan C S. CO_2 capture from hot stove gas in steel making process[J]. Int. J. Greenh. Gas Con., 2010, 4(3): 525 – 531.

[25] 蒋秀, 屈定荣, 刘小辉. 超临界 CO_2 管道输送与安全[J]. 油气储运, 2013, 8(23): 809 – 813.

[26] Global CCS Institute. The Global Status of CCS [M]. Melbourne: Global CCS Institute Ltd., 2014.

[27] Solomon S, Carpenter M, Flach T. Intermediate storage of carbon dioxide in geological formations: A technical perspective[J]. Int. J. Greenh. Gas Con., 2008, 2(4): 502 – 510.

[28] Leung D Y C, Caramanna G, Maroto – Valer M M. An overview of current status of carbon

dioxide capture and storage technologies[J]. Renewable Sustainable Energy Rev., 2014, 39:
426 - 443.

[29] Zero Emissions Platform. The costs of CO_2 capture, transport and storage[R]. London: 2011:
10 - 37.

[30] Rubin E S, Mantripragada H, Marks A, et al. The outlook for improved carbon capture
technology[J]. Prog. Energy Combust. Sci., 2012, 38(5): 630 - 671.

[31] International Energy Agency. CO_2 Capture and Storage: A Key Abatement Option[M]. Pairs:
IEA Publications, 2008.

[32] Krutka H, Sjostrom S, Starns T, et al. Post - combustion CO_2 capture using solid sorbents: 1
MWe pilot evaluation[J]. Energy Procedia, 2013, 37: 73 - 88.

[33] Aaron D, Tsouris C. Separation of CO_2 from flue gas: A review[J]. Sep. Sci. Technol.,
2005, 40(1 - 3): 321 - 348.

[34] Clodic D, Hitti R E, Younes M, et al. CO_2 capture by anti - sublimation thermo - economic
process evaluation[C]. 4th Annual Conference on Carbon Capture & Sequestration, Alexandria,
2005.

[35] Tuinier M J, Annaland M V S, Kramer G J, et al. Cryogenic capture using dynamically
operated packed beds[J]. Chem. Eng. Sci., 2010, 65(1): 114 - 119.

[36] Kothandaraman A. Carbon dioxide capture by chemical absorption: A solvent comparison study
[D]. India: University of Mumbai, 2006.

[37] 陈健, 罗伟亮, 李晗. 有机胺吸收二氧化碳的热力学和动力学研究进展[J]. 化工学报,
2014, 65(1): 12 - 21.

[38] Bolisetty S, Gayatri D V, Sreedhar I, et al. A journey into the process and engineering aspects
of carbon capture technologies[J]. Renewable Sustainable Energy Rev., 2015, 41: 1324
- 1350.

[39] Hasib - ur - Rahman M, Siaj M, Larachi F. Ionic liquids for CO_2 capture - Development and
progress[J]. Chem. Eng. Process. Process Intensif., 2010, 49(4): 313 - 322.

[40] Ebner A D, Ritter J A. State - of - the - art adsorption and membrane separation processes for
carbon dioxide production from carbon dioxide emitting industries[J]. Sep. Sci. Technol.,
2009, 44(6): 1273 - 1421.

[41] Khalilpour R, Mumford K, Zhai H, et al. Membrane - based carbon capture from flue gas: A
review[J]. J. Cleaner Prod., 2015, 103: 286 - 300.

[42] Bounaceur R, Lape N, Roizard D, et al. Membrane processes for post - combustion carbon
dioxide capture: A parametric study[J]. Energy, 2006, 31(14): 2556 - 2570.

[43] 李新春, 孙永斌. 二氧化碳捕集现状与展望[J]. 能源技术经济, 2010, 22(4): 21 - 26.

[44] Takeguchi T, Tanakulrungsank W, Inui T. Separation and/or concentration of CO_2 from CO_2/
N_2 gaseous mixture by pressure swing adsorption using metal - incorporated microporous crystals
with high surface area[J]. Gas Sep. Purif., 1993, 7(1): 3 - 9.

[45] Zhang J, Xiao P, Li G, et al. Effect of flue gas impurities on CO_2 capture performance from flue

gas at coal – fired power stations by vacuum swing adsorption[J]. Energy Procedia, 2009, 1 (1): 1115 – 1122.

[46] Hasan M M F, Baliban R C, Elia J A, et al. Modeling, Simulation, and optimization of postcombustion CO_2 capture for variable feed concentration and flow rate: 2. pressure swing adsorption and vacuum swing adsorption processes[J]. Ind. Eng. Chem. Res., 2012, 51 (48): 15665 – 15682.

[47] Plaza M G, García S, Rubiera F, et al. Post – combustion CO_2 capture with a commercial activated carbon: Comparison of different regeneration strategies[J]. Chem. Eng. J., 2010, 163(1 – 2): 41 – 47.

[48] Dasgupta S, Biswas N, Aarti, et al. CO_2 recovery from mixtures with nitrogen in a vacuum swing adsorber using metal organic framework adsorbent: A comparative study[J]. Int. J. Greenh. Gas Con., 2012, 7: 225 – 229.

[49] Xu D, Xiao P, Zhang J, et al. Effects of water vapour on CO_2 capture with vacuum swing adsorption using activated carbon[J]. Chem. Eng. J., 2013, 230: 64 – 72.

[50] Wang L, Yang Y, Shen W L, et al. Experimental evaluation of adsorption technology for CO_2 capture from flue gas in an existing coal – fired power plant[J]. Chem. Eng. Sci., 2013, 101: 615 – 619.

[51] Labus K, Gryglewicz S, Machnikowski J. Separation of carbon dioxide from coal gasification – derived gas by vacuum pressure swing adsorption[J]. Ind. Eng. Chem. Res., 2014, 53(5): 2022 – 2029.

[52] Drage T C, Snape C E, Stevens L A, et al. Materials challenges for the development of solid sorbents for post – combustion carbon capture[J]. J. Mater. Chem., 2012, 22(7): 2815 – 2823.

[53] Webley P A. Adsorption technology for CO_2 separation and capture: A perspective [J]. Adsorption, 2014, 20(2 – 3): 225 – 231.

[54] Maring B J, Webley P A. A new simplified pressure/vacuum swing adsorption model for rapid adsorbent screening for CO_2 capture applications[J]. Int. J. Greenh. Gas Con., 2013, 15: 16 – 31.

[55] Huang Q, EiêM. Commercial adsorbents as benchmark materials for separation of carbon dioxide and nitrogen by vacuum swing adsorption process[J]. Sep. Purif. Technol., 2013, 103: 203 – 215.

[56] Haghpanah R, Nilam R, Rajendran A, et al. Cycle synthesis and optimization of a VSA process for postcombustion CO_2 capture[J]. AIChE J., 2013, 59(12): 4735 – 4748.

[57] Wang L, Liu Z, Li P, et al. CO_2 capture from flue gas by two successive VPSA units using 13XAPG[J]. Adsorption, 2012, 18(5 – 6): 445 – 459.

[58] Webley P A, He J. Fast solution – adaptive finite volume method for PSA – VSA cycle simulation – 1 single step simulation[J]. Comput. Chem. Eng., 2000, 23 (11 – 12): 1701 – 1712.

[59] Todd R S, He J M, Webley P A, et al. Fast Finite – Volume Method for PSA – VSA Cycle simulation – Experimental Validation[J]. Ind. Eng. Chem. Res. , 2001, 40: 3217 – 3224.

[60] Xiao P, Zhang J, Webley P, et al. Capture of CO_2 from flue gas streams with zeolite 13X by vacuum – pressure swing adsorption[J]. Adsorption, 2008, 14(4): 575 – 582.

[61] Zhang J, Webley P A, Xiao P. Effect of process parameters on power requirements of vacuum swing adsorption technology for CO_2 capture from flue gas[J]. Energy Convers. Manage. , 2008, 49(2): 346 – 356.

[62] Hu X, Mangano E, Friedrich D, et al. Diffusion mechanism of CO_2 in 13X zeolite beads[J]. Adsorption, 2013, 20(1): 121 – 135.

[63] Onyestyák G. Comparison of Dinitrogen, Methane, Carbon Monoxide, and Carbon Dioxide Mass – Transport Dynamics in Carbon and Zeolite Molecular Sieves[J]. Helv. Chim. Acta. , 2011, 94(2): 206 – 217.

[64] Giesy T J, Wang Y, LeVan M D. Measurement of mass transfer rates in adsorbents: New combined – technique frequency response apparatus and application to CO_2 in 13X Zeolite[J]. Ind. Eng. Chem. Res. , 2012, 51(35): 11509 – 11517.

[65] Rackley S A. Carbon Capture and Storage[M]. Oxford: Butterworth – Heinemann, 2010.

第 12 章　废旧电池的综合利用

12.1　概述

12.1.1　资源概况

随着全球化石资源的日益紧缺和环境保护的迫切需要，电动汽车和大规模储能市场得到快速发展，作为目前占据最多市场份额的锂离子动力电池的产量也随之快速增长，产生的废旧锂电池的数量也越来越大。

新能源汽车产业进入了快速成长期，整车产量逐年快速攀升，根据国务院发布的《节能与新能源汽车产业发展规划(2012—2020 年)》要求，到 2020 年，我国纯电动汽车和插电式混合动力汽车累计产销量要超过 500 万辆。受下游整车市场需求的带动，处于产业链上游的动力电池行业也驶入快车道。数据显示，2016 年中国累计生产电动汽车 101.4 万辆，动力电池产量 30.8 GW·h，同比增长 82%。2017 年我国新能源汽车销量达 77.7 万辆，截至当年，累计保有量约 180 万辆。按照推算，到 2020 年前后，动力电池更换将迎来爆发式增长。

据统计，2000 年全世界电池消费中，锂电池的消费量就 5 亿只，2015 年达到了 70 亿只。由于锂电池的使用寿命有限，大量的废旧锂电池也随之产生。2020 年我国废弃的锂电池将超过 250 亿只，总重超过 50 万 t。以三元锂电池为例，主要由塑料或金属外壳、正负极材料、铜铝电级等构成，其正极材料中含有大量金属，其中钴占 5%~20%，镍占 5%~12%，锰占 7%~10%，锂占 2%~5%，所含金属大多是稀贵金属，且量大。当年行业报告预测，锂电池按照 3~5 年的淘汰年限，到 2018 年回收市场初具规模。根据测算，2018 年对应的从废旧锂电池中回收钴、镍、锰、锂、铁和铝等金属所创造的回收市场规模将达到 53.23 亿元。到 2020 年这一市场可达 101 亿元，而到 2023 年废旧动力锂电池市场规模将达 250 亿元。

中国的动力电池绝大多数是锂电池，废旧锂电池的电极材料进入环境中，可与环境中其他物质发生水解、分解、氧化等化学反应，产生重金属离子、强碱和负极碳粉尘，造成重金属污染、碱污染和粉尘污染；电解质进入环境中，可发生水解、分解、燃烧等化学反应，产生 HF、含砷化合物和含磷化合物，造成氟污染和砷污染。

目前，锂电池的回收和再利用已经成为全行业关注的焦点。2017 年 1 月国务院发布《生产者责任延伸制度推行方案》，提出在新能源汽车领域建立电动汽车动力电池回收利用体系的要求，确保废旧电池规范回收利用和安全处置。2017 年 2 月工信部、商务部和科技部联合发布《关于加快推进再生资源产业发展的指导意见》，提出开展新能源动力电池回收利用示范工作，重点围绕京津冀、长三角、珠三角等新能源汽车发展集聚区域，建立试点示范。

综上所述，对废旧锂电池回收利用，不仅能推动中国循环经济的发展，而且对于中国的生态文明建设具有显著的意义。

12.1.2　废旧电池利用技术

废旧锂电池的回收方法主要有物理法、化学法和生物法三大类。

（1）物理法

物理法是利用物理过程对锂离子电池进行处理的方法。常见的物理处理方法主要是破碎浮选法和机械研磨法。

破碎浮选法是利用物质表面物理化学性质的差异进行分选的一种方法。即首先对完整的废锂离子电池进行破碎、分选，将获得的电极材料粉末进行热处理去除有机黏结剂，最后根据电极材料粉末中钴酸锂和石墨表面的亲水性差异进行浮选分离，从而回收钴锂化合物粉体。破碎浮选法工艺简单，可使钴酸锂与碳素材料得到有效分离，且锂、钴的回收率较高。但是由于各种物质全部被破碎混合，对后续铜箔、铝箔及金属壳碎片的分离回收造成了困难；且因为破碎易使电解质 $LiPF_6$ 与 H_2O 反应产生 HF 等挥发性气体，造成环境污染，故需要注意破碎方法。

机械研磨法是利用机械研磨产生的热能促使电极材料与磨料发生反应，从而使电极材料中原本黏结在集流体上的锂化合物转化为盐类的一种方法。使用不同类型的研磨助剂，其材料的回收率有所区别，较高的回收率可以做到：Co 回收率 98%，Li 回收率 99%。机械研磨法也是一种有效回收废旧锂离子电池中钴和锂的方法，其工艺较简单，但对仪器要求较高，且易造成钴的损失及铝箔回收困难。

（2）化学法

化学法是利用化学反应过程对锂离子电池进行处理的方法。一般分为火法冶金和湿法冶金 2 种方法。

火法冶金，又称焚烧法或干法冶金，是通过高温焚烧去除电极材料中的有机黏结剂，同时使其中的金属及化合物发生氧化还原反应，以冷凝的形式回收低沸点的金属及其化合物，对炉渣中的金属采用筛分、热解、磁选或化学方法等进行回收。火法冶金对原料的组分要求不高，适合大规模处理复杂的电池；但燃烧必定会产生部分废气污染环境，且高温处理对设备的要求也较高，同时还需要增加净化回收设备等，处理成本较高。

湿法冶金是用合适的化学试剂选择性溶解废旧锂离子电池中的正极材料，并分离浸出液中的金属元素的一种方法。湿法冶金工艺比较适合回收化学组成相对单一的废旧锂电池，可以单独使用，也可以联合高温冶金一起使用，对设备要求不高，处理成本较低，是一种成熟的处理方法。

（3）生物法

生物法采用生物冶金技术，即利用微生物菌类的代谢过程来实现对钴、锂等金属元素的选择性浸出。生物法能源消耗低、成本低，且微生物可以重复利用，污染很小；但培养微生物菌类要求条件苛刻，培养时间长，浸出效率低。目前生物法处于研究阶段，工艺有待进一步改进。

国外规模化的废旧电池回收企业主要有比利时优美科（Umicore）、日本住友金属矿山、法国 RECUPYL 等，见表 12 - 1。

表 12 - 1 国外主要废旧电池回收企业简介

国家	公司	主要工艺过程	发展情况
比利时	Umicore	高温热解	年处理电池 7000 t
美国	Retriev technologies	低温球磨——湿法冶金	回收特斯拉 Roadsterd 动力电池组 60% 的材料
英国	AEA	通过在低温下破碎，分离出钢材后加入乙腈作为有机溶剂提取电解液，再以 N - 甲基吡咯烷酮（NMP）为溶剂提取黏合剂（PVDF），然后对固体进行分选，得到 Cu、Al 和塑料，在 LiOH 溶液中电沉积回收溶液中的 Co，产物为 CoO	工业生产
法国	RECUPYL	在惰性混合气体的保护下对电池进行破碎，磁选分离得到纸、塑料、钢铁和铜，以 LiOH 溶液浸出部分金属离子，不溶物再用硫酸浸出，加入 Na_2CO_3 得到 Cu 和其他金属的沉淀物，过滤后滤液溶液中加入 NaClO 氧化处理得到 $Co(OH)_3$ 沉淀和 Li_2SO_4 的溶液，将惰性气体中的二氧化碳通入含 Li 的溶液中得到 Li_2CO_3 沉淀	年处理规模 8000 t

续表 12 - 1

国家	公司	主要工艺过程	发展情况
日本	住友金属矿山	基于原有镍铜冶炼工艺。选择性地回收镍、钴和铜作为合金,采用高温冶金精炼工艺,可将大部分杂质与锂离子电池分离。然后,使用湿法冶金工艺浸出和精炼合金,以回收镍和钴用作电池材料,以及用于电解铜	2011 年建立 1 万辆混动车镍氢电池回收线,2017 年 7 月宣布在日本率先从锂电池回收镍和铜的企业
日本	Mitsubishi	采用液氮将废旧电池冷冻后拆解,分选出塑料,破碎、磁选、水洗得到钢铁,振动分离,经分选筛水洗后得到铜箔,剩余的颗粒进行燃烧得到 $LiCoO_2$,排出的气体用 $Ca(OH)_2$ 吸收得到 CaF_2 和 $Ca_3(PO_4)_2$	工业生产
德国	IME	通过分选电池外壳和电极材料后,将电极材料置于反应罐中加热至 250℃,使电解液挥发后冷凝回收,再对粉末进行破碎、筛选、磁选分离和锯齿形分类器分离大颗粒(主要含有 Fe 和 Ni)和小颗粒(主要含有 Al 和电极材料)。采用电弧炉熔解小颗粒部分,制得钴合金;采用湿法溶解烟道灰和炉渣制得 Li_2CO_3	工业生产
芬兰	AkkuSer Oy	先进行破碎研磨处理,然后机械分选出金属材料、塑料盒纸等	工业生产
瑞士	Batrec	将锂离子电池压碎,分选出 Ni、Co、氧化锰、其他有色金属和塑料	工业生产

国内主要有格林美、邦普、比亚迪、芳源环保、比克电池、赣锋锂业等,见表 12 - 2。

表 12 - 2　国内主要废旧电池回收企业简介

公司名称	主要工艺	流程简述	主要产出
格林美股份有限公司	液相合成和高温合成	分类旧电池并粉碎得到其中的钴镍材料,通过溶解、分离、提纯等工艺得到含钴镍溶液,利用液相合成和高温合成重新制备出高纯度的钴镍材料	球形钴粉

续表 12 - 2

公司名称	主要工艺	流程简述	主要产出
邦普集团	定向循环和逆向产品定位	溶解回收旧电池得到镍、钴、锰、锂等元素的溶液,再通过定向循环模式和逆向产品定位设计技术,反复调节溶液中的各元素比例	镍钴锰酸前驱体、电池级四氧化三钴
赣锋锂业	电解法和纯碱浸压法	溶解废电池,分离得到含锂溶液,通过电解法和纯碱浸压法得到锂材料	碳酸锂和电池级氧化锂

12.2 废旧电池的综合利用

12.2.1 原料分析

废旧锂电池一般包括以下部件:正极片、负极片、隔膜纸、电池外壳、电解液、控制零部件等。其中正极片是将正极材料(钴酸锂、镍酸锂、锰酸锂、镍钴锰酸锂等)、导电剂(乙炔黑)、黏结剂混合后均匀涂布在铝箔上;负极片是将负极材料石墨涂布在铜箔上。

由于电池种类较多,不同牌子的电池因材料与设计不同,各部分的占比均有所差异。其组成及含量如表 12 - 3 所示。各类锂离子电池中主要金属所占比例如表 12 - 4 所示。

表 12 - 3 废旧电池的主要组成及质量分数

主要结构		组成	质量分数/%
电池壳		铝壳、铝塑复合膜、不锈钢	20~25
电芯	正极	钴酸锂、镍酸锂、镍钴二元材料、镍钴铝和镍钴锰三元材料、磷酸铁锂等	20~30
	负极	含碳石墨材料	14~19
	隔膜	PP/PE	5
	集流体	铝箔、铜箔	10~16
	电解液	$LiPF_6$溶液、碳酸乙酯和碳酸甲乙酯	10~15

表 12 - 4　电池中主要金属质量分数/%

电池类型		钴	锂	镍	锰
钴酸锂		15.3	1.8	—	—
镍钴锰酸锂	$LiNi_{1/3}Co_{1/3}Mn_{1/3}O_2$	6.6	2.4	6.7	6.2
	$LiNi_{0.5}Co_{0.2}Mn_{0.3}O_2$	5	1.2	12	7
锰酸锂		—	1.4	—	10.7
磷酸铁锂		—	1.1	—	—

12.2.2　化工原料

废旧电池的处理工艺用的主要化工原料有硫酸、双氧水、氢氧化钠、P204、260 号溶剂油、氨水等。

①硫酸：工业级。

②双氧水：工业级。

③氢氧化钠：工业级。

④P204 萃取剂：工业级。

⑤260 号溶剂油：工业级。

⑥氨水：工业级。

⑦碳酸钠：工业级。

12.2.3　废旧电池的综合利用

废旧锂电池回收主要有两种方式，一是梯次利用：针对电池容量下降到原来 70%~80% 无法在电动汽车上继续使用的电池，进行梯次利用，可继续在其他方面如电力储能、低速电动车、五金工具等作为电源继续使用一定时间；二是拆解回收：主要针对电池容量下降到 50% 以下，无法继续使用的电池，将电池进行拆解并资源化回收利用。

镍钴锰酸锂电池具有良好的整体性能、比能量出色、经济性和综合性能好，因此镍钴锰酸锂电池越来越受到重视。磷酸铁锂电池具有寿命长、容量大、高温性能好、质量轻、环保等优势。这两类电池是动力型锂离子电池的正极材料的主要选择，也是政府、科研机构和企业都看好的材料。主要用于大型运输设备和小型电动汽车，太阳能、风能、信号基站的储能设备，医疗设备储能，电动工具储能，等等领域。锂电池用量大，因而产生的废旧电池的量也更可观，极具综合利用前景。图 12 - 1 为废旧镍钴锰酸锂电池综合利用的工艺流程图，图 12 - 2 为废旧磷酸铁锂电池综合利用的工艺流程图。

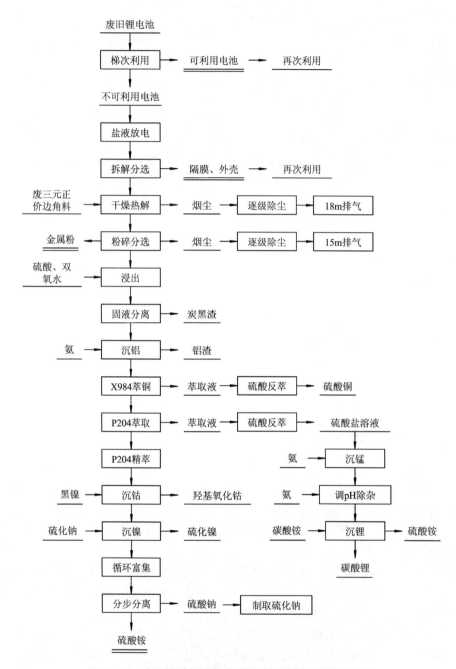

图 12 -1 废旧镍钴锰酸锂电池综合利用的工艺流程简图

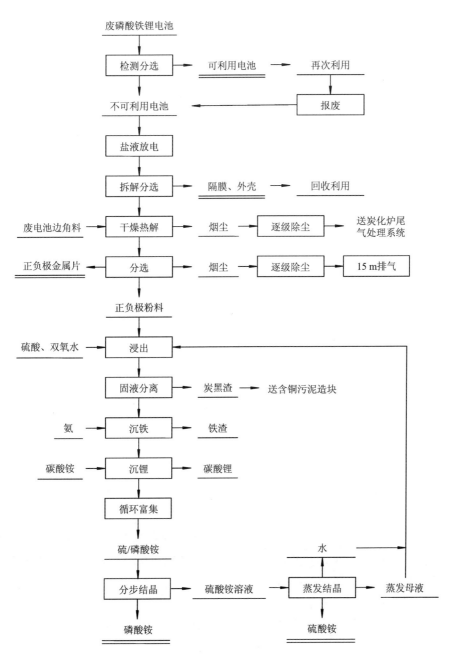

图 12 - 2　废旧磷酸铁电池综合利用的工艺流程简图

12.2.4 工艺介绍

废旧镍钴锰酸锂电池的处理：

（1）预处理

预处理工序包括梯次利用、放电、拆解、干燥热解、粉碎分选工段。

梯次利用是对收集的废旧电池进行重新检测筛选，符合要求的再次利用，不符合要求的送往电池放电工序。

放电是为确保废锂电池回收处理的安全，且考虑操作方便与处理量，采用浸泡氯化钠溶液放电，锂电池放电所使用溶液为 1 mol/L 的 NaCl 溶液，放电时间为 16 h，以确保完全放电。

拆解工序是对已经完全放电的废旧锂离子电池进行拆解，拆解方式为半自动拆解方式（人工和设备相结合）进行，拆解后得到钢壳或铝壳、隔膜纸、正极片和负极片。钢壳或铝壳、隔膜纸置于厂区固废暂存库暂存，负极片和正极片则转入热解干燥工段和粉碎分选工序进行干燥热解和粉碎分选。进行负极片和正极片的干燥热解和粉碎分选时采取分类分别进料方式。

干燥热解工序采用钢带炉对负极片、正极片和三元正极边角料进行干燥热解，干燥温度 400～600℃，以除去原料中的水分，并热解黏合剂等长链聚合物为短链有机物，降低其对后续浸出工序的影响。

粉碎分选工序是对热解后的物料进行机械粉碎和筛分。物料经过机械粉碎和多次筛选后，根据物料的粒径、密度差异，使粉碎后的金属铝、金属铜和粉状正负极材料分离。

物料经干燥热解和粉碎分选处理后，得到金属铝、金属铜、粉状负极材料（石墨）和粉状正极材料。金属铝、金属铜、粉状负极材料（石墨）作为副产品外售，粉状正极材料则转入酸浸工序进一步处理。

（2）酸浸

经过预处理后的粉状正极材料经加水浆化后通过管道输送至酸浸反应釜进行酸浸，采用硫酸和双氧水作为酸浸液，浸出温度为 40℃。物料经过酸浸后再采用板框压滤机进行压滤，以使固液分离，分离后所得的炭黑渣置于厂区固废暂存库暂存，滤液转入下一步工序。该工序主要反应方程式如下：

$$3H_2SO_4 + H_2O_2 + 2LiCoO_2 \longrightarrow 2CoSO_4 + Li_2SO_4 + 4H_2O + O_2 \uparrow$$

$$MeO + H_2SO_4 \longrightarrow MeSO_4 + H_2O$$

注意：Me 为 Ni、Mn、Mg、Al 等金属离子。

（3）沉铝

向滤液中加氨调节 pH 至 5.1，溶液中的铝生成氢氧化铝沉淀，过滤，滤渣为氢氧化铝，用于制备氧化铝。发生的主要化学反应为：

$$Al^{3+} + 3H_2O =\!=\!= Al(OH)_3 \downarrow + 3H^+$$

（4）X984 萃铜

采用 X984 萃取沉铝滤液中的铜，萃取液用硫酸反萃得到硫酸铜溶液，蒸发结晶得到硫酸铜产品，也可以电积硫酸铜溶液制备金属铜。发生的主要化学反应为：

$$Cu^{2+} + 2e^- =\!=\!= Cu$$

萃取剂 X984 循环利用，萃后溶液送下一工序。

（5）P204 萃取

采用 P204 对萃铜后液粗萃，溶液中的锂、钙、镁和部分锰等物质萃取进入有机相。分相后水相进入下一工序，采用硫酸反萃有机相得到有机相和含锂、钙、镁和锰的溶液。P204 可循环利用。溶液用氨调 pH 至 5～7，生成氢氧化锰沉淀。沉淀后过滤分离，得到氢氧化锰。发生的主要化学反应为：

$$Mn^{2+} + 2OH^- =\!=\!= Mn(OH)_2$$

向滤液中加氨，调节溶液 pH 至 11，进一步除杂。过滤分离，滤渣回收利用。向滤液中加入碳酸铵，生成硫酸锂沉淀，过滤得到碳酸锂。滤液含硫酸铵，蒸发结晶得到硫酸铵产品。发生的主要化学反应为：

$$Li_2SO_4 + (NH_4)_2CO_3 =\!=\!= Li_2CO_3 \downarrow + (NH_4)_2SO_4$$

粗萃得到水相再用 P204 精萃，采用二级逆流操作。萃取完成后，分离水相和有机相。向有机相中加硫酸反萃，反萃后的 P204 循环利用，水相用氨调节 pH，得到氢氧化锰等杂质，回收利用。

（6）沉钴

向精萃后的水相中加入黑镍（NiOOH），温度为 60～80℃，钴生成羟基氧化钴沉淀（CoOOH），过滤得到滤液和羟基氧化钴，用于制备钴盐。发生的主要化学反应为：

$$NiOOH + Co^{2+} =\!=\!= CoOOH \downarrow + Ni^{2+}$$

（7）沉镍

向沉钴后的溶液中加入硫化钠，温度为 60～90℃，pH 为 6.5～7，生成硫化镍沉淀，过滤后得到硫化镍产品。发生的主要化学反应为：

$$NiSO_4 + Na_2S =\!=\!= NiS \downarrow + Na_2SO_4$$

滤液中含有硫酸铵和少量硫酸钠，滤液返回酸浸工序，经多次循环，硫酸铵接近饱和可直接作为氮肥或蒸发结晶得到硫酸铵产品。硫酸钠接近饱和可以采用分步结晶和硫酸铵分离。硫酸钠采用 CO/H_2 还原制备硫化钠产品。发生的化学反应为：

$$Na_2SO_4 + 4CO \Longrightarrow Na_2S + 4CO_2$$
$$Na_2SO_4 + 4H_2 \Longrightarrow Na_2S + 4H_2O$$

废旧磷酸铁锂电池的处理：

（1）酸浸

经过预处理后的粉状正极材料经加水浆化后通过管道输送至酸浸反应釜酸浸，采用硫酸和双氧水作为酸浸液，浸出温度40℃。物料经过酸浸后再采用板框压滤机压滤，以使固液分离，分离后所得的炭黑渣干燥后送含铜污泥造块工序，滤液转入下一工序。该工序主要反应方程式如下：

$$LiFePO_4 + H_2O_2 + H_2SO_4 \longrightarrow Li_2SO_4 + Fe_2(SO_4)_3 + H_3PO_4 + H_2O$$

（2）沉铁

向滤液中加氨调节 pH 至 3.8，溶液中的铁生成羟基氧化铁沉淀，或控制溶液温度为 90℃、pH $1.5 \sim 2$，制备黄铵铁矾，反应结束后调节溶液 pH 至 3.8，过滤，滤渣为羟基氧化铁/黄铵铁矾。发生的主要化学反应为：

$$Fe^{3+} + 2H_2O \Longrightarrow FeOOH \downarrow + 3H^+$$
$$6Fe^{3+} + 2NH_4^+ + 4SO_4^{2-} + 12H_2O \Longrightarrow (NH_4)_2Fe_6(SO_4)_4(OH)_{12} \downarrow + 12H^+$$

（3）沉锂

向沉铁后的溶液中加入碳酸铵，温度为 $60 \sim 70℃$，pH 为 $6.5 \sim 7$，生成碳酸锂沉淀，过滤后得到碳酸锂产品。发生的主要化学反应为：

$$Li_2SO_4 + (NH_4)_2CO_3 \Longrightarrow Li_2CO_3 \downarrow + (NH_4)_2SO_4$$

（4）制磷酸铵和硫酸铵

滤液中含有硫酸铵和磷酸铵，可返回酸浸工序，多次循环富集，利用硫酸铵和磷酸铵溶解度的差异，结晶析出磷酸铵晶体，干燥后作为产品。结晶母液蒸发结晶制备硫酸铵产品。蒸发结晶母液返回酸浸工序，循环富集再制备磷酸铵产品和硫酸铵产品。

12.2.5 主要设备

废旧锂电池综合利用的主要设备见表 12-5。

表 12 - 5　处理废旧锂电池的主要生产设备表

工序	设备名称	备注
预处理	电池检测系统	梯次利用
	放电槽	
	拆解机	
	粉碎分选机	
	旋风除尘器	
	布袋收尘器	
浸出生产线	浸出反应槽	耐酸
	净化反应槽	耐酸
	浆化槽	
	压滤机	
	耐腐蚀泵	
萃取生产线	萃取线	
	料液储槽	
	耐腐蚀泵	
合成生产线	反应槽	
	配液槽	
	液体储槽	
	离心机	
	压干机	
	干燥机	
	合批机	
	除铁器	
	耐腐蚀泵	

12.2.6　设备连接图

废旧锂电池综合利用的设备连接见图 12 - 3。

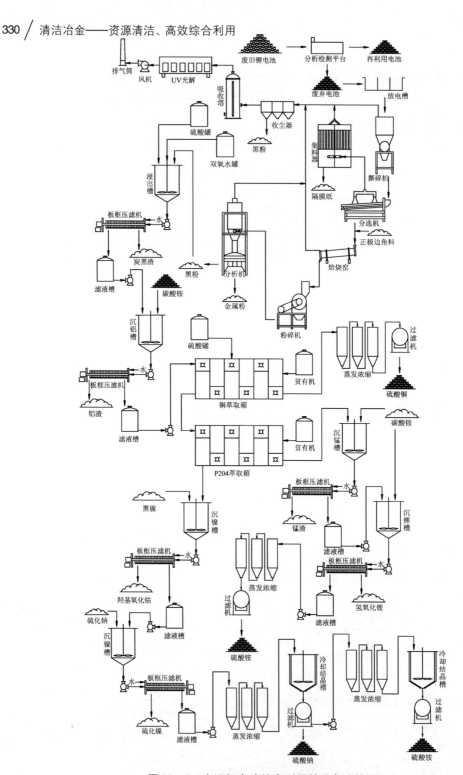

图 12－3　废旧锂电池综合利用的设备连接图

12.3　产品分析

废旧锂电池综合利用工艺得到的产品有三元前驱体、金属粉、电池外壳碳酸锂等。表 1-6 为镍钴锰氢氧化物产品主要成分表。

表 1-6　镍钴锰氢氧化物产品主要成分　　　　　　　　　　　　%

Co + Ni + Mn	H、O	SO_4^{2-}	其他金属杂质
60~63	36.5~39.5	0.3	0.2

12.4　产品用途

（1）镍钴锰氢氧化物

镍钴锰氢氧化物可作为三元电池的前驱体，用于生产三元动力电池。

（2）金属粉、电池外壳和碳酸锂粗盐

金属粉、电池外壳和碳酸锂粗盐可作为生产原料。

12.5　环境保护

12.5.1　主要污染源和主要污染物

（1）烟气粉尘

①干燥热解过程中产生的烟尘。

②粉碎分选过程中产生的粉尘。

③酸浸过程中产生的酸浸废气。

④产品烘干过程中产生的粉尘。

（2）废水

①萃取过程中产生的废水。

②加氨陈化过程中产生的含氨废水。

③废气处理过程中产生的废水。

④生活废水。

⑤初期雨水。

（3）废渣

①拆解分选过程中产生的隔膜纸和电池外壳。

②粉碎分选过程中产生的金属粉。

③酸浸过程中产生的炭黑渣。

④除杂过程中产生的铝矾渣、铜渣。

⑤除尘器收集的粉尘。

⑥生活垃圾。

12.5.2　污染治理措施

（1）废气治理

热解干燥工序产生的主要污染物为烟尘，采用旋风除尘＋碱液喷淋处理后，通过 18 m 排气筒外排；粉碎分选工序产生的主要污染物为粉尘，采用旋风除尘＋布袋除尘器处理后，通过 15 m 排气筒外排；产品烘干工序产生的主要污染物为粉尘，采用布袋除尘器处理后，通过 15 m 排气筒外排；酸浸工序产生的主要污染物为酸雾，采用集气罩收集后，酸雾净化塔处理，通过 15 m 排气筒外排，满足烟气排放标准。

（2）废水处理

各工序产生的废水和初期雨水通过废水处理站进行处理，实现全厂废水“零”排放。

生活污水通过地埋式生化处理设备处理。

（3）废渣处理

本工程的固体废物包括隔膜纸、电池外壳、金属粉、铝矾渣、铜渣和除尘器粉尘，为一般工业固体废物，定期外售。

生活垃圾由当地的环卫部门处置。

（4）噪声处理

本工程的噪声主要是生产车间的引风机、粉碎机、通风机、溶液泵等运行产生的机械噪声。工程设计通过选用低噪声设备，设置绿化道，采取减震、隔声等措施，可有效降低生产过程中设备噪声对周边环境的影响。

12.6　结语

废旧锂离子电池中钴、锂、镍等稀有金属的含量较高，具有很好的回收价值，应鼓励回收和综合利用，发展循环经济，可以变废为宝，为民解忧。本工程的废旧锂电池综合利用工艺具有经济、社会和环境效益，有推广应用的价值。

参考文献

[1] 朱曙光, 贺文智, 李光明. 废锂离子电池中失效钴酸锂材料超声再生[J]. 中国有色金属学报, 2014, 24(10): 2525 - 2529.

[2] Georgi - Maschler T, Friedrich B, Weyhe R. Development of a recycling process for Li - ion batteries[J]. Journal of Power Sources, 2012, 207(6): 173 - 182

[3] 李建, 赵乾, 崔宏祥. 废旧手机锂离子电池回收利用效益分析[J]. 中国资源综合利用, 2007, 25(5): 15 - 18.

[4] 易馨, 杨开智, 张鹏, 等. 微生物法从电子废弃物中回收贵金属的研究进展[J]. 广东化工, 2016, 43(3): 62 - 64.

[5] Shin S M, Kim N H, Sohn J S, et al. Development of a metal recovery process from Li - ion battery wastes[J]. Hydrometallurgy, 2005, 79: 172 - 81.

[6] 余海军, 袁杰, 欧彦楠. 废锂离子电池的资源化利用及环境控制技术[J]. 中国环保产业, 2013, 18(1): 48 - 51.

[7] 尹俊英, 张超, 王彩虹. 废旧锂电池的回收和综合利用研究[J]. 广东化工, 2013, 38(7): 84 - 85.

[8] 张骁君, 李光明, 贺文智. 废锂离子电池回收利用研究进展[J]. 化学世界, 2009, 50(1): 60 - 62.

[9] 殷进, 李光明, 贺文智, 等. 废锂离子电池资源化技术研究进展[J]. 广州化工, 2012, 40(23): 3 - 5.

[10] Mishra D, Kim D J, Ralph D E. Bioleaching of metals from spent lithium ion secondary batteries using Acidithiobacillus ferrooxidans[J]. Waste Management, 2008, 28(2): 333 - 338.

[11] 张翔, 王春雷, 孔继周, 等. 浅析共沉淀法合成锂电池层状 Li - Ni - Co - Mn - O 正极材料[J]. 化工进展, 2014, 33(11): 2991 - 2999.

[12] 王光旭, 李佳, 许振明. 废旧锂离子动力电池中有价金属回收工艺的研究进展[J]. 材料导报, 2015, 29(7): 113 - 123.

[13] 邵威, 刘昌位, 郭玉忠. 锂离子电池正极材料 Li_2MnO_3 的显微组织与电化学性能[J]. 中国有色金属学报, 2015, 25(3): 705 - 713.

[14] Haiyang Z, Gratz E, Apelian D. A novel method to recycle mixed cathode materials for lithium ion batteries[J]. Green Chemistry, 2013, 15(5): 1183 - 1191.

[15] 北京中投信德产业研究中心. 废旧蓄电池回收综合利用项目可行性研究报告[R]. 2014.

[16] Ordožez J, Gago E J, Girard A. Processes and technologies for the recycling and recovery of spent lithium - ion batteries[J]. Renewable and Sustainable Energy Reviews, 2016, 60: 195 - 205.

[17] 欧秀芹, 孙新华, 赵庆云, 等. 锂离子废电池资源化技术进展[J]. 无机盐工业, 2005, 37(9): 11 - 14.

[18] Sonoc A, Jeswiet J, Soo V K. Opportunities to improve recycling of automotive lithium ion batteries[J]. Procedia Cirp, 2015(29): 752 - 757.

[19] Chagnes A, Pospiech B. A brief review on hydrometallurgical technologies for recycling spent lithium – ion batteries[J]. Journal of Chemical Technology and Biotechnology, 2013, 88(7): 1191 – 1199.

[20] 李洪枚, 姜亢. 废旧锂离子电池对环境污染的分析与对策[J]. 上海环境科学, 2004, 23 (5): 201 – 203.

[21] Bertuol D A, Toniasso C, Jimenez B M, et al. Application of spouted bed elutriation in the recycling of lithium ion batteries[J]. J Power Sources, 2015, 275: 627 – 32.

[22] Nayl A A, Elkhashab R A, Badawy S M, et al. Acid leaching of mixed spent Li – ion batteries [J]. Arabian Journal of Chemistry, 2014, 43(1): 7 – 16.

[23] 覃远根, 满瑞林, 尹晓莹, 等. 废旧锂离子动力电池正极材料与铝箔电解剥离浸出研究 [J]. 现代化工, 2013, 33(8): 49 – 52.

[24] Hanisch C, Haselrieder W, Kwade A. Recovery of Active Materials from Spent Lithium – Ion Electrodes and Electrode Production Rejects [M]. Glocalized Solutions for Sustainability in Manufacturing, 2011: 85 – 89.

[25] Jha M K, Kumari A, Jha A K. Recovery of lithium and cobalt from waste lithium ion batteries of mobile phone[J]. Waste Management, 2013, 33: 1890 – 1897.

[26] 韩小云, 徐金球. 沉淀法回收废旧磷酸铁锂电池中的铁和锂[J]. 广东化工, 2017, 44 (4): 12 – 16.

[27] Hanisch C, Loellhoeffel T, Diekmann J. Recycling of lithium – ion batteries: A novel method to separate coating and foil of electrodes[J]. Journal of Cleaner Production, 2015, 108: 301 – 311.